MATHEMATICAL DESIGN OF WING SECTIONS

In Russian language

Boris Dolomanov

Эту книгу посвящаю памяти моего отца
Автор

Математическое проектирование профилей крыльев

Борис Доломанов

Copyright © 2012 by Boris Dolomanov.

Library of Congress Control Number:		2012911366
ISBN:	Hardcover	978-1-4771-3276-0
	Softcover	978-1-4771-3275-3
	Ebook	978-1-4771-3277-7

All rights reserved. No part of this book may be reproduced or transmitted in any form or by any means, electronic or mechanical, including photocopying, recording, or by any information storage and retrieval system, without permission in writing from the copyright owner.

This book was printed in the United States of America.

To order additional copies of this book, contact:
Xlibris Corporation
1-888-795-4274
www.Xlibris.com
Orders@Xlibris.com
118262

От автора

Уважаемый читатель!

Вам предлагается книга посвященая вопросам математического проектирования профилей крыльев. Проектирования, в котором реализован Метод математического моделирования. Основные идеи Метода изложены в брошюре [6], а книга содержит ряд задач.

Книга предназначена для специалистов, деятельность которых связана с созданием не только крыльев, но и лопастей винтов или турбин, рулей и так далее, то есть объектов, имеющих в сечениях профиль крыла.

Автор много лет обдумывал теорию Метода, стремился найти математически красивые решения задач, а при написании книги изложить эти решения просто, избегая сложных теоретических построений. Автор стремился донести содержание книги кратко и доступно каждому, у кого за плечами технический колледж или университет.

Если читатель сочтет возможным прислать свои соображения по обсуждаемым вопросам или же заметит опечатки, неточности и так далее, автор будет только признателен.

Все отзывы прошу направлять E-mail: dolomanova@msn.com

Всего доброго.

Борис Доломанов

Содержание

Перечень основных условных обозначений	5
Введение	7
Глава 1. Математическое моделирование линий D-кривыми	
1.1. Вариационные принципы D- кривых	8
1.2. Свойства D_n- кривых	11
1.3. Математическое моделирование линий D_n- кривыми	13
1.4. Математическое моделирование линий составными $D_p \oplus D_q$ кривыми	16
Глава 2. Математическое моделирование профилей крыльев, серия A-B.	
Задача A. Профили крыльев, для которых заданы параметры: r, x_M, y_M, x_m, y_m.	
A.1. Постановка и решение задачи A	21
A.2. Программа A	28
A.3. Задача Ah	34
Задача B. Профили крыльев, для которых заданы параметры: $r, x_M, y_M, x_m, y_m, \beta_1, \beta_2$.	
B.1. Постановка и решение задачи B	42
B.2. Программа B	47
Глава 3. Математическое моделирование профилей крыльев, серия C-D.	
Задача C. Профили крыльев, для которых заданы параметры: $r, R_t, \xi_{ot}, \eta_{ot}, x_M, x_m$.	
C.1. Постановка и решение задачи C	53
C.2. Программа C	57
Задача D. Профили крыльев, для которых заданы параметры: $r, R_t, \xi_{ot}, \eta_{ot}, x_M, x_m, \beta_1, \beta_2$.	
D.1. Постановка и решение задачи D	62
D.2. Программа D	66
D.3. Сравнение с Four-digit методом	71
Глава 4. Хорда профиля.	
4.1. Окружность C_s	75

    4.2. Хорда профиля, ее уравнение и свойства   77
    4.3. Задача математического моделирования хорды   79

Глава 5. Математическое моделирование профилей крыльев, имеющих прямолинейные участки верхнего и/или нижнего контура.

    Задача E. Профили крыльев, для которых заданы параметры: $r, x_M, x_m, x_N, x_n, \beta_1, \beta_2$.

        E.1. Постановка и решение задачи E   86
        E.2. Программа E   91
        E.3. Математическое проектирование направляющей насадки пропеллера   95

Глава 6. Оптимизация параметров β_1 и β_2.

    Задача F. Профили крыльев, для которых заданы параметры: $r, R_t, \xi_{ot}, \eta_{ot}, x_M, x_m$ и определены β_{1opt} и β_{2opt}

        F.1. Постановка и решение задачи F   102
        F.2. Программа F   107

Глава 7. Определение на профиле точки максимальной кривизны.

    Задача G. Профили крыльев, для которых заданы параметры: r, x_M, y_M, x_m, y_m.

        G.1. Постановка и решение задачи G   115
        G.2. Программа G   119

    Задача H. Профили крыльев, для которых заданы параметры: $r, R_t, \xi_{0t}, \eta_{0t}, x_M, x_m$.

        H.1. Постановка и решение задачи H   133
        H.2. Программа H   137

Заключение   148
Список литературы   149
Систематические расчеты   150 - 277

Перечень основных условных обозначений

$x0y$ - система координат, связанная с профилем крыла;

Γ_1, Γ_2 - верхний и нижний контуры профиля;

$M(x_M, y_M)$ - максимальная точка Γ_1 и ее координаты;

$m(x_m, y_m)$ - минимальная точка Γ_2 и ее координаты;

r - радиус кривизны в носике профиля, в точке $(0,0)$;

L - хвостовая точка профиля;

β_1, β_2 - углы наклона касательных, проведенные к Γ_1 и Γ_2 точке $x = L$;

$D_n(l_k)$ - кривая степени n, моделирующая линию l_k;

$\gamma(x)$ - угол наклона касательной к профилю, проведенной в точке с абсциссой x;

$y(x)$ - функция ординат D_n - кривой;

$u(x)$ - функция $u(x)$;

$k(x), g(x)$ - функции кривизны и изменения кривизны;

$x_c = x_c(c), y_c = y_c(c)$ - параметрическое уравнение хорды;

$\rho_c(c)$ - распределение радиусов, вписанных в профиль окружностей, по длине профиля;

R - максимальное значение $\rho_c(c)$;

$y_c = y_c(x_c)$ - уравнение хорды, полученное при ее моделировании D_n - кривой;

h - погибь хорды;

P - точка нижнего контура профиля, аналог точки O;

(x_p, y_p) - координаты точки P;

$D_p(l_j) \oplus D_q(l_k)$ - составная кривая, состоящая из двух D_n - кривых, имеющих степени p и q, моделирующая линии l_j и l_k;

$S(m)$ - точка сращивания составной кривой, имеющая порядок сращивания равный m;

$Y(x)$ - главная функция ординат;

$U(x)$ - главная функция ;

$K(x)$ - главная функция кривизн;

C_s - вписанная окружность, для которой точками касания с профилем являются точки S_1 и S_2;

$(s_1, ys_1), (s_2, ys_2)$ - координаты точек S_1 и S_2;

$\rho, (\xi_{0s}, \eta_{0s})$ - радиус и координаты центра окружности C_s;

C_t - вписанная окружность, для которой точками касания с профилем являются точки T_1 и T_2;

$(t_1, yt_1), (t_2, yt_2)$ - координаты точек T_1 и T_2;

Q - точка максимальной кривизны профиля;

(x_q, y_q) - координаты точки Q;

α - угол наклона касательной, проведенной к хорде в точке $(r, 0)$;

x_N, x_n - абсциссы точек, ограничивающие прямолинейные участки верхнего и нижнего контура профиля;

$\beta_{1opt}, \beta_{2opt}$ - оптимальные значения углов β_1 и β_2;

$\chi(x, s)$ - функция Хевисайда.

Введение

Проблемы проектирования крыла, обеспечивающего создание требуемой подъемной силы при оптимальном его качестве, волнуют ученых по сей день. Усилия специалистов направлены на решение двух теоретических задач: расчет геометрии крыла и определение его динамических характеристик. Если к настоящему времени методы вихревой теории позволяют решить вторую задачу, то первая находится в постоянном совершенствовании. Основная цель этой задачи – создать метод, который позволяет эффективно управлять поверхностью крыла. Одним из таких методов является Метод математического моделирования.

Первая глава книги посвящена теории Метода, а в последующих главах решены восемь задач математического моделирования профилей крыльев. Вариация формы профилей осуществляется путем изменения нескольких параметров, имеющих понятный геометрический смысл. Каждая задача содержит постановку, ее решение, программу, написанную на языке MathCAD, и систематические или контрольные расчеты.

При создании конкретных объектов инженера-проектировщика интересует вопрос: Какую полезную информацию можно получить при использовании того или иного метода? Поэтому в программах задач особое внимание уделено разделам, позволяющим изготовить проектную документацию. Это – чертежи и их фрагменты, графики, таблицы и геометрические характеристики, дающие полное представление о профиле в сечении крыла.

Все решаемые в книге задачи имеют буквенное обозначение, например, задача В. Формулы и расчетная программа, относящиеся к этой задаче, обозначены: (В.1), (В.2)..., программа В.

Глава 1. Математическое моделирование линий D-кривыми.

1.1. Вариационные принципы D-кривых.

Изобразим в системе координат $x0y$ кривую, соединяющую точки $A(x_1, y_1)$ и $B(x_2, y_2)$. Эта кривая, как показано на рисунке 1, вместе с осью $0x$ и прямыми $x = x_1$ и $x = x_2$ ограничивает фигуру $x_1 A B x_2$, для которой

$$\omega = \int_{x_1}^{x_2} y\, dx, \quad I = \int_{x_1}^{x_2} (x - x_1) y\, dx, \quad J = \int_{x_1}^{x_2} (x - x_1)^2 y\, dx,$$

ω - площадь фигуры;

I - статический момент площади относительно прямой $x = x_1$;

J - момент инерции площади относительно прямой $x = x_1$;

Обозначим $\Phi_3(x_1, y_1, x_2, y_2, \omega, I, J)$, где величины, входящие в Φ_3, считаем известными.

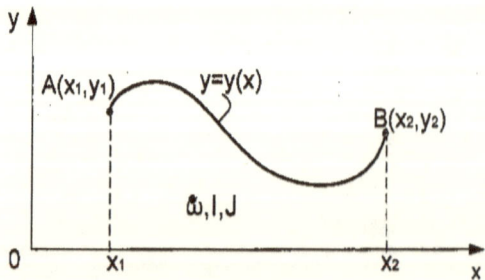

Рис. 1. График функции, проходящей через точки A и B, для которой заданы $x_1, y_1, x_2, y_2, \omega, I, J$.

Задача: Найти функцию $y = y(x)$, доставляющую минимум функционала

$$L_D = \int_{x_1}^{x_2} \sqrt{1 + \left[y'(x)\right]^2}\, dx, \qquad (1.1)$$

где L_D - длина кривой;

$y = y(x)$ - непрерывная, дифференцируемая, однозначная функция.

Эта задача относится к изопериметрическим задачам вариационного исчисления, обстоятельно рассмотренных в [3].

Не останавливаясь на решении задачи, запишем вид искомой функции

$$y(x) = y_1 + \int_{x_1}^{x} F(x)dx = y_1 + \int_{x_1}^{x} \frac{u(x)}{\sqrt{1-u(x)^2}} dx, \quad x \in [x_1, x_2], \qquad (1.2)$$

$$u(x) = a + b(x - x_1) + c(x - x_1)^2 + d(x - x_1)^3, \quad |u(x)| \leq 1, \qquad (1.3)$$

где $u(x)$ - полином третьей степени, содержащий коэффициенты a, b, c, d.

Эти коэффициенты связаны с Φ_3 соотношениями:

$$\int_{x_1}^{x_2} F(x)dx = y_2 - y_1; \qquad (1.4)$$

$$\int_{x_1}^{x_2} (x - x_1) F(x) dx = (x_2 - x_1) y_2 - \omega; \qquad (1.5)$$

$$\int_{x_1}^{x_2} (x - x_1)^2 F(x) dx = (x_2 - x_1)^2 y_2 - 2 \cdot I; \qquad (1.6)$$

$$\int_{x_1}^{x_2} (x - x_1)^3 F(x) dx = (x_2 - x_1)^3 y_2 - 3 \cdot J \qquad (1.7)$$

Следовательно, могут быть сформулированы две задачи:

1. Решить систему уравнений (1.4)–(1.7) для заданного Φ_3 и найти коэффициенты $u(x)$, которые определяют функцию ординат (1.2).
2. Задать $\Psi_3(x_1, y_1, x_2, a, b, c, d)$, определить функцию ординат (1.2), а затем найти y_2, ω, I, J из соотношений (1.4)–(1.7).

Нетрудно заметить, что между этими задачами существует однозначное соответствие

$$y = y(x, \Phi_3) \underset{}{\overset{(1.4)-(1.7)}{<->}} y = y(x, \Psi_3)$$

В дальнейшем нас будет интересовать вторая задача.

Частные случаи:

1). $d = 0$. Задание $\Psi_2(x_1, y_1, x_2, a, b, c)$ определяет функцию (1.2), для которой $u(x)$ - полином второй степени. Значения y_2, ω, I находятся из (1.4) – (1.6).

2). $c = d = 0$. Функция ординат имеет вид:

$$y(x) = y_1 + \int_{x_1}^{x} \frac{a + b(x - x_1)}{\sqrt{1 - [a + b(x - x_1)]^2}} dx =$$

$$= y_1 - \frac{1}{b}\left\{\sqrt{1 - [a + b(x - x_1)]^2} - \sqrt{1 - a^2}\right\},$$

где $\Psi_1(x_1, y_1, x_2, a, b)$ задано. График этой функции – дуга окружности, кратчайшая кривая, соединяющая точки A и B и ограничивающая площадь ω. Значения y_2 и ω находятся из (1.4) – (1.5).

3). $b = c = d = 0$. Функция ординат

$$y(x) = y_2 + \frac{a}{\sqrt{1 - a^2}}(x - x_1),$$

где $\Psi_0(x_1, y_1, x_2, a)$ задано. График этой функции – прямая, кратчайшая кривая, соединяющая точки A и B. Значение y_2 находится из (1.4).

Определение 1: Назовем график каждой из перечисленных функций "D_n-кривая", где индекс указывает на степень $u(x)$, $n \leq 3$.

Далее D_n-кривые будем обозначать с индексом.

1.2 Свойства D_n-кривых

Обратимся к функции (1.2), ее производная

$$y^I(x) = F(x) = \frac{u(x)}{\sqrt{1-u(x)^2}} \qquad (1.8)$$

1) Нетрудно видеть, что

$$u(x) = \sin \gamma(x), \qquad (1.9)$$

где $\gamma(x)$ - угол наклона касательной, проведенной к D_n-кривой в точке с абсциссой x.

2) Дифференцируя (1.8) и выполняя несложные преобразования, получим

$$k(x) = \frac{y^{II}(x)}{\left\{1 + \left[y^I(x)\right]^2\right\}^{\frac{3}{2}}} = u^I(x), \qquad (1.10)$$

где $k = k(x)$ - функция кривизны.

3) Дифференцируем (1.10)

$$g(x) = k^I(x) = u^{II}(x),$$

где $g = g(x)$ - функция изменения кривизны.

4) Сформулируем правило знаков углов и кривизн D_n-кривой.

Угол считаем положительным, если его отсчет от оси $0x$ ведется против хода часовой стрелки; отрицательным, если - по ходу стрелки. Кривизна – положительна, если выпуклость кривой направлена вниз; отрицательна, если выпуклость – вверх.

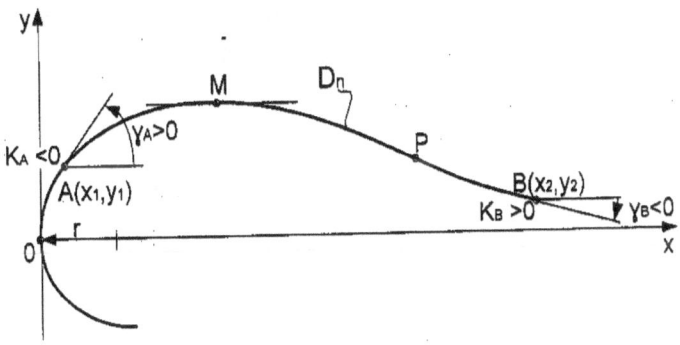

Рис. 2. Знаки углов и кривизн D_n-кривой.

На рисунке 2 в точках А и В указаны знаки углов и кривизн, здесь же отмечены экстремальная точка М, в которой $\gamma_M = 0$, и точка переги- ба Р, в которой кривизна $k_p = 0$.

5) Если угол $\gamma_0 = \dfrac{\pi}{2}$, то интеграл в (1.2) становится несобственным.

Выделим ε - окрестность справа от точки $x = 0$, тогда

$$\int_0^x F(x)dx = \int_0^\varepsilon F(x)dx + \int_\varepsilon^x F(x)dx$$

Вычисляя первый интеграл, получим

$$\int_0^x F(x)dx = \sqrt{2 \cdot r \cdot \varepsilon}\left(1 - \frac{\varepsilon}{2 \cdot r}\right) + \int_\varepsilon^x F(x)dx, \qquad (1.11)$$

где $\left(\dfrac{\varepsilon}{2 \cdot r}\right)^2 \ll 1$, $k_0 = -\dfrac{1}{r} < 0$, r - радиус кривизны D_n- кривой в точке $x = 0$, ε - малая величина.

6) Если угол $\gamma_0 = -\dfrac{\pi}{2}$, тогда

$$\int_0^x F(x)dx = -\sqrt{2 \cdot r \cdot \varepsilon}\left(1 - \frac{\varepsilon}{2 \cdot r}\right) + \int_\varepsilon^x F(x)dx, \qquad (1.12)$$

где $k_0 = \dfrac{1}{r} > 0$.

7) Пусть D_n - кривая степени $n = 3$ пересекает ось $0x$ в точке $x = 0$, как показано на рисунке 2. Тогда для ее ветви, расположенной в верхней полуплоскости, функция

$$u_+(x) = 1 - \frac{x}{r} + c \cdot x^2 + d \cdot x^3,$$

а для ветви, расположенной в нижней полуплоскости

$$u_-(x) = -1 + \frac{x}{r} + c \cdot x^2 + d \cdot x^3.$$

Если $n = 2$, то в этих выражениях $d = 0$, если $n = 1$, то $c = d = 0$.

8) Длина дуги АВ вычисляется по формуле

$$L_{AB} = \int_{x_1}^{x_2} \sqrt{1 + \left[y'(x)\right]^2}dx = \int_{x_1}^{x_2} \frac{1}{\sqrt{1 - u(x)^2}}dx \qquad (1.13)$$

1.3 Математическое моделирование линий D_n-кривыми

Определимся с самого начала с терминологией.

Будем понимать под объектом моделирования некоторую линию l, а результатом моделирования D_n-кривую.

Определение 2: Математическая модель линии – это функция ординат $D_n(l)$-кривой и сопровождающие эту функцию граничные условия, позволяющие найти коэффициенты полинома $u(x)$, при этом граничные условия отражают геометрию линии.

Определение 3: Математическое моделирование – это процесс построения математической модели.

Проиллюстрируем эти формулировки и теоретические выводы предыдущих параграфов на конкретном примере.

Пример 1. Изобразим на рисунке 3 китайский знак "Ying and Yang", представляющий окружность и вписанную в эту окружность линию l близкую по форме к синусоиде.

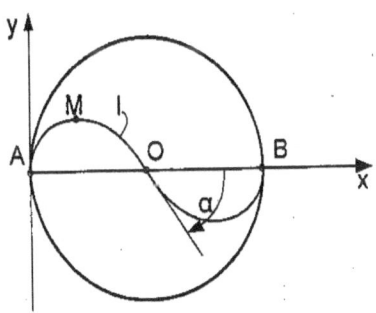

Рис. 3. Знак "Ying and Yang".

Предложим нескольким дизайнерам построить линию l. Можно с уверенностью сказать, что каждый из них создаст свой образ знака, отличающийся положением экстремальной точки M и величиной угла α.

Решим эту задачу Методом моделирования линии l кривой $D_n(l)$.

Свяжем с окружностью знака систему координат xAy, как показано на рисунке 3. В силу симметрии линии l относительно точки O, рассмотрим только левую ее часть.

Объектом моделирования является линия l.
Полагаем, радиус окружности $r = 1$.
Функция ординат $D_n(l)$ - кривой имеет вид:

$$y(x) = y(0) + \sqrt{2 \cdot \varepsilon}\left(1 - \frac{\varepsilon}{2}\right) + \int_\varepsilon^x \frac{u(x)}{\sqrt{1-u(x)^2}} dx, \quad x \in [0,1] \qquad (1.14)$$

Граничные условия линии l в точках A и O

$$y(0) = 0, \quad u(0) = 1, \qquad k(0) = -1, \qquad (1.15), (1.16), (1.17),$$
$$y(1) = 0, \quad u(1) = \sin\alpha, \quad k(1) = 0, \qquad (1.18), (1.19), (1.20)$$

где угол α - неизвестен.

Граничные условия предназначены для нахождения коэффициентов функции $u(x)$, показатель степени которой определяется числом граничных условий. Найдем этот показатель. Условие (1.15) учтем в (1.14), условие (1.18) необходимо для нахождения угла α. Следовательно, четыре граничных условия (1.16), (1.17) и (1.19), (1.20) предназначены для определения четырех коэффициентов функции $u(x)$, степень которой равна трем. Воспользовавшись (1.16), (1.17), запишем

$$u(x) = 1 - x + c \cdot x^2 + d \cdot x^3, \quad k(x) = -1 + 2 \cdot c \cdot x + 3 \cdot d \cdot x^2$$

Условия (1.19), (1.20) позволяют получить простейшие уравнения
$$c + d = \sin\alpha, \quad 2 \cdot c + 3 \cdot d = 1,$$
тогда
$$c = c(\alpha) = -1 + 3\sin\alpha, \quad d = d(\alpha) = 1 - 2\sin\alpha$$

Угол α находим из уравнения

$$y(1,\alpha) = \sqrt{2 \cdot \varepsilon}\left(1 - \frac{\varepsilon}{2}\right) + \int_\varepsilon^1 \frac{u(x,\alpha)}{\sqrt{1-u(x,\alpha)^2}} dx = 0,$$

где
$$u(x,\alpha) = 1 - x + c(\alpha)x^2 + d(\alpha)x^3$$

Математическое моделирование завершается построением $D_3(l)$ - кривой и печатью таблицы координат ее точек.

Программа Symbol "Ying and Yang" реализует решение этой задачи в MathCAD. На Fig. 1 построена $D_3(l)$ - кривая, рассчитаны значение угла α и координаты точки M. На Fig. 2 и Fig. 3 построены графики функций $u(x)$ и $k(x)$.

Автор предлагает читателю оценить "правильность" $D_3(l)$ - кривой.

Замечание. Все расчеты последующих задач выполнены с помощью гениальной системы MathCAD, созданной фирмой MathSoft.

MATHEMATICAL DESIGN OF WING SECTIONS

PROGRAM Symbol "Ying and Yang"

1. Parameter: $\quad r := 1$

2. D3(L)
$$c(\alpha) := -1 + 3 \cdot \sin(\alpha) \qquad d(\alpha) := 1 - 2 \cdot \sin(\alpha)$$
$$u(x,\alpha) := 1 - x + c(\alpha) \cdot x^2 + d(\alpha) \cdot x^3 \qquad k(x,\alpha) := -1 + 2 \cdot c(\alpha) \cdot x + 3 \cdot d(\alpha) \cdot x^2$$

Function of Ordinates $\quad \varepsilon := 10^{-4} \qquad y(x,\alpha) := \sqrt{2 \cdot \varepsilon} \cdot \left(1 - \frac{\varepsilon}{2}\right) + \int_{\varepsilon}^{x} \frac{u(x,\alpha)}{\sqrt{1 - u(x,\alpha)^2}}\, dx$

3. Angel α $\qquad \alpha := -\frac{\pi}{3} \qquad \alpha := \text{root}(y(1,\alpha), \alpha) \qquad \alpha = -1.2803$

4. Coordinates of Point M $\quad xM := 0.5 \quad xM := \text{root}(u(xM,\alpha), xM) \quad yM := y(xM,\alpha)$
$\qquad\qquad\qquad\qquad\qquad xM = 0.4613 \qquad yM = 0.6396$

5. Circle C $\qquad \xi(\theta) := 1 + \cos(\theta) \quad \eta(\theta) := \sin(\theta) \qquad \theta := 0, \frac{\pi}{50} .. 2 \cdot \pi$

6. Symbol "Ying and Yang" $\qquad Y(x) := \begin{vmatrix} 0 \text{ if } y(x,\alpha) < 10^{-5} \\ y(x,\alpha) \text{ otherwise} \end{vmatrix} \quad x := 0, 0.01 .. 1$

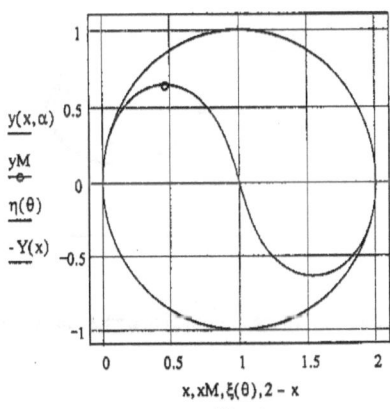

Fig. 1

$x := 0, 0.1 .. 1$

x	Y(x)
0	0
0.1	0.4108
0.2	0.5355
0.3	0.6027
0.4	0.6344
0.5	0.6376
0.6	0.6131
0.7	0.557
0.8	0.4582
0.9	0.2883
1	0

7. Function $u(x,\alpha)$, $k(x,\alpha)$ $\qquad x := 0, 0.001 .. 1$

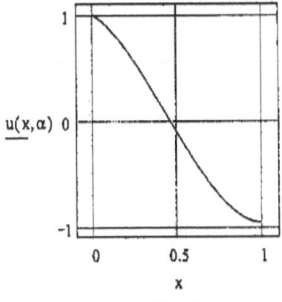

Fig. 2

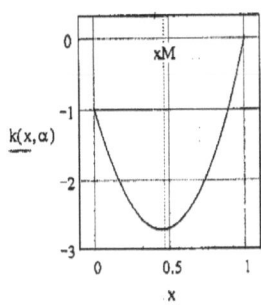

Fig. 3

1.4. Математическое моделирование линий составными $D_p \oplus D_q$ кривыми

Будем понимать под "сложной" линию l, математическое моделирование которой не реализуется только одной D_n- кривой. В этом случае сложную линию следует представить состоящей из нескольких частей.

Рассмотрим линию $l(AB)$, состоящую из l_1 и l_2, как показано на рисунке 4. Моделируем l_1 и l_2 кривыми $D_p(l_1)$ и $D_q(l_2)$, которые сращиваются в точке $S(m)$, где m- порядок сращивания. Геометрическую их сумму обозначим в виде $D_p(l_1) \oplus D_q(l_2)$ и назовем "составная" кривая. Под порядком сращивания m понимаем условия, которым должны удовлетворять функции кривых $D_p(l_1)$ и $D_q(l_2)$ в точке S. Эти условия указаны в Таблице 1.

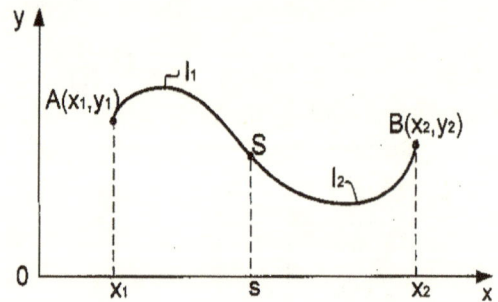

Рис. 4 Сложная линия, состоящая из двух частей.

Таблица 1

Порядок сращивания m	Условия сращивания в точке S
0	$y_1(s) = y_2(s)$
1	$y_1(s) = y_2(s), u_1(s) = u_2(s)$
2	$y_1(s) = y_2(s), u_1(s) = u_2(s), k_1(s) = k_2(s)$
3	$y_1(s) = y_2(s), u_1(s) = u_2(s), k_1(s) = k_2(s), g_1(s) = g_2(s)$

Математическая модель составной кривой содержит функции кривых $D_p(l_1)$

и $D_q(l_2)$, их граничные условия и условия сращивания. Эти условия должны позволять найти коэффициенты функций $u_1(x)$, $u_2(x)$ и абсциссу s точки S, если она не задана.

Замечания:
1) Порядок сращивания назначается, исходя из требований, предъявляемых к гладкости составной кривой в окрестности точки S.
2) Абсциссу точки S целесообразно не задавать, а предоставить математике Метода найти ее значение. В этом случае исключается "зажатие" кривой $D_p(l_1)$ или $D_q(l_2)$.
3) Если каждая из кривых $D_p(l_1)$ и $D_q(l_2)$ по определению доставляет минимум функционала (1.1), то составная кривая $D_p(l_1) \oplus D_q(l_2)$ в общем случае этим свойством не обладает.

Рассмотрим на примере, как реализуется моделирование сложной линии.

Пример 2. Найти осевое сечение тела вращения единичной длины, имеющего цилиндрическую вставку, для которого заданы диаметр d и угол в хвостике β.

Назовем d и β "параметрами объекта моделирования" или просто "параметрами". На первый взгляд может показаться, что задание только двух параметров – недостаточно, но, как это будет показано, первое впечатление – ошибочно.

Если предложить эту задачу проектировщику, то он без труда построит сечение близкое к тому, что изображено на рисунке 5. Однако, на вопрос: "Как расположить точки S_1 и S_2?", вряд ли даст обоснованный ответ. Из этих соображений чертеж проектировщика можно считать лишь эскизом.

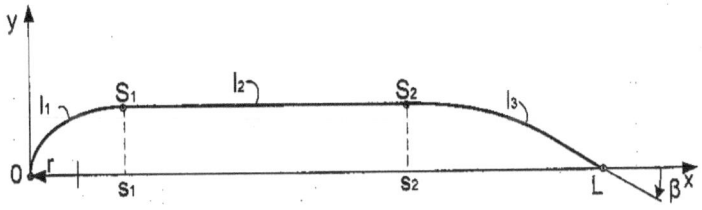

Рис. 5. Осевое сечение тела вращения.

Нетрудно видеть, что линия сечения является сложной. Разобьем эту линию

на части l_1, l_2 и l_3, которые моделируем, образуя составную кривую
$$D_2(l_1) \oplus D_0(l_2) \oplus D_3(l_3)$$
Точками сращивания являются $S_1(2)$ и $S_2(2)$. Запишем граничные условия и условия сращивания в точках O, S_1, S_2 и L:

$x = 0 \qquad y_1(0) = 0, \quad u_1(0) = 1, \quad k_1(0) = -\dfrac{1}{r},$ \hfill (1.21), (1.22), (1.23),

$x = s_1 \qquad y_1(s_1) = y_2 = \dfrac{d}{2}, \quad u_1(s_1) = 0, \quad k_1(s_1) = 0,$ \hfill (1.24), (1.25), (1.26), (1.27)

$x = s_2 \qquad y_2 = y_3(s_2) = \dfrac{d}{2}, \quad u_3(s_2) = 0, \quad k_3(s_2) = 0,$ \hfill (1.28), (1.29), (1.30), (1.31),

$x = 1 \qquad y_3(1) = 0, \quad u_3(1) = \sin\beta, \quad k_3(1) = 0$ \hfill (1.32), (1.33), (1.34)

где r - неизвестный радиус кривизны в точке 0;

s_1, s_2 - абсциссы точек S_1 и S_2, также неизвестны.

Функции кривых имеют вид:

$$D_2(l_1): \quad y_1(x, r) = \sqrt{2 \cdot r \cdot \varepsilon}\left(1 - \frac{\varepsilon}{2 \cdot r}\right) + \int_\varepsilon^x \frac{u_1(x, r)}{\sqrt{1 - u_1(x, r)^2}} dx \quad x \in [0, s_1],$$

$$u_1(x, r) = 1 - \frac{x}{r} + c_1 \cdot x^2, \quad k_1(x, r) = -\frac{1}{r} + 2 \cdot c_1 \cdot x,$$

где учтены условия (1.21) – (1.23). Условия (1.26) и (1.27) позволяют получить уравнения

$$1 - \frac{s_1}{r} + c_1 \cdot s_1^2 = 0, \qquad -\frac{1}{r} + 2 \cdot c_1 \cdot s_1 = 0$$

Решая эти уравнения, находим $s_1 = 2 \cdot r$ и $c_1 = c_1(r) = \dfrac{1}{4 \cdot r^2}$, тогда

$$u_1(x, r) = \left(1 - \frac{x}{2 \cdot r}\right)^2.$$

Определим r, воспользовавшись (1.24). Это условие дает уравнение

$$y_1(2 \cdot r, r) - \frac{d}{2} = 0$$

Горизонтальный участок осевого сечения моделируем кривой

$$D_0(l_2): \quad y_2 - \frac{d}{2} = 0, \quad x \in [s_1, s_2]$$

PROGRAM "Body"

1. Parameters: $d := 0.15$ $\beta := -\dfrac{\pi}{8}$

2. D2(L1) $u1(x,r) := \left(1 - \dfrac{x}{2 \cdot r}\right)^2$ $\varepsilon := 10^{-4}$ $y1(x,r) := \sqrt{2 \cdot r \cdot \varepsilon} \cdot \left(1 - \dfrac{\varepsilon}{2 \cdot r}\right) + \displaystyle\int_{\varepsilon}^{x} \dfrac{u1(x,r)}{\sqrt{1 - u1(x,r)^2}}\, dx$

$r := 0.1$ $r := \mathrm{root}\!\left(y1(2\cdot r, r) - \dfrac{d}{2}, r\right)$ $r := \mathrm{root}\!\left(y1(2\cdot r, r) - \dfrac{d}{2}, r\right)$ $r = 0.06254$ $s1 := 2 \cdot r$

3. D0(L2) $y2 := \dfrac{d}{2}$

4. D3(L3) $f(s2) := \dfrac{\sin(\beta)}{(1 - s2)^2}$ $c3(s2) := 3 \cdot f(s2)$ $d3(s2) := -\dfrac{2}{1 - s2} \cdot f(s2)$

$u3(x,s2) := c3(s2) \cdot (x - s2)^2 + d3(s2) \cdot (x - s2)^3$ $y3(x,s2) := \dfrac{d}{2} + \displaystyle\int_{s2}^{x} \dfrac{u3(x,s2)}{\sqrt{1 - u3(x,s2)^2}}\, dx$

$s2 := 0.6$ $s2 := \mathrm{root}(y3(1,s2), s2)$ $s2 = 0.6264$

5. Main Function $x := 0, 0.001 .. 1$ $y(x) := \begin{vmatrix} y1(x,r) & \text{if } 0 \le x \le s1 \\ y2 & \text{if } s1 \le x \le s2 \\ y3(x,s2) & \text{if } s2 < x < 1 \\ 0 & \text{if } x = 1 \end{vmatrix}$ $Y(x) := \begin{vmatrix} 0 & \text{if } y(x) < 10^{-5} \\ y(x) & \text{otherwise} \end{vmatrix}$

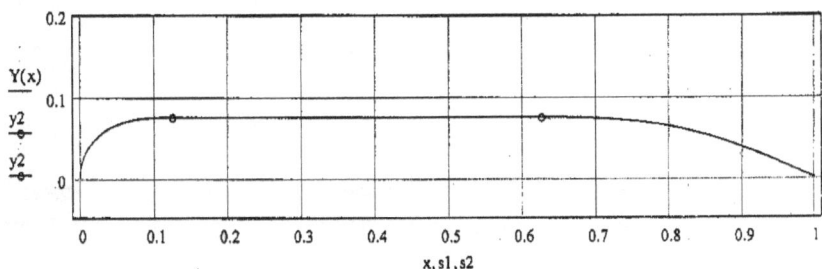

6. Coordinates of Points

$x := 0, \dfrac{s1}{10} .. s1$

x	Y(x)
0	0
0.0125	0.0379
0.025	0.0513
0.0375	0.0598
0.05	0.0657
0.0625	0.0697
0.0751	0.0723
0.0876	0.0738
0.1001	0.0746
0.1126	0.0749
0.1251	0.075

$x := s2, s2 + \dfrac{1 - s2}{10} .. 1$

x	Y(x)
0.6264	0.075
0.6638	0.0749
0.7012	0.074
0.7385	0.0717
0.7759	0.0677
0.8132	0.0615
0.8506	0.0531
0.8879	0.0424
0.9253	0.0297
0.9626	0.0153
1	0

$$D_3(l_3): \quad y_3(x,s_2) = \frac{d}{2} + \int_{s_2}^{x} \frac{u_3(x,s_2)}{\sqrt{1-u_3(x,s_2)^2}} dx, \quad x \in [s_2, 1],$$

$$u_3(x,s_2) = c_3(x-s_2)^2 + d_3(x-s_2)^3, \quad k_3(x,s_2) = 2 \cdot c_3(x-s_2) + 3 \cdot d_3(x-s_2)^2,$$

где учтены условия (1.30) – (1.31). Воспользовавшись (1.33) и (1.34), получим уравнения

$$c_3(1-s_2)^2 + d_3(1-s_2)^3 = \sin\beta, \quad 2 \cdot c_3(1-s_2) + 3 \cdot d_3(1-s_2)^2 = 0$$

Находим формулы для коэффициентов функции $u_3(x,s_2)$

$$c_3 = c_3(s_2) = 3 \cdot f(s_2), \quad d_3 = d_3(s_2) = -\frac{2}{1-s_2} f(s_2), \quad f(s_2) = \frac{\sin\beta}{(1-s_2)^2}$$

Условие (1.32) дает уравнение для определения абсциссы s_2

$$y_3(1, s_2) = 0$$

Запишем функции составной кривой

$$Y(x) = \begin{vmatrix} y_1(x,r), x \in [0, s_1); \\ \frac{d}{2}, x \in [s_1, s_2); \\ y_3(x, s_2), x \in [s_2, 1]. \end{vmatrix} \qquad U(x) = \begin{vmatrix} u_1(x,r), x \in [0, s_1); \\ 0, x \in [s_1, s_2); \\ u_3(x, s_2), x \in [s_2, 1]. \end{vmatrix}$$

$$K(x) = \frac{d}{dx} U(x)$$

Функции $Y(x), U(x), K(x)$ в дальнейшем будем называть "главные функции".

В этом параграфе приведена программа, с помощью которой расчитано сечение тела вращения, имеющего диаметр $d = 0.15$ и угол $\beta = -\frac{\pi}{8}$, здесь же приведены координаты точек сечения, значение радиуса r и абсцисс s_1 и s_2.

Замечание: Если принять, что l_1 - дуга окружности (носовая часть тела вращения – полусфера), то в точке S_1 кривизна имеет разрыв, что вызывет при движении тела скачок центростремительных ускорений частиц жидкости или газа в окрестности точки S_1. Это нежелательное явление приводит к преждевременной турбулезации течения в пограничном слое и увеличению сопротивления.

Глава 2. Математическое моделирование профилей крыльев, серия А-В.

Задача А. Профили, для которых заданы параметры: r, x_M, y_M, x_m, y_m.

А.1. Постановка и решение задачи А.

Рассмотрим обстоятельно решение задачи А. Постараемся осмыслить все этапы на пути от постановки задачи до последней формулы в ее решении.

Постановка задачи включает: описание схемы моделирования и граничные условия.

Изобразим эскиз профиля крыла и свяжем с этим профилем систему координат $x0y$ так, чтобы ось $0x$ проходила через точку L хвостка профиля и максимально удаленную от нее точку O в носике профиля. Ось $0y$ направлена вверх перпендикулярно оси $0x$. Будем считать, что длина профиля – расстояние OL равно единице. Ось $0x$ разделяет профиль на верхний Γ_1 и нижний Γ_2 контуры. Обозначим на Γ_1 и Γ_2 экстремальные точки $M(x_M, y_M)$ и $m(x_m, y_m)$. Параметрами профиля являются координаты точек M и m, а также r - радиус кривизны в точке O.

Разобьем Γ_1 точкой S_1 на две линии l_1 и l_3, а контур Γ_2 представим состоящим из трех линий l_0, l_2, l_4, которые разделены точками P и S_2. Положения точек P, S_1, S_2 на профиле неизвестны.

Моделируем Γ_1 составной кривой $D_3(l_1) \oplus D_2(l_3)$, а Γ_2 - составной кривой $D_1(l_0) \oplus D_3(l_2) \oplus D_2(l_4)$, где кривая $D_1(l_0)$ - дуга окружности радиуса r. Укажем для каждой точки порядок сращивания:

$$O(2), P(2), S_1(3), S_2(3), L(0).$$

Все перечисленные положения отражены на Схеме моделирования А.

Схема моделирования А

1. Эскиз профиля крыла.

   Заданы параметры: r, x_M, y_M, x_m, y_m

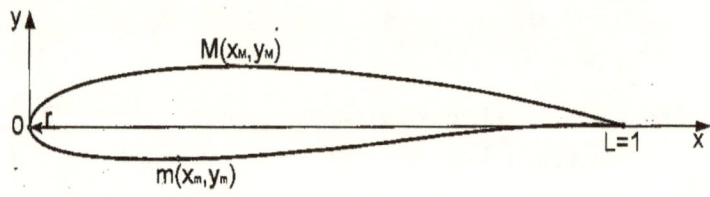

2. Линии профиля и точки сращивания

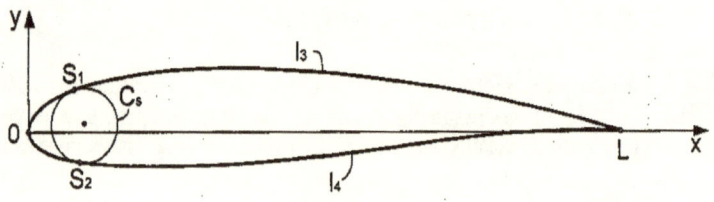

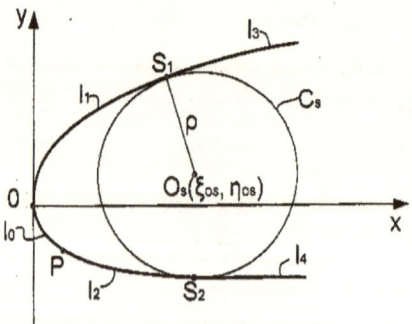

3. Составные кривые:

   верхний контур - $D_3(l_1) \oplus D_2(l_3)$

   нижний контур - $D_1(l_0) \oplus D_3(l_2) \oplus D_2(l_4)$

4. Порядок сращивания кривых в точках:

   $O(2), P(2), S_1(3), S_2(3), L(0)$

Задача A решена, если определены функции всех D_n- кривых. Для этого нужно найти все неизвестные этих функций.

Граничные условия.
Верхний контур:

$x = 0 \quad y_1(0) = 0, \quad u_1(0) = 1, \quad k_1(0) = -\dfrac{1}{r},$ \hfill (A.1), (A.2), (A.3),

$x = s_1 \quad y_1(s_1) = y_3(s_1), \quad u_1(s_1) = u_3(s_1),$ \hfill (A.4), (A.5),

$ \quad k_1(s_1) = k_3(s_1), \quad g_1(s_1) = g_3(s_1),$ \hfill (A.6), (A.7),

$x = x_M \quad y_3(x_M) = y_M, \quad u_3(x_M) = 0,$ \hfill (A.8), (A.9),

$x = 1 \quad y_3(1) = 0,$ \hfill (A.10),

где s_1 - абсцисса точки S_1.

Нижний контур:

$x = 0 \quad y_0(0) = 0, \quad u_0(0) = -1, \quad k_0(0) = \dfrac{1}{r},$ \hfill (A.11), (A.12), (A.13),

$x = x_p \quad y_0(x_p) = y_2(x_p), \quad u_0(x_p) = u_2(x_p), \quad \dfrac{1}{r} = k_2(x_p),$ \hfill (A.14), (A.15), (A.16),

$x = s_2 \quad y_2(s_2) = y_4(s_2), \quad u_2(s_2) = u_4(s_2),$ \hfill (A.17), (A.18),

$ \quad k_2(s_2) = k_4(s_2), \quad g_2(s_2) = g_4(s_2),$ \hfill (A.19), (A.20),

$x = x_m \quad y_4(x_m) = y_m, \quad u_4(x_m) = 0,$ \hfill (A.21), (A.22),

$x = 1 \quad y_4(1) = 0,$ \hfill (A.23),

где x_p, s_2 - абсциссы точек P, S_2.

Решение задачи
Функции кривых верхнего контура:

$$D_3(l_1): \quad y_1(x) = \sqrt{2 \cdot r \cdot \varepsilon}\left(1 - \dfrac{\varepsilon}{2 \cdot r}\right) + \int_\varepsilon^x \dfrac{u_1(x)}{\sqrt{1 - u_1(x)^2}} dx, \quad x \in [0, s_1],$$

$$u_1(x) = 1 - \dfrac{x}{r} + c_1 x^2 + d_1 x^3, \quad k_1(x) = -\dfrac{1}{r} + 2 \cdot c_1 x + 3 \cdot d_1 x^2,$$

$$g_1(x) = 2 \cdot c_1 + 6 \cdot d_1 x,$$

где учтены условия (A.1)–(A.3).

$$D_2(l_3): \quad y_3(x) = y_1(s_1) + \int_{s_1}^x \dfrac{u_3(x)}{\sqrt{1 - u_3(x)^2}} dx, \quad x \in [s_1, 1],$$

$$u_3(x) = a_3 + b_3(x-s_1) + c_3(x-s_1)^2, \quad k_3(x) = b_3 + 2\cdot c_3(x-s_1), \quad g_3 = 2\cdot c_3,$$

где для функции ординат учтено условие (А.4). Преобразуем функцию $u_3(x)$, воспользовавшись (А.5)–(А.7),

$$u_3(x) =$$
$$= 1 - \frac{s_1}{r} + c_1 s_1^2 + d_1 s_1^3 + \left(-\frac{1}{r} + 2\cdot c_1 s_1 + 3\cdot d_1 s_1^2\right)\cdot(x-s_1) + (c_1 + 3\cdot d_1 s_1)\cdot(x-s_1)^2 =$$
$$= 1 - \frac{x}{r} + c_1 x^2 + d_1\left[x^3 - (x-s_1)^3\right] = u_1(x) - d_1(x-s_1)^3$$

Неизвестными являются коэффициенты c_1, d_1 и абсцисса s_1. Введем дополнительное условие

$$u_3(1) = \sin\beta_1, \qquad (А.24)$$

где β_1 - угол наклона касательной, проведенной к Γ_1 в точке L, является неизвестным.

Условия (А.9) и (А.24) позволяют записать уравнения

$$\begin{cases} 1 - \dfrac{x_M}{r} + c_1 x_M^2 + d_1\left[x_M^3 - (x_M - s_1)^3\right] = 0, \\ 1 - \dfrac{1}{r} + c_1 + d_1\left[1 - (1-s_1)^3\right] = \sin\beta_1 \end{cases}$$

Решая эту систему уравнений, находим

$$d_1 = d_1(s_1, \beta_1) = -\frac{1 - \dfrac{x_M}{r} - \left(1 - \dfrac{1}{r} - \sin\beta_1\right)\cdot x_M^2}{\mu_1(s_1) - \left[1 - (1-s_1)^3\right]\cdot x_M^2},$$

$$c_1 = c_1(s_1, \beta_1) = -\frac{1}{x_M^2}\left[1 - \frac{x_M}{r} + d_1(s_1, \beta_1)\cdot \mu_1(s_1)\right], \text{ где } \mu_1(s_1) = x_M^3 - (x_M - s_1)^3$$

Для нахождения s_1 и β_1 необходимы два уравнения.

Функции кривых нижнего контура.

$$D_1(l_0): \quad y_0(x) = -\sqrt{r^2 - (r-x)^2}, \quad u_0(x) = -1 + \frac{x}{r}, \quad k_0 = \frac{1}{r}, \quad x\in\left[0, x_p\right]$$

Дуга окружности $D_1(l_0)$ имеет центр в точке $(r, 0)$. Для этой кривой выполнены условия (А.11)–(А.13).

$$D_3(l_2): \quad y_2(x) = y_0(x_p) + \int_{x_p}^{x} \frac{u_2(x)}{\sqrt{1-u_2(x)^2}}dx, \quad x\in\left[x_p, s_2\right],$$

$$u_2(x) = -1 + \frac{x}{r} + c_2(x-x_p)^2 + d_2(x-x_p)^3,$$

$$k_2(x) = \frac{1}{r} + 2 \cdot c_2(x-x_p) + 3 \cdot d_2(x-x_p)^2, \qquad g_2(x) = 2 \cdot c_2 + 6 \cdot d_2(x-x_p)$$

Функции кривой $D_3(l_2)$ записаны с учетом условий (А.14) – (А.16).

$$D_2(l_4): \qquad y_4(x) = y_2(s_2) + \int_{s_2}^{x} \frac{u_4(x)}{\sqrt{1-u_4(x)^2}} dx, \qquad x \in [s_2, 1],$$

$$u_4(x) = a_4 + b_4(x-s_2) + c_4(x-s_2)^2, \qquad k_4(x) = b_4 + 2 \cdot c_4(x-s_2), \qquad g_4 = 2 \cdot c_4.$$

Для функции $y_4(x)$ учтено (А.17). Преобразуем $u_4(x)$, воспользовавшись условиями (А.18) – (А.20).

$$u_4(x) = -1 + \frac{s_2}{r} + c_2(s_2-x_p)^2 + d_2(s_2-x_p)^3 +$$

$$+ \left[\frac{1}{r} + 2\cdot c_2(s_2-x_p) + 3\cdot d_2(s_2-x_p)^2\right]\cdot(x-s_2) + \left[c_2 + 3\cdot d_2(s_2-x_p)\right]\cdot(x-s_2)^2 =$$

$$= -1 + \frac{x}{r} + c_2(x-x_p)^2 + d_2\left[(x-x_p)^3 - (x-s_2)^3\right] = u_2(x) - d_2(x-s_2)^3.$$

Неизвестными являются коэффициенты c_2, d_2 и абсциссы x_p, s_2. Введем дополнительное условие

$$u_4(1) = \sin\beta_2, \qquad (A.25)$$

где β_2 - угол наклона касательной, проведенной к Γ_2 в точке L, является неизвестным.

Условия (А.22) и (А.25) позволяют записать уравнения

$$\begin{cases} -1 + \dfrac{x_m}{r} + c_2(x_m-x_p)^2 + d_2\left[(x_m-x_p)^3 - (x_m-s_2)^3\right] = 0, \\ -1 + \dfrac{1}{r} + c_2(1-x_p)^2 + d_2\left[(1-x_p)^3 - (1-s_2)^3\right] = \sin\beta_2 \end{cases}$$

Решая эту систему уравнений, получим формулы

$$d_2 = d_2(x_p, s_2, \beta_2) = \frac{1 - \dfrac{x_m}{r} - \left(1 - \dfrac{1}{r} + \sin\beta_2\right)\cdot \lambda_2(x_p)}{\mu_2(x_p, s_2) - \left[(1-x_p)^3 - (1-s_2)^3\right]\cdot \lambda_2(x_p)},$$

$$c_2 = c_2(x_p, s_2, \beta_2) = \frac{1}{(x_m-x_p)^2}\left[1 - \frac{x_m}{r} - d_2(x_p, s_2, \beta_2)\cdot \mu_2(x_p, s_2)\right],$$

где $\mu_2(x_p, s_2) = (x_m - x_p)^3 - (x_m - s_2)^3$, $\lambda_2(x_p) = \left(\dfrac{x_m - x_p}{1 - x_p}\right)^2$

Для нахождения x_p, s_2 и β_2 необходимы три уравнения.

Система уравнений задачи.

1) Условия (А.8), (А.10) и (А.21), (А.23) позволяют записать четыре уравнения

$$\begin{cases} y_3(x_M, s_1, \beta_1) - y_M = 0, \\ y_3(1, s_1, \beta_1) = 0, \\ y_4(x_m, x_p, s_2, \beta_2) - y_m = 0, \\ y_4(1, x_p, s_2, \beta_2) = 0 \end{cases} \quad (А.26)$$

Необходимо пятое уравнение.

Впишем в профиль окружность C_s, как показано на Схеме моделирования А. Радиус окружности обозначим ρ, а координаты ее центра (ξ_{0s}, η_{0s}).

Гипотеза: Точки S_1 и S_2 являются точками касания профиля и окружности C_s.

Следствием гипотезы является уравнение:

$$H(x_p, s_1, s_2, \beta_1, \beta_2) = s_2 - s_1 + \qquad (А.27)$$
$$+ \dfrac{u_2(s_2, x_p, s_2, \beta_2) + u_1(s_1, s_1, \beta_1)}{\sqrt{1 - u_2(s_2, x_p, s_2, \beta_2)^2} + \sqrt{1 - u_1(s_1, s_1, \beta_1)^2}} \left[y_2(s_2, x_p, s_2, \beta_2) - y_1(s_1, s_1, \beta_1) \right] = 0,$$

которое мы получим в Главе 4.

Решая совместно уравнения (А.26) и (А.27), находим неизвестные: $x_p, s_1, s_2, \beta_1, \beta_2$.

2). Рассмотрим видоизмененное решение системы уравнений.

Будем считать, что значения s_1, β_1 не зависят от значений неизвестных x_p, s_2, β_2, тогда возможно разделение уравнений

$$\begin{cases} y_3(x_M, s_1, \beta_1) - y_M = 0, \\ y_3(1, s_1, \beta_1) = 0 \end{cases} \quad \begin{cases} y_4(x_m, x_p, s_2, \beta_2) - y_m = 0, \\ y_4(1, x_p, s_2, \beta_2) = 0, \\ H(x_p, s_2, \beta_2) = 0 \end{cases} \quad (А.28), (А.29)$$

Определив s_1, β_1 из (А.28) и вычислив $us_1 = u_1(s_1, s_1, \beta_1)$, $ys_1 = y_1(s_1, s_1, \beta_1)$, левая часть третьего уравнения в (А.29) получит вид:

$$H(x_p,s_2,\beta_2) = s_2 - s_1 + \frac{u_2(s_2,x_p,s_2,\beta_2) + us_1}{\sqrt{1-u_2(s_2,x_p,s_2,\beta_2)^2} + \sqrt{1-us_1^{\,2}}}\left[y_2(s_2,x_p,s_2,\beta_2) - ys_1\right]$$

Решая уравнения (А.29), находим x_p, s_2, β_2.

Замечание. Правомерность разделения уравнений должна быть проверена численно.

Главные функции профиля крыла.

Верхний контур:
$$Y_1(x) = \begin{cases} y_1(x,s_1,\beta_1), x\in[0,s_1); \\ y_3(x,s_1,\beta_1), x\in[s_1,1]. \end{cases}$$

$$U_1(x) = u_1(x,s_1,\beta_1) - d_1(s_1,\beta_1)(x-s_1)^3 \chi_1(x,s_1),$$

$$K_1(x) = k_1(x,s_1,\beta_1) - 3\cdot d_1(s_1,\beta_1)(x-s_1)^2 \chi_1(x,s_1),$$

Нижний контур:
$$Y_2(x) = \begin{cases} y_0(x), x\in[0,x_p); \\ y_2(x,x_p,s_2,\beta_2), x\in[x_p,s_2); \\ y_4(x,x_p,s_2,\beta_2), x\in[s_2,1] \end{cases}$$

$$U_2(x) = \begin{cases} u_0(x), x\in[0,x_p); \\ u_2(x,x_p,s_2,\beta_2) - d_2(x_p,s_2,\beta_2)(x-s_2)^3 \chi_2(x,s_2), x\in[x_p,1]. \end{cases}$$

$$K_2(x) = \begin{cases} k_0, x\in[0,x_p); \\ k_2(x,x_p,s_2,\beta_2) - 3\cdot d_2(x_p,s_2,\beta_2)(x-s_2)^2 \chi_2(x,s_2), x\in[x_p,1], \end{cases}$$

где $\chi_1(x,s_1)$ и $\chi_2(x,s_2)$ - функции Хевисайда.

А.2. Программа А

Программа А содержит 12 разделов. Перечислим эти разделы.
1) Ввод параметров: r, x_M, y_M, x_m, y_m.
2) Запись формул коэффициентов $c_1(s_1, \beta_1)$, $d_1(s_1, \beta_1)$ и функций кривых $D_3(l_1)$, $D_2(l_3)$ верхнего контура профиля.
3) Запись формул коэффициентов $c_2(x_p, s_2, \beta_2), d_2(x_p, s_2, \beta_2)$ и функций кривых $D_1(l_0), D_3(l_2), D_2(l_4)$ нижнего контура профиля.
4) В этом разделе определяются неизвестные $x_p, s_1, s_2, \beta_1, \beta_2$. Методом последовательных приближений, который реализуется функцией Find(z1,z2,...), решается система пяти уравнений. Метод требует задание начальных значений неизвестных. В программе А приняты следующие их значения: $s_1 = r, s_2 = r$, $\beta_1 = 0, \beta_2 = 0$, а для неизвестной x_p начальное значение находится по формуле

$$x_p = r \cdot \left\{ 1 - \cos\left[2 \cdot arctg\left(\frac{k \cdot y_\mu}{x_\mu - r} \right) \right] \right\}, \qquad (A.30)$$

где $x_\mu = \frac{1}{2}(x_M - x_m)$, $y_\mu = \frac{1}{2}(y_M - y_m)$, k - множитель, позволяющий уточнить начальное значение x_p.

5) Решения двух систем, содержащих два и три уравнения, предназначены для определения s_1, β_1 и x_p, s_2, β_2. Эти системы также решаются методом последовательных приближений, а начальные значения неизвестных приняты, как указано в п.4.
6) Запись главных функций верхнего и нижнего контуров профиля.
7) Формулы для расчета окружности C_s.
8) Расчет хорды профиля.
9) Чертеж профиля крыла представлен на Fig.1.
10) Графики главных функций $U_1(x), U_2(x)$ и $K_1(x), K_2(x)$ построены на Fig.2 и Fig.3, где график $K_2(x)$ имеет горизонтальный участок соответствующий дуге окружности в носовой части нижнего контура.
11) Фрагмент носовой части профиля приведен на Fig.4, где построена окружность C_s и показаны точки O, P, S_1, S_2.
12) Выполнена печать таблицы координат точек верхнего и нижнего контуров профиля, а также печать таблицы координат точек хорды.

Отметим, что значения неизвестных $x_p, s_1, s_2, \beta_1, \beta_2$, рассчитанные в разделах 4 и 5, совпадают. Это свидетельствует о целесообразности разделения уравнений как при решении задачи А, так и при решении последующих задач.

Замечания:

Уравнение хорды профиля будет получено в Главе 4.

Возможности задачи А моделировать профили крыльев проиллюстрированы систематическими расчетами.

Автору не известны другие методы генерации профилей крыльев, для которых заданы: длина, координаты только двух точек и радиус кривизны в носике профиля.

Автор будет чрезвычайно признателен, если читатель укажет на существование других более эффективных методов решния этой задачи.

PROGRAM A

1. Parameters: $r := 0.02$ $xM := 0.35$ $yM := 0.1$ $xm := 0.3$ $ym := -0.05$

2. Upper Surface $\varepsilon := 10^{-4}$ $\mu1(s1) := xM^3 - (xM - s1)^3$

$$d1(s1, \beta1) := \frac{1 - \frac{xM}{r} - \left(1 - \frac{1}{r} - \sin(\beta1)\right) \cdot xM^2}{\mu1(s1) - \left[1 - (1 - s1)^3\right] \cdot xM^2} \qquad c1(s1, \beta1) := -\frac{1}{xM^2}\left(1 - \frac{xM}{r} + d1(s1, \beta1) \cdot \mu1(s1)\right)$$

D3(L1)
$$u1(x, s1, \beta1) := 1 - \frac{x}{r} + c1(s1, \beta1) \cdot x^2 + d1(s1, \beta1) \cdot x^3$$

$$k1(x, s1, \beta1) := -\frac{1}{r} + 2 \cdot c1(s1, \beta1) \cdot x + 3 \cdot d1(s1, \beta1) \cdot x^2$$

$$y1(x, s1, \beta1) := \sqrt{2 \cdot r \cdot \varepsilon} \cdot \left(1 - \frac{\varepsilon}{2 \cdot r}\right) + \int_{\varepsilon}^{x} \frac{u1(x, s1, \beta1)}{\sqrt{1 - u1(x, s1, \beta1)^2}} dx$$

D2(L3)
$$u3(x, s1, \beta1) := u1(x, s1, \beta1) - d1(s1, \beta1) \cdot (x - s1)^3$$
$$k3(x, s1, \beta1) := k1(x, s1, \beta1) - 3 \cdot d1(s1, \beta1) \cdot (x - s1)^2$$

$$y3(x, s1, \beta1) := y1(s1, s1, \beta1) + \int_{s1}^{x} \frac{u3(x, s1, \beta1)}{\sqrt{1 - u3(x, s1, \beta1)^2}} dx$$

3. Lower Surface $\lambda2(xp) := \left(\frac{xm - xp}{1 - xp}\right)^2$ $\mu2(xp, s2) := (xm - xp)^3 - (xm - s2)^3$

$$d2(xp, s2, \beta2) := \frac{1 - \frac{xm}{r} - \left(1 - \frac{1}{r} + \sin(\beta2)\right) \cdot \lambda2(xp)}{\mu2(xp, s2) - \left[(1 - xp)^3 - (1 - s2)^3\right] \cdot \lambda2(xp)}$$

$$c2(xp, s2, \beta2) := \frac{1}{(xm - xp)^2}\left(1 - \frac{xm}{r} - d2(xp, s2, \beta2) \cdot \mu2(xp, s2)\right)$$

D1(L0) $y0(x) := -\sqrt{r^2 - (r - x)^2}$ $u0(x) := -1 + \frac{x}{r}$ $k0 := \frac{1}{r}$

D3(L2) $u2(x, xp, s2, \beta2) := -1 + \frac{x}{r} + c2(xp, s2, \beta2) \cdot (x - xp)^2 + d2(xp, s2, \beta2) \cdot (x - xp)^3$

$$k2(x, xp, s2, \beta2) := \frac{1}{r} + 2 \cdot c2(xp, s2, \beta2) \cdot (x - xp) + 3 \cdot d2(xp, s2, \beta2) \cdot (x - xp)^2$$

$$y2(x, xp, s2, \beta2) := y0(xp) + \int_{xp}^{x} \frac{u2(x, xp, s2, \beta2)}{\sqrt{1 - u2(x, xp, s2, \beta2)^2}} dx$$

D2(L4) $u4(x, xp, s2, \beta2) := u2(x, xp, s2, \beta2) - d2(xp, s2, \beta2) \cdot (x - s2)^3$

$$k4(x, xp, s2, \beta2) := k2(x, xp, s2, \beta2) - 3 \cdot d2(xp, s2, \beta2) \cdot (x - s2)^2$$

MATHEMATICAL DESIGN OF WING SECTIONS   31

$$y4(x, xp, s2, \beta2) := y2(s2, xp, s2, \beta2) + \int_{s2}^{x} \frac{u4(x, xp, s2, \beta2)}{\sqrt{1 - u4(x, xp, s2, \beta2)^2}} \, dx$$

4. Decision of Equations #1

$$\rho(xp, s1, s2, \beta1, \beta2) := \frac{y2(s2, xp, s2, \beta2) - y1(s1, s1, \beta1)}{\sqrt{1 - u2(s2, xp, s2, \beta2)^2} + \sqrt{1 - u1(s1, s1, \beta1)^2}}$$

$$H(xp, s1, s2, \beta1, \beta2) := s2 - s1 + (u2(s2, xp, s2, \beta2) + u1(s1, s1, \beta1)) \cdot \rho(xp, s1, s2, \beta1, \beta2)$$

$k := 4$ $x\mu := \frac{1}{2}(xM + xm)$ $y\mu := \frac{1}{2}(yM + ym)$ $xp := r \cdot \left(1 - \cos\left(2 \cdot \operatorname{atan}\left(\frac{k \cdot y\mu}{x\mu - r}\right)\right)\right)$ $s1 := r$ $\beta1 := 0$
$s2 := s1$ $\beta2 := 0$

Given $y3(xM, s1, \beta1) - yM = 0$ $y3(1, s1, \beta1) = 0$ $H(xp, s1, s2, \beta1, \beta2) = 0$
$y4(xm, xp, s2, \beta2) - ym = 0$ $y4(1, xp, s2, \beta2) = 0$

$$\begin{bmatrix} xp \\ s1 \\ s2 \\ \beta1 \\ \beta2 \end{bmatrix} := \text{Find}(xp, s1, s2, \beta1, \beta2) \quad \begin{matrix} xp = 0.00423 & s1 = 0.03058 & \beta1 = -0.125 \\ & s2 = 0.03842 & \beta2 = 0.019 \end{matrix}$$

5. Decision of Equations #2

$s1 := r$ $\beta1 := 0$ Given $y3(xM, s1, \beta1) - yM = 0$ $y3(1, s1, \beta1) = 0$ $\begin{pmatrix} s1 \\ \beta1 \end{pmatrix} := \text{Find}(s1, \beta1)$

$s1 = 0.03058$ $\beta1 = -0.125$

$ys1 := y1(s1, s1, \beta1)$ $us1 := u1(s1, s1, \beta1)$

$$H(xp, s2, \beta2) := s2 - s1 + \frac{u2(s2, xp, s2, \beta2) + us1}{\sqrt{1 - u2(s2, xp, s2, \beta2)^2} + \sqrt{1 - us1^2}} \cdot (y2(s2, xp, s2, \beta2) - ys1)$$

$xp := r \cdot \left(1 - \cos\left(2 \cdot \operatorname{atan}\left(\frac{k \cdot y\mu}{x\mu - r}\right)\right)\right)$ $s2 := s1$ $\beta2 := 0$

Given $y4(xm, xp, s2, \beta2) - ym = 0$ $y4(1, xp, s2, \beta2) = 0$ $H(xp, s2, \beta2) = 0$ $\begin{pmatrix} xp \\ s2 \\ \beta2 \end{pmatrix} := \text{Find}(xp, s2, \beta2)$

$xp = 0.00423$ $s2 = 0.03842$ $\beta2 = 0.019$

$yp := y0(xp)$ $ys2 := y2(s2, xp, s2, \beta2)$ $us2 := u2(s2, xp, s2, \beta2)$

6. Main Functions

$\chi1(x, s1) := \begin{vmatrix} 0 & \text{if } x < s1 \\ 1 & \text{otherwise} \end{vmatrix}$ $\chi2(x, s2) := \begin{vmatrix} 0 & \text{if } x < s2 \\ 1 & \text{otherwise} \end{vmatrix}$

$Y1(x) := \begin{vmatrix} y1(x, s1, \beta1) & \text{if } 0 \le x < s1 \\ y3(x, s1, \beta1) & \text{if } s1 \le x < 1 \\ 0 & \text{if } x = 1 \end{vmatrix}$ $Y2(x) := \begin{vmatrix} y0(x) & \text{if } 0 \le x < xp \\ y2(x, xp, s2, \beta2) & \text{if } xp \le x \le s2 \\ y4(x, xp, s2, \beta2) & \text{if } s2 \le x < 1 \\ 0 & \text{if } x = 1 \end{vmatrix}$

$U1(x) := u1(x, s1, \beta1) - d1(s1, \beta1) \cdot (x - s1)^3 \cdot \chi1(x, s1)$

$U2(x) := \begin{vmatrix} u0(x) & \text{if } 0 \le x < xp \\ u2(x, xp, s2, \beta2) - d2(xp, s2, \beta2) \cdot (x - s2)^3 \cdot \chi2(x, s2) & \text{otherwise} \end{vmatrix}$

$$K1(x) := k1(x,s1,\beta1) - 3 \cdot d1(s1,\beta1) \cdot (x - s1)^2 \cdot \chi1(x,s1)$$

$$K2(x) := \begin{vmatrix} k0 & \text{if } 0 \le x < xp \\ k2(x,xp,s2,\beta2) - 3 \cdot d2(xp,s2,\beta2) \cdot (x - s2)^2 \cdot \chi2(x,s2) & \text{otherwise} \end{vmatrix}$$

$$\theta := 0, \frac{\pi}{50} .. 2 \cdot \pi$$

7. Circle Cs $\rho := -\dfrac{ys2 - ys1}{\sqrt{1 - us2^2} + \sqrt{1 - us1^2}}$ $\rho = 0.03064$ $\xi os := s1 + \rho \cdot us1$ $\eta os := ys1 - \rho \cdot \sqrt{1 - us1^2}$

$\xi s(\theta) := \xi os + \rho \cdot \cos(\theta)$ $\eta s(\theta) := \eta os + \rho \cdot \sin(\theta)$

8. Camber line $H(c,d) := d - c + \dfrac{U2(d) + U1(c)}{\sqrt{1 - U2(d)^2} + \sqrt{1 - U1(c)^2}} \cdot (Y2(d) - Y1(c))$

$d := 3 \cdot r$ $d(c) := \text{root}(H(c,d), d)$ $\rho c(c) := -\dfrac{Y2(d(c)) - Y1(c)}{\sqrt{1 - U2(d(c))^2} + \sqrt{1 - U1(c)^2}}$

$xc(c) := \begin{vmatrix} r & \text{if } c = 0 \\ c + \rho c(c) \cdot U1(c) & \text{if } 0 < c < 1 \\ 1 & \text{if } c = 1 \end{vmatrix}$ $yc(c) := \begin{vmatrix} 0 & \text{if } c = 0 \\ Y1(c) - \rho c(c) \cdot \sqrt{1 - U1(c)^2} & \text{if } 0 < c < 1 \\ 0 & \text{if } c = 1 \end{vmatrix}$

9. Airfoil $r = 0.02$ $xM = 0.35$ $yM = 0.1$ $xm = 0.3$ $ym = -0.05$

$x := 0, 0.001 .. 1$ $c := 0, 0.05 .. 1$

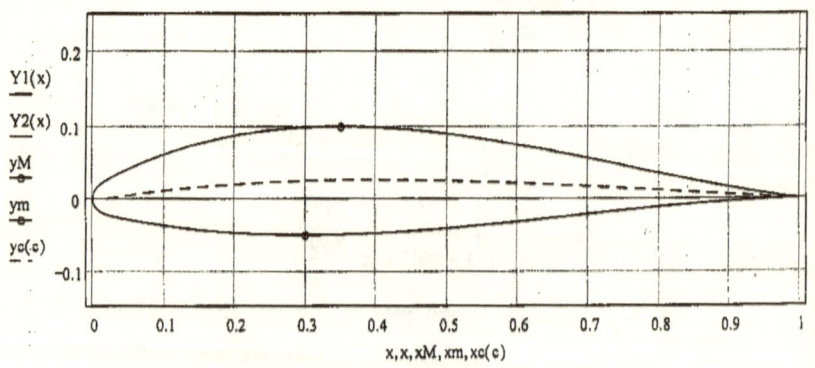

Fig. 1

10. Functions U1(x), U2(x), K1(x), K2(x) $x := 0, 0.0001 .. 0.05$

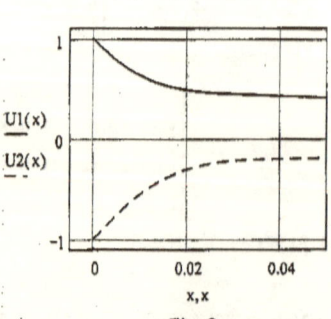

Fig. 2

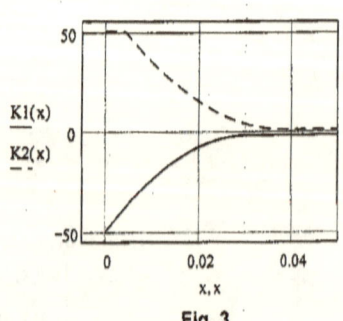

Fig. 3

11. Head of Airfoil

$x := 0, 0.0002 .. 0.07$

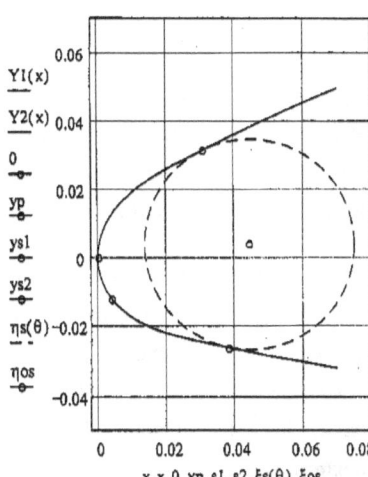

Fig. 4

12. Coordinates of Points

$Yupper(x) := \begin{vmatrix} 0 & \text{if } |Y1(x)| < 10^{-5} \\ Y1(x) & \text{otherwise} \end{vmatrix}$ $Ylower(x) := \begin{vmatrix} 0 & \text{if } |Y2(x)| < 10^{-5} \\ Y2(x) & \text{otherwise} \end{vmatrix}$ $x := 0, 0.05 .. 1$

Airfoil			Camber line	
x	Yupper(x)	Ylower(x)	xc(c)	yc(c)
0	0	0	0.02	0
0.05	0.0404	-0.0286	0.0656	0.0065
0.1	0.0607	-0.0368	0.117	0.0124
0.15	0.076	-0.0429	0.1655	0.0169
0.2	0.0871	-0.047	0.2123	0.0203
0.25	0.0945	-0.0493	0.2582	0.0227
0.3	0.0987	-0.05	0.304	0.0244
0.35	0.1	-0.0493	0.35	0.0253
0.4	0.0988	-0.0475	0.3965	0.0256
0.45	0.0953	-0.0446	0.4438	0.0254
0.5	0.09	-0.0409	0.4919	0.0246
0.55	0.083	-0.0366	0.5408	0.0233
0.6	0.0747	-0.0318	0.5906	0.0215
0.65	0.0654	-0.0267	0.6411	0.0194
0.7	0.0554	-0.0216	0.6922	0.017
0.75	0.0451	-0.0166	0.7436	0.0143
0.8	0.0347	-0.0119	0.7953	0.0115
0.85	0.0247	-0.0077	0.8469	0.0086
0.9	0.0154	-0.0042	0.8983	0.0056
0.95	0.007	-0.0016	0.9493	0.0028
1	0	0	1	0

A.3. Задача Ah.

Постановка задачи A предполагает, что носовая точка профиля O совпадает с началом координат системы $x0y$, а хвостовая точка L имеет координаты $(1,0)$, то есть ординаты этих точек $y_O = y_L = 0$.

Сформулируем задачу Ah, которая, как будет показано, является обобщением задачи A.

Воспользуемся Схемой моделирования A, где наряду с r, x_M, y_M, x_m, y_m зададим параметры h_0 и h_1. Смысл этих параметров понятен из рисунков 6 и 7. Не будем решать задачу Ah, а лишь укажем на те изменения по сравнению с задачей A, к которым приводит задание h_0, h_1. Эти изменения касаются граничных условий, функций ординат D_n- кривых и некоторых уравнений. Под верхним и нижним контуром профиля понимаем линии OS_1L и OPS_2L, где $y_O = h_0, y_L = h_1$.

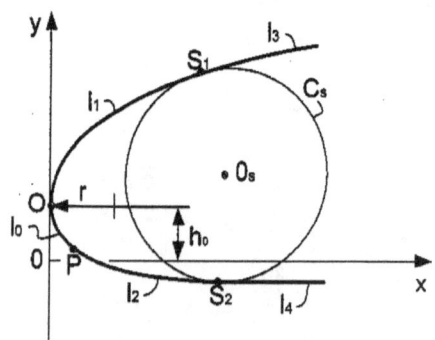

Рис. 6. Иллюстрация параметра h_0.

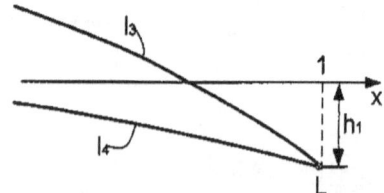

Рис. 7. . Иллюстрация параметра h_1.

Граничные условия.

$x = 0 \quad y_1(0) = h_0, \qquad x = 1 \quad y_3(1) = h_1.$
$x = 0 \quad y_0(0) = h_0, \qquad x = 1 \quad y_4(1) = h_1.$

Решение задачи.
Верхний контур:

$$D_3(l_1): \quad y_1(x) = h_0 + \sqrt{2 \cdot r \cdot \varepsilon}\left(1 - \frac{\varepsilon}{2 \cdot r}\right) + \int_{\varepsilon}^{x} \frac{u_1(x)}{\sqrt{1 - u_1(x)^2}} dx, \quad x \in [0, s_1]$$

Система уравнений для нахождения неизвестных s_1 и β_1 имеет вид:

$$\begin{cases} y_3(x_M, s_1, \beta_1) - y_M = 0, \\ y_3(1, s_1, \beta_1) - h_1 = 0 \end{cases}$$

Нижний контур:

$$D_1(l_0): \quad y_0(x) = h_0 - \sqrt{r^2 - (r-x)^2}, \quad x \in [0, x_p]$$

Система уравнений для нахождения неизвестных x_p, s_2 и β_2 имеет вид:

$$\begin{cases} y_4(x_m, x_p, s_2, \beta_2) - y_m = 0, \\ y_4(1, x_p, s_2, \beta_2) - h_1 = 0, \\ H(x_p, s_2, \beta_2) = 0 \end{cases}$$

Очевидно, если положить $h_0 = h_1 = 0$, то приходим к задаче А.

В этом параграфе приведена программа Ah, с помощью которой выполнены расчеты профилей, имеющих:

$$h_0 = 0.005, \quad h_1 = \{-0.01, -0.02, -0.03\}$$

Замечание:

Параметры h_0, h_1 могут быть заданы во всех задачах, которые нам предстоит решить.

PROGRAM Ah

1. Parameters: $r := 0.01$ $xM := 0.35$ $yM := 0.1$ $xm := 0.3$ $ym := -0.01$

$h0 := 0.005$ $h1 := -0.03$

2. Upper Surface $\varepsilon := 10^{-4}$ $\mu1(s1) := xM^3 - (xM - s1)^3$

$$d1(s1,\beta1) := -\frac{1 - \dfrac{xM}{r} - \left(1 - \dfrac{1}{r} - \sin(\beta1)\right) \cdot xM^2}{\mu1(s1) - \left[1 - (1 - s1)^3\right] \cdot xM^2} \qquad c1(s1,\beta1) := -\frac{1}{xM^2} \cdot \left(1 - \frac{xM}{r} + d1(s1,\beta1) \cdot \mu1(s1)\right)$$

D3(L1) $u1(x,s1,\beta1) := 1 - \dfrac{x}{r} + c1(s1,\beta1) \cdot x^2 + d1(s1,\beta1) \cdot x^3$

$$y1(x,s1,\beta1) := \sqrt{2 \cdot r \cdot \varepsilon} \cdot \left(1 - \frac{\varepsilon}{2 \cdot r}\right) + h0 + \int_{\varepsilon}^{x} \frac{u1(x,s1,\beta1)}{\sqrt{1 - u1(x,s1,\beta1)^2}} \, dx$$

D2(L3) $u3(x,s1,\beta1) := u1(x,s1,\beta1) - d1(s1,\beta1) \cdot (x - s1)^3$

$$y3(x,s1,\beta1) := y1(s1,s1,\beta1) + \int_{s1}^{x} \frac{u3(x,s1,\beta1)}{\sqrt{1 - u3(x,s1,\beta1)^2}} \, dx$$

3. Lower Surface $\lambda2(xp) := \left(\dfrac{xm - xp}{1 - xp}\right)^2$ $\mu2(xp,s2) := (xm - xp)^3 - (xm - s2)^3$

$$d2(xp,s2,\beta2) := \frac{1 - \dfrac{xm}{r} - \left(1 - \dfrac{1}{r} + \sin(\beta2)\right) \cdot \lambda2(xp)}{\mu2(xp,s2) - \left[(1 - xp)^3 - (1 - s2)^3\right] \cdot \lambda2(xp)}$$

$$c2(xp,s2,\beta2) := \frac{1}{(xm - xp)^2} \cdot \left(1 - \frac{xm}{r} - d2(xp,s2,\beta2) \cdot \mu2(xp,s2)\right)$$

D1(L0) $y0(x) := h0 - \sqrt{r^2 - (r - x)^2}$ $u0(x) := -1 + \dfrac{x}{r}$

D3(L2) $u2(x,xp,s2,\beta2) := -1 + \dfrac{x}{r} + c2(xp,s2,\beta2) \cdot (x - xp)^2 + d2(xp,s2,\beta2) \cdot (x - xp)^3$

$$y2(x,xp,s2,\beta2) := y0(xp) + \int_{xp}^{x} \frac{u2(x,xp,s2,\beta2)}{\sqrt{1 - u2(x,xp,s2,\beta2)^2}} \, dx$$

D2(L4) $u4(x,xp,s2,\beta2) := u2(x,xp,s2,\beta2) - d2(xp,s2,\beta2) \cdot (x - s2)^3$

$$y4(x,xp,s2,\beta2) := y2(s2,xp,s2,\beta2) + \int_{s2}^{x} \frac{u4(x,xp,s2,\beta2)}{\sqrt{1 - u4(x,xp,s2,\beta2)^2}} \, dx$$

4. Decision of Equations

$s1 := r \quad \beta1 := 0 \quad$ Given $\quad y3(xM, s1, \beta1) - yM = 0 \quad y3(1, s1, \beta1) - h1 = 0$

$$\begin{pmatrix} s1 \\ \beta1 \end{pmatrix} := \text{Find}(s1, \beta1) \quad s1 = 0.01485 \quad \beta1 = -0.235$$

$ys1 := y1(s1, s1, \beta1) \quad us1 := u1(s1, s1, \beta1)$

$$H(xp, s2, \beta2) := s2 - s1 + \frac{u2(s2, xp, s2, \beta2) + us1}{\sqrt{1 - u2(s2, xp, s2, \beta2)^2} + \sqrt{1 - us1^2}} \cdot (y2(s2, xp, s2, \beta2) - ys1)$$

$k := 4 \quad x\mu := \frac{1}{2} \cdot (xM + xm) \quad y\mu := \frac{1}{2} \cdot (yM + ym) \quad xp := r \cdot \left(1 - \cos\left(2 \cdot \text{atan}\left(\frac{k \cdot y\mu}{x\mu - r}\right)\right)\right) \quad s2 := s1 \quad \beta2 := 0$

Given $y4(xm, xp, s2, \beta2) - ym = 0 \quad y4(1, xp, s2, \beta2) - h1 = 0 \quad H(xp, s2, \beta2) = 0$

$$\begin{pmatrix} xp \\ s2 \\ \beta2 \end{pmatrix} := \text{Find}(xp, s2, \beta2) \quad xp = 0.00378 \quad s2 = 0.02137 \quad \beta2 = -0.101$$

$yp := y0(xp) \quad ys2 := y2(s2, xp, s2, \beta2) \quad us2 := u2(s2, xp, s2, \beta2)$

5. Main Functions

$\chi1(x, s1) := \begin{vmatrix} 0 & \text{if } x < s1 \\ 1 & \text{otherwise} \end{vmatrix} \quad \chi2(x, s2) := \begin{vmatrix} 0 & \text{if } x < s2 \\ 1 & \text{otherwise} \end{vmatrix}$

$Y1(x) := \begin{vmatrix} y1(x, s1, \beta1) & \text{if } 0 \leq x < s1 \\ y3(x, s1, \beta1) & \text{if } s1 \leq x < 1 \\ h1 & \text{if } x = 1 \end{vmatrix} \quad Y2(x) := \begin{vmatrix} y0(x) & \text{if } 0 \leq x < xp \\ y2(x, xp, s2, \beta2) & \text{if } xp \leq x \leq s2 \\ y4(x, xp, s2, \beta2) & \text{if } s2 \leq x < 1 \\ h1 & \text{if } x = 1 \end{vmatrix}$

$U1(x) := u1(x, s1, \beta1) - d1(s1, \beta1) \cdot (x - s1)^3 \cdot \chi1(x, s1)$

$U2(x) := \begin{vmatrix} u0(x) & \text{if } 0 \leq x < xp \\ u2(x, xp, s2, \beta2) - d2(xp, s2, \beta2) \cdot (x - s2)^3 \cdot \chi2(x, s2) & \text{otherwise} \end{vmatrix}$

6. Circle Cs

$\rho := -\dfrac{ys2 - ys1}{\sqrt{1 - us2^2} + \sqrt{1 - us1^2}} \quad \rho = 0.01439 \quad \xi os := s1 + \rho \cdot us1 \quad \eta os := ys1 - \rho \cdot \sqrt{1 - us1^2}$

$\xi s(\theta) := \xi os + \rho \cdot \cos(\theta)$
$\eta s(\theta) := \eta os + \rho \cdot \sin(\theta)$
$\theta := 0, \dfrac{\pi}{50} .. 2 \cdot \pi$

7. Camber line

$$H(c, d) := d - c + \frac{U2(d) + U1(c)}{\sqrt{1 - U2(d)^2} + \sqrt{1 - U1(c)^2}} \cdot (Y2(d) - Y1(c))$$

$d := 3 \cdot r \quad d(c) := \text{root}(H(c, d), d) \quad \rho c(c) := -\dfrac{Y2(d(c)) - Y1(c)}{\sqrt{1 - U2(d(c))^2} + \sqrt{1 - U1(c)^2}}$

$xc(c) := \begin{vmatrix} r & \text{if } c = 0 \\ c + \rho c(c) \cdot U1(c) & \text{if } 0 < c < 1 \\ 1 & \text{if } c = 1 \end{vmatrix} \quad yc(c) := \begin{vmatrix} h0 & \text{if } c = 0 \\ Y1(c) - \rho c(c) \cdot \sqrt{1 - U1(c)^2} & \text{if } 0 < c < 1 \\ h1 & \text{if } c = 1 \end{vmatrix}$

$x := 0, 0.001 .. 1 \qquad c := 0, 0.05 .. 1$

8. Airfoil $r = 0.01$ $xM = 0.35$ $yM = 0.1$ $xm = 0.3$ $ym = -0.01$ $h0 = 0.005$ $h1 = -0.03$

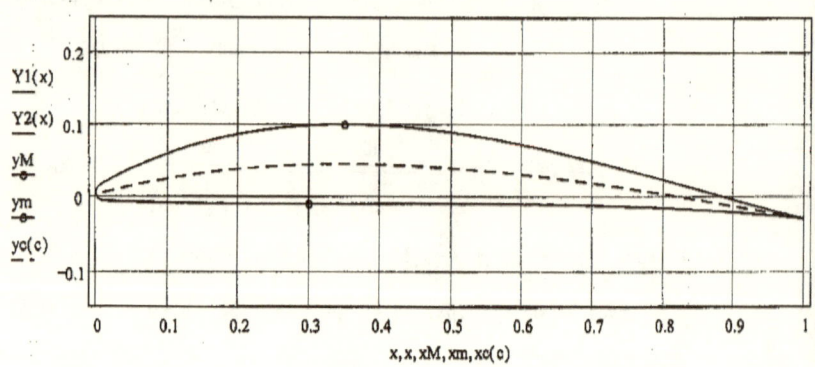

Fig. 1

9. Head and Tail of Airfoil $x := 0, 0.0002 .. 0.07$ $c := 0, 0.01 .. 0.07$

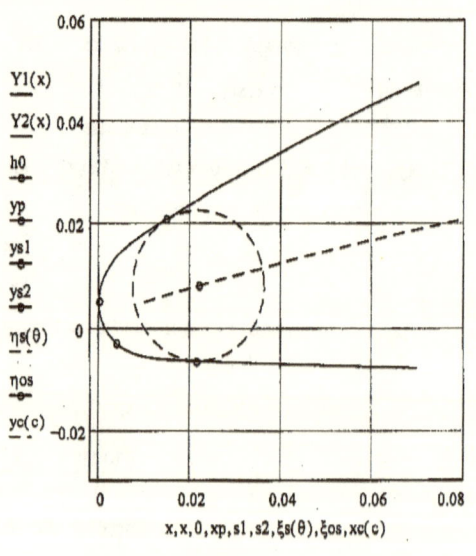

Fig. 2

$x := 0.93, 0.9302 .. 1$ $c := 0.9, 0.91 .. 1$

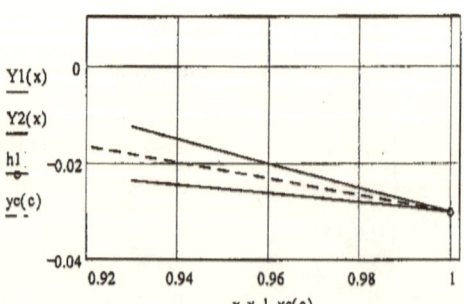

Fig. 3

10. Coordinates of Points

$$\text{Yupper}(x) := \begin{vmatrix} 0 & \text{if } |Y1(x)| < 10^{-5} \\ Y1(x) & \text{otherwise} \end{vmatrix} \qquad \text{Ylower}(x) := \begin{vmatrix} 0 & \text{if } |Y2(x)| < 10^{-5} \\ Y2(x) & \text{otherwise} \end{vmatrix} \qquad \begin{array}{l} x := 0, 0.05 .. 1 \\ c := 0, 0.05 .. 1 \end{array}$$

Airfoil / Camber line

x	Yupper(x)	Ylower(x)	xc(c)	yc(c)
0	0.005	0.005	0.01	0.005
0.05	0.0386	-0.0072	0.0603	0.0167
0.1	0.0593	-0.0084	0.1119	0.0264
0.15	0.075	-0.0092	0.1612	0.0336
0.2	0.0865	-0.0097	0.2091	0.0388
0.25	0.0942	-0.0099	0.2562	0.0423
0.3	0.0986	-0.01	0.3031	0.0443
0.35	0.1	-0.01	0.35	0.045
0.4	0.0987	-0.0099	0.3972	0.0444
0.45	0.095	-0.0098	0.4449	0.0427
0.5	0.089	-0.0098	0.4932	0.0398
0.55	0.0812	-0.01	0.5421	0.036
0.6	0.0717	-0.0104	0.5917	0.0311
0.65	0.0608	-0.0111	0.6419	0.0254
0.7	0.0488	-0.0122	0.6925	0.0189
0.75	0.036	-0.0137	0.7436	0.0117
0.8	0.0226	-0.0157	0.7949	0.0039
0.85	0.009	-0.0182	0.8464	-0.0042
0.9	-0.0045	-0.0214	0.8978	-0.0127
0.95	-0.0176	-0.0253	0.949	-0.0213
1	-0.03	-0.03	1	-0.03

Airfoil #1 r = 0.01   xM = 0.35   yM = 0.1   xm = 0.3   ym = -0.01   h0 = 0.005   h1 = -0.02

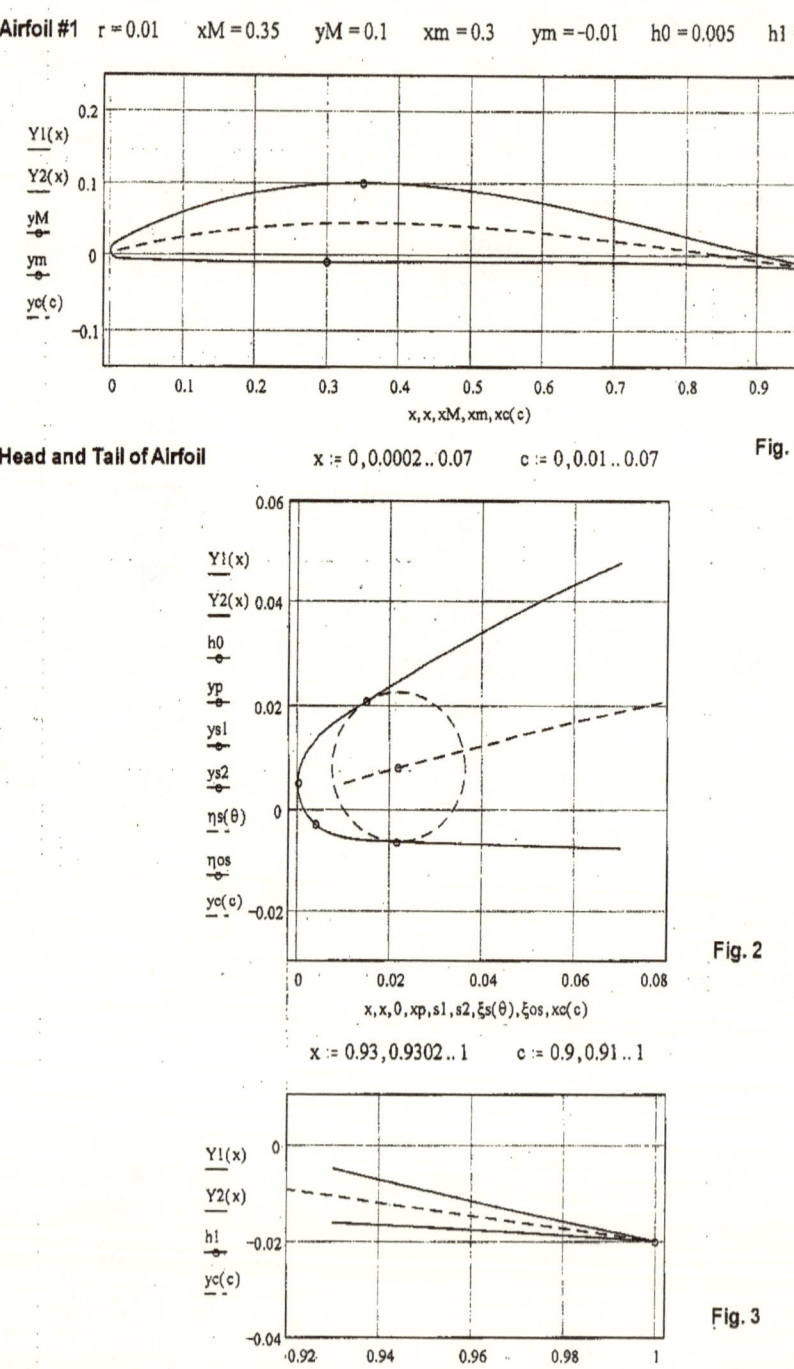

Head and Tail of Airfoil   x := 0, 0.0002 .. 0.07   c := 0, 0.01 .. 0.07

Fig. 1

Fig. 2

x := 0.93, 0.9302 .. 1   c := 0.9, 0.91 .. 1

Fig. 3

Mathematical Design Of Wing Sections

Airfoil #2   r = 0.01   xM = 0.35   yM = 0.1   xm = 0.3   ym = -0.01   h0 = 0.005   h1 = -0.03

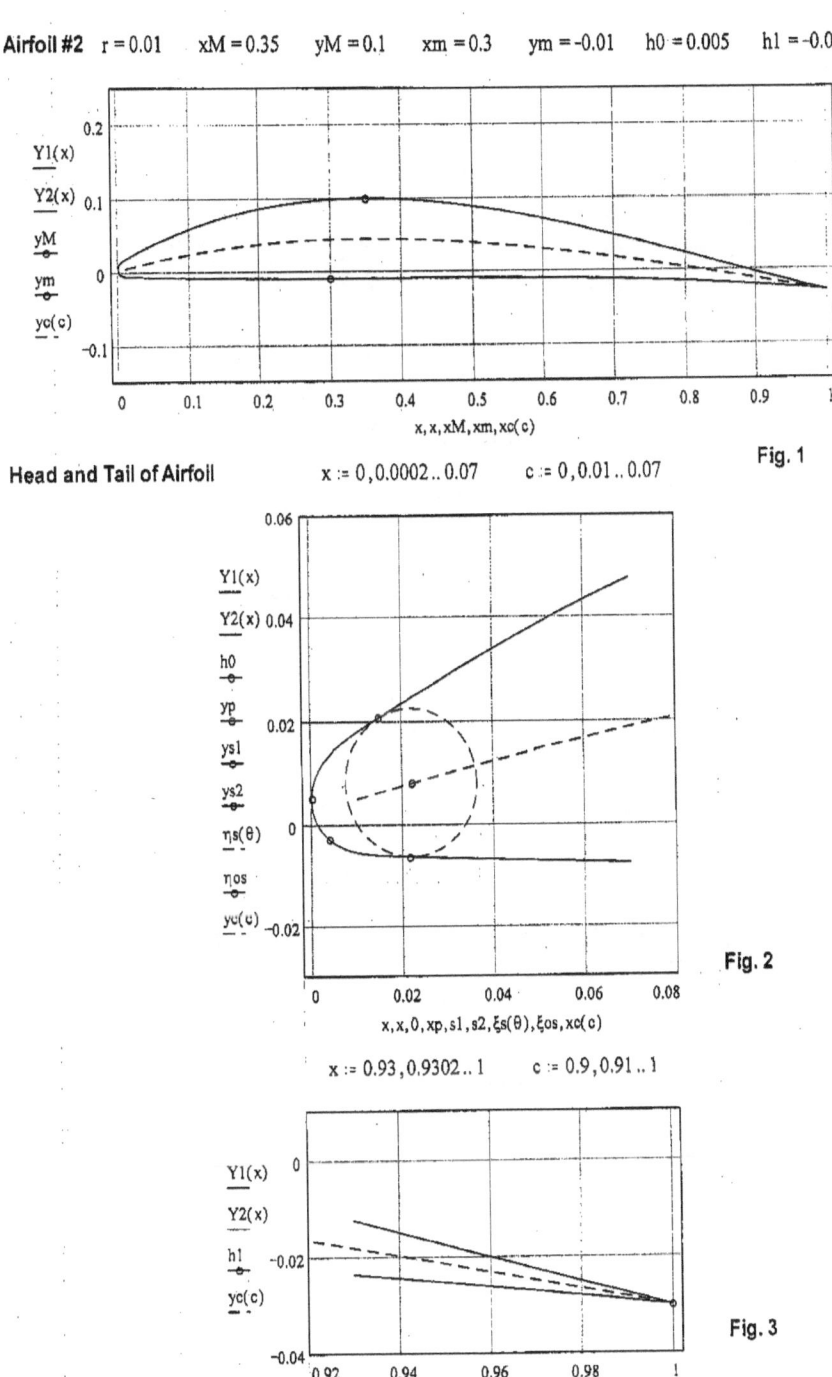

Head and Tail of Airfoil   x := 0, 0.0002 .. 0.07   c := 0, 0.01 .. 0.07

Fig. 1

x := 0.93, 0.9302 .. 1   c := 0.9, 0.91 .. 1

Fig. 2

Fig. 3

Задача В. Профили, для которых заданы параметры: $r, x_M, y_M, x_m, y_m, \beta_1, \beta_2$.

В.1. Постановка и решение задачи В.

Задачу В отличает от задачи А задание углов β_1 и β_2. Эти углы показаны на Схеме моделирования В. Задание β_1 и β_2 приводит к увеличению числа граничных условий. В этом случае равенство числа граничных условий и числа неизвестных задачи соблюдается за счет повышения степеней D_n- кривых, моделирующих линии l_3 и l_4. Следовательно, составные кривые для Γ_1 и Γ_2 должны быть представлены в виде: $D_3(l_1) \oplus D_3(l_3)$ и $D_1(l_0) \oplus D_3(l_2) \oplus D_3(l_4)$, а порядок сращивания в точках O, P, S_1, S_2, L сохранен, как это принято в задаче А.

Граничные условия.
Верхний контур:

$x = 0 \qquad y_1(0) = 0, \quad u_1(0) = 1, \quad k_1(0) = -\dfrac{1}{r},$ (В.1), (В.2), (В.3),

$x = s_1 \qquad y_1(s_1) = y_3(s_1), \quad u_1(s_1) = u_3(s_1),$ (В.4), (В.5),

$\qquad\qquad k_1(s_1) = k_3(s_1), \quad g_1(s_1) = g_3(s_1),$ (В.6), (В.7),

$x = x_M \qquad y_3(x_M) = y_M, \quad u_3(x_M) = 0,$ (В.8), (В.9),

$x = 1 \qquad y_3(1) = 0, \quad u_3(1) = \sin \beta_1$ (В.10), (В.11),

Нижний контур:

$x = 0 \qquad y_0(0) = 0, \quad u_0(0) = -1, \quad k_0(0) = \dfrac{1}{r},$ (В.12), (В.13), (В.14),

$x = x_p \quad y_0(x_p) = y_2(x_p), \quad u_0(x_p) = u_2(x_p), \quad \dfrac{1}{r} = k_2(x_p),$ (В.15), (В.16), (В.17),

$x = s_2 \qquad y_2(s_2) = y_4(s_2), \quad u_2(s_2) = u_4(s_2),$ (В.18), (В.19),

$\qquad\qquad k_2(s_2) = k_4(s_2), \quad g_2(s_2) = g_4(s_2),$ (В.20), (В.21),

$x = x_m \qquad y_4(x_m) = y_m, \quad u_4(x_m) = 0,$ (В.22), (В.23),

$x = 1 \qquad y_4(1) = 0, \quad u_4(1) = \sin \beta_2$ (В.24), (В.25),

Решение задачи
Функции кривых верхнего контура:

$D_3(l_1): \quad y_1(x) = \sqrt{2 \cdot r \cdot \varepsilon}\left(1 - \dfrac{\varepsilon}{2 \cdot r}\right) + \displaystyle\int_\varepsilon^x \dfrac{u_1(x)}{\sqrt{1 - u_1(x)^2}}\,dx, \quad x \in [0, s_1],$

$u_1(x) = 1 - \dfrac{x}{r} + c_1 x^2 + d_1 x^3, \qquad k_1(x) = -\dfrac{1}{r} + 2 \cdot c_1 x + 3 \cdot d_1 x^2,$

Схема моделирования B

1. Эскиз профиля крыла.
   Заданы параметры: $r, x_M, y_M, x_m, y_m, \beta_1, \beta_2$

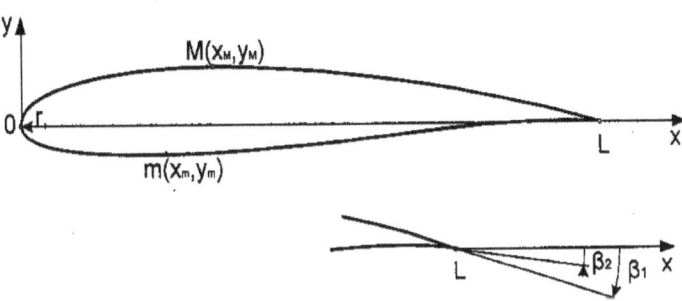

2. Линии профиля и точки сращивания

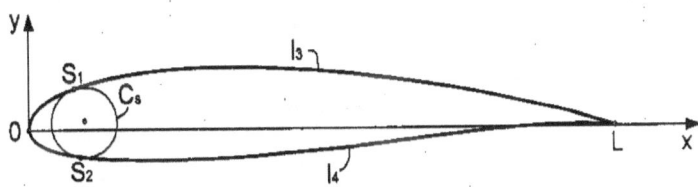

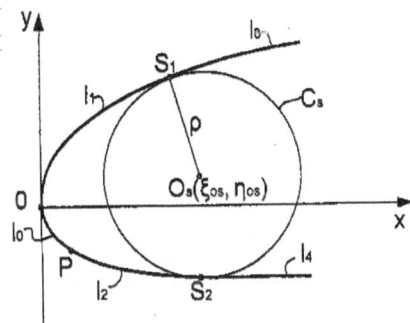

3. Составные кривые:

   верхний контур - $D_3(l_1) \oplus D_3(l_3)$

   нижний контур - $D_1(l_0) \oplus D_3(l_2) \oplus D_3(l_4)$

4. Порядок сращивания кривых в точках:
   $$O(2), P(2), S_1(3), S_2(3), L(0)$$

$$g_1(x) = 2 \cdot c_1 + 6 \cdot d_1 x,$$

$$D_3(l_3): \quad y_3(x) = y_1(s_1) + \int_{s_1}^{x} \frac{u_3(x)}{\sqrt{1-u_3(x)^2}} dx, \quad x \in [s_1, 1],$$

$$u_3(x) = a_3 + b_3(x-s_1) + c_3(x-s_1)^2 + d_3(x-s_1)^3,$$

$$k_3(x) = b_3 + 2 \cdot c_3(x-s_1) + 3 \cdot d_3(x-s_1)^2, \quad g_3(x) = 2 \cdot c_3 + 6 \cdot d_3(x-s_1).$$

Преобразуем функцию $u_3(x) =$

$$= 1 - \frac{s_1}{r} + c_1 s_1^2 + d_1 s_1^3 + \left(-\frac{1}{r} + 2 \cdot c_1 s_1 + 3 \cdot d_1 s_1^2\right) \cdot (x-s_1) + (c_1 + 3 \cdot d_1 s_1) \cdot (x-s_1)^2$$

$$+ d_3(x-s_1)^3 =$$

$$= 1 - \frac{x}{r} + c_1 x^2 + d_1 x^3 - d_{13}(x-s_1)^3 = u_1(x) - d_{13}(x-s_1)^3,$$

$$k_3(x) = -\frac{1}{r} + 2 \cdot c_1 x + 3 \cdot d_1 x^2 - 3 \cdot d_{13}(x-s_1)^2, \quad \text{где} \quad d_{13} = d_1 - d_3.$$

Введем дополнительное условие

$$k_3(x_M) = k_M, \tag{B.26}$$

где k_M - кривизна Γ_1 в точке $x = x_M$.

Условия (В.9), (В.11) и (В.26) позволяют записать уравнения

$$\begin{cases} 1 - \dfrac{x_M}{r} + c_1 x_M^2 + d_1 x_M^3 - d_{13}(x_M - s_1)^3 = 0 \\[2mm] 1 - \dfrac{1}{r} + c_1 + d_1 - d_{13}(1-s_1)^3 = \sin\beta_1 \\[2mm] -\dfrac{1}{r} + 2 \cdot c_1 x_M + 3 \cdot d_1 x_M^2 - 3 \cdot d_{13}(x_M - s_1)^2 = k_M \end{cases}$$

Решая эту систему уравнений, получим формулы выражающие зависимости коэффициентов c_1, d_1, d_{13} от абсциссы s_1 и кривизны k_M.

$$c_1 = c_1(s_1, k_M) = \frac{(A_1 - B_1 \cdot \lambda_1(s_1)) \cdot F_1(s_1) - (3 \cdot A_1 - C_1(k_M) \cdot (x_M - s_1)) \cdot D_1(s_1)}{E_1(s_1) \cdot F_1(s_1) - x_M(x_M + 2 \cdot s_1) \cdot D_1(s_1)},$$

$$d_1 = d_1(s_1, k_M) = \frac{1}{F_1(s_1)}(3 \cdot A_1 - C_1(k_M) \cdot (x_M - s_1) - c_1(s_1, k_M) \cdot x_M(x_M + 2 \cdot s_1)),$$

$$d_{13} = d_{13}(s_1, k_M) = -\frac{1}{(x_M - s_1)^3}(A_1 - c_1(s_1, k_M) \cdot x_M^2 - d_1(s_1, k_M) \cdot x_M^3),$$

где $A_1 = -1 + \dfrac{x_M}{r}, \quad B_1 = -1 + \dfrac{1}{r} + \sin(\beta_1), \quad C_1(k_M) = \dfrac{1}{r} + k_M,$

$$\lambda_1(s_1) = \left(\frac{x_M - s_1}{1 - s_1}\right)^3, \quad D_1(s_1) = x_M^{\ 3} - \lambda_1(s_1), \quad E_1(s_1) = x_M^{\ 2} - \lambda_1(s_1), \quad F_1(s_1) = 3 \cdot x_M^{\ 2} s_1$$

Неизвестные s_1, k_M находим, решая уравнения:

$$y_3(x_M, s_1, k_M) - y_M = 0, \qquad y_3(1, s_1, k_M) = 0.$$

Функции кривых нижнего контура

$$D_1(l_0): \quad y_0(x) = -\sqrt{r^2 - (r-x)^2}, \quad u_0(x) = -1 + \frac{x}{r}, \quad k_0 = \frac{1}{r}, \quad x \in [0, x_p]$$

$$D_3(l_2): \qquad y_2(x) = y_0(x_p) + \int_{x_p}^{x} \frac{u_2(x)}{\sqrt{1 - u_2(x)^2}} dx, \qquad x \in [x_p, s_2],$$

$$u_2(x) = -1 + \frac{x}{r} + c_2(x - x_p)^2 + d_2(x - x_p)^3,$$

$$k_2(x) = \frac{1}{r} + 2 \cdot c_2(x - x_p) + 3 \cdot d_2(x - x_p)^2, \qquad g_2(x) = 2 \cdot c_2 + 6 \cdot d_2(x - x_p)$$

$$D_3(l_4): \qquad y_4(x) = y_2(s_2) + \int_{s_2}^{x} \frac{u_4(x)}{\sqrt{1 - u_4(x)^2}} dx, \qquad x \in [s_2, 1],$$

$$u_4(x) = a_4 + b_4(x - s_2) + c_4(x - s_2)^2 + d_4(x - s_2)^3,$$

$$k_4(x) = b_4 + 2 \cdot c_4(x - s_2) + 3 \cdot d_4(x - s_2)^2, \qquad g_4(x) = 2 \cdot c_4 + 6 \cdot d_4(x - s_2).$$

Преобразуем функцию

$$u_4(x) = -1 + \frac{s_2}{r} + c_2(s_2 - x_p)^2 + d_2(s_2 - x_p)^3 +$$

$$+ \left(\frac{1}{r} + 2 \cdot c_2(s_2 - x_p) + 3 \cdot d_2(s_2 - x_p)^2\right) \cdot (x - s_2) + (c_2 + 3 \cdot d_2(s_2 - x_p)) \cdot (x - s_2)^2 +$$

$$+ d_4(x - s_2)^3 =$$

$$= -1 + \frac{x}{r} + c_2(x - x_p)^2 + d_2(x - x_p)^3 - d_{24}(x - s_2)^3 = u_2(x) - d_{24}(x - s_2)^3$$

$$k_4(x) = \frac{1}{r} + 2 \cdot c_2(x - x_p) + 3 \cdot d_2(x - x_p)^2 - 3 \cdot d_{24}(x - s_2)^2 \quad, \text{ где } d_{24} = d_2 - d_4$$

Введем дополнительное условие

$$k_4(x_m) = k_m \tag{B.27}$$

где k_m - кривизна Γ_2 в точке $x = x_m$.

Условия (В.23), (В.25) и (В.27) позволяют записать уравнения

$$\begin{cases} -1 + \dfrac{x_m}{r} + c_2(x_m - x_p)^2 + d_2(x_m - x_p)^3 - d_{24}(x_m - s_2)^3 = 0 \\ -1 + \dfrac{1}{r} + c_2(1 - x_p)^2 + d_2(1 - x_p)^3 - d_{24}(1 - s_2)^3 = \sin \beta_2 \\ \dfrac{1}{r} + 2 \cdot c_2(x_m - x_p) + 3 \cdot d_2(x_m - x_p)^2 - 3 \cdot d_{24}(x_m - s_2)^2 = k_m \end{cases}$$

Решая эту систему уравнений, находим

$$c_2 = c_2(x_p, s_2, k_m) =$$
$$= \frac{(A_2 - B_2 \cdot \lambda_2(s_2)) \cdot F_2(x_p, s_2) - (3 \cdot A_2 - C_2(k_m) \cdot (x_m - s_2) \cdot D_2(x_p, s_2)}{E_2(x_p, s_2) \cdot F_2(x_p, s_2) - (x_m - x_p) \cdot (x_m - 3 \cdot x_p + 2 \cdot s_2) \cdot D_2(x_p, s_2)},$$

$$d_2 = d_2(x_p, s_2, k_m) = \frac{1}{D_2(x_p, s_2)}(A_2 - B_2 \cdot \lambda_2(s_2) - c_2(x_p, s_2, k_m) \cdot E_2(x_p, s_2)),$$

$$d_{24} = d_{24}(x_p, s_2, k_m) =$$
$$= -\frac{1}{(x_m - s_2)^3}(A_2 - c_2(x_p, s_2, k_m) \cdot (x_m - x_p)^2 - d_2(x_p, s_2, k_m) \cdot (x_m - x_p)^3),$$

где $A_2 = 1 - \dfrac{x_m}{r}$, $B_2 = 1 - \dfrac{1}{r} + \sin(\beta_2)$, $C_2(k_m) = -\dfrac{1}{r} + k_m$,

$$D_2(x_p, s_2) = (x_m - x_p)^3 - (1 - x_p)^3 \lambda_2(s_2),$$

$$E_2(x_p, s_2) = (x_m - x_p)^2 - (1 - x_p)^2 \lambda_2(s_2), \quad F_2(x_p, s_2) = 3 \cdot (x_m - x_p)^2 \cdot (s_2 - x_p),$$

$$\lambda_2(s_2) = \left(\frac{x_m - s_2}{1 - s_2}\right)^3$$

Неизвестные x_p, s_2, k_m находим из уравнений

$$y_4(x_m, x_p, s_2, k_m) - y_m = 0, \quad y_4(1, x_p, s_2, k_m) = 0, \quad H(x_p, s_2, k_m) = 0,$$

где $$H(x_p, s_2, k_m) =$$

$$= s_2 - s_1 + \frac{u_2(s_2, x_p, s_2, k_m) + us_1}{\sqrt{1 - u_2(s_2, x_p, s_2, k_m)^2} + \sqrt{1 - us_1^2}}(y_2(s_2, x_p, s_2, k_m) - ys_1)$$

Главные функции профиля крыла.

Верхний контур: $Y_1(x) = \begin{cases} y_1(x, s_1, k_M), x \in [0, s_1); \\ y_3(x, s_1, k_M), x \in [s_1, 1]. \end{cases}$

$$U_1(x) = u_1(x, s_1, k_M) - d_{13}(s_1, k_M)(x - s_1)^3 \chi_1(x, s_1),$$

$$K_1(x) = k_1(x, s_1, k_M) - 3 \cdot d_{13}(s_1, k_M)(x - s_1)^2 \chi_1(x, s_1)$$

Нижний контур: $Y_2(x) = \begin{cases} y_0(x), x \in [0, x_p); \\ y_2(x, x_p, s_2, k_m), x \in [x_p, s_2); \\ y_4(x, x_p, s_2, k_m), x \in [s_2, 1] \end{cases}$

$U_2(x) = \begin{cases} u_0(x), x \in [0, x_p); \\ u_2(x, x_p, s_2, k_m) - d_{24}(x_p, s_2, k_m)(x - s_2)^3 \chi_2(x, s_2), x \in [x_p, 1]. \end{cases}$

$K_2(x) = \begin{cases} k_0, x \in [0, x_p); \\ k_2(x, x_p, s_2, k_m) - 3 \cdot d_{24}(x_p, s_2, k_m)(x - s_2)^2 \chi_2(x, s_2), x \in [x_p, 1] \end{cases}$

В.2. Программа В

Программа В содержит 9 разделов. Перечислим эти разделы.
1) Ввод параметров: $r, x_M, y_M, x_m, y_m, \beta_1, \beta_2$.
2) Запись формул коэффициентов $c_1(s_1, k_M)$, $d_1(s_1, k_M), d_{13}(s_1, k_M)$ и функций кривых $D_3(l_1)$, $D_3(l_3)$. Решение системы уравнений для определения s_1, k_M, где начальные значения неизвестнх $s_1 = r, k_M = -1$. Главные функции верхнего контура профиля.
3) Запись формул коэффициентов $c_2(x_p, s_2, k_m), d_2(x_p, s_2, k_m)$, $d_{24}(x_p, s_2, k_m)$ и функций кривых $D_1(l_0), D_3(l_2), D_3(l_4)$. Решение системы уравнений для определения x_p, s_2, k_m, где начальные значения неизвестнх $s_2 = r$, $k_m = 1$, а начальное значение x_p находится по формуле (А.30). Главные функции нижнего контура профиля.
4) Формулы для расчета окружности C_s.
5) Расчет хорды профиля.
6) Чертеж профиля крыла представлен на Fig.1.
7) Графики главных функций $U_1(x), U_2(x)$ и $K_1(x), K_2(x)$ построены на Fig.2 и Fig.3.
8) Чертеж носовой части профиля изображен на Fig.4.

9) Печать координат точек верхнего и нижнего контуров профиля, а также печать таблицы координат точек хорды.

Возможности задачи В моделировать профили крыльев отражены в систематических расчетах.

PROGRAM B

1. Parameters $r := 0.015$ $xM := 0.35$ $yM := 0.1$ $xm := 0.3$ $ym := -0.01$

$$\beta 1 := -0.1 \qquad \beta 2 := 0.1$$

2. Upper Surface $A1 := -1 + \dfrac{xM}{r}$ $B1 := -1 + \dfrac{1}{r} + \sin(\beta 1)$ $C1(kM) := \dfrac{1}{r} + kM$

$$\lambda 1(s1) := \left(\dfrac{xM - s1}{1 - s1}\right)^3 \quad D1(s1) := xM^3 - \lambda 1(s1) \quad E1(s1) := xM^2 - \lambda 1(s1) \quad F1(s1) := 3 \cdot xM^2 \cdot s1$$

$$c1(s1,kM) := \dfrac{(A1 - B1 \cdot \lambda 1(s1)) \cdot F1(s1) - (3 \cdot A1 - C1(kM) \cdot (xM - s1)) \cdot D1(s1)}{E1(s1) \cdot F1(s1) - xM \cdot (xM + 2 \cdot s1) \cdot D1(s1)}$$

$$d1(s1,kM) := \dfrac{1}{F1(s1)} \cdot (3 \cdot A1 - C1(kM) \cdot (xM - s1) - c1(s1,kM) \cdot xM \cdot (xM + 2 \cdot s1))$$

$$d13(s1,kM) := -\dfrac{1}{(xM - s1)^3} \cdot \left(A1 - c1(s1,kM) \cdot xM^2 - d1(s1,kM) \cdot xM^3\right)$$

D3(L1) $u1(x,s1,kM) := 1 - \dfrac{x}{r} + c1(s1,kM) \cdot x^2 + d1(s1,kM) \cdot x^3$

$$k1(x,s1,kM) := -\dfrac{1}{r} + 2 \cdot c1(s1,kM) \cdot x + 3 \cdot d1(s1,kM) \cdot x^2$$

$\varepsilon := 10^{-4}$ $y1(x,s1,kM) := \sqrt{2 \cdot r \cdot \varepsilon} \cdot \left(1 - \dfrac{\varepsilon}{2 \cdot r}\right) + \displaystyle\int_\varepsilon^x \dfrac{u1(x,s1,kM)}{\sqrt{1 - u1(x,s1,kM)^2}}\, dx$

D3(L3) $u3(x,s1,kM) := u1(x,s1,kM) - d13(s1,kM) \cdot (x - s1)^3$

$$k3(x,s1,kM) := k1(x,s1,kM) - 3 \cdot d13(s1,kM) \cdot (x - s1)^2$$

$$y3(x,s1,kM) := y1(s1,s1,kM) + \int_{s1}^x \dfrac{u3(x,s1,kM)}{\sqrt{1 - u3(x,s1,kM)^2}}\, dx$$

Decision of Equations

$s1 := r$ $kM := -1$ Given $y3(xM,s1,kM) - yM = 0$ $y3(1,s1,kM) = 0$ $\begin{pmatrix} s1 \\ kM \end{pmatrix} := \text{Find}(s1,kM)$

$s1 = 0.02195$ $kM = -1.062$ $ys1 := y1(s1,s1,kM)$ $us1 := u1(s1,s1,kM)$

Main Functions

$Y1(x) := \begin{vmatrix} y1(x,s1,kM) & \text{if } 0 \le x < s1 \\ y3(x,s1,kM) & \text{if } s1 \le x < 1 \\ 0 & \text{if } x = 1 \end{vmatrix}$ $\chi 1(x,s1) := \begin{vmatrix} 0 & \text{if } x < s1 \\ 1 & \text{otherwise} \end{vmatrix}$ $\chi 2(x,s2) := \begin{vmatrix} 0 & \text{if } x < s2 \\ 1 & \text{otherwise} \end{vmatrix}$

$$U1(x) := u1(x,s1,kM) - d13(s1,kM) \cdot (x - s1)^3 \cdot \chi 1(x,s1)$$

$$K1(x) := k1(x,s1,kM) - 3 \cdot d13(s1,kM) \cdot (x - s1)^2 \cdot \chi 1(x,s1)$$

3. Lower Surface $A2 := 1 - \dfrac{xm}{r}$ $B2 := 1 - \dfrac{1}{r} + \sin(\beta 2)$ $C2(km) := \dfrac{1}{r} + km$ $\lambda 2(s2) := \left(\dfrac{xm - s2}{1 - s2}\right)^3$

$D2(xp,s2) := (xm - xp)^3 - (1 - xp)^3 \cdot \lambda 2(s2)$ $E2(xp,s2) := (xm - xp)^2 - (1 - xp)^2 \cdot \lambda 2(s2)$

$$F2(xp,s2) := 3 \cdot (xm - xp)^2 \cdot (s2 - xp)$$

$$c2(xp,s2,km) := \frac{(A2 - B2 \cdot \lambda 2(s2)) \cdot F2(xp,s2) - (3 \cdot A2 - C2(km) \cdot (xm - s2)) \cdot D2(xp,s2)}{E2(xp,s2) \cdot F2(xp,s2) - (xm - xp) \cdot (xm - 3 \cdot xp + 2 \cdot s2) \cdot D2(xp,s2)}$$

$$d2(xp,s2,km) := \frac{1}{D2(xp,s2)} \cdot (A2 - B2 \cdot \lambda 2(s2) - c2(xp,s2,km) \cdot E2(xp,s2))$$

$$d24(xp,s2,km) := -\frac{1}{(xm - s2)^3} \cdot \left[A2 - c2(xp,s2,km) \cdot (xm - xp)^2 - d2(xp,s2,km) \cdot (xm - xp)^3 \right]$$

D1(L0)
$$y0(x) := -\sqrt{r^2 - (r - x)^2} \quad u0(x) := -1 + \frac{x}{r} \quad k0 := \frac{1}{r}$$

D3(L2)
$$u2(x,xp,s2,km) := -1 + \frac{x}{r} + c2(xp,s2,km) \cdot (x - xp)^2 + d2(xp,s2,km) \cdot (x - xp)^3$$

$$k2(x,xp,s2,km) := \frac{1}{r} + 2 \cdot c2(xp,s2,km) \cdot (x - xp) + 3 \cdot d2(xp,s2,km) \cdot (x - xp)^2$$

$$y2(x,xp,s2,km) := y0(xp) + \int_{xp}^{x} \frac{u2(x,xp,s2,km)}{\sqrt{1 - u2(x,xp,s2,km)^2}} \, dx$$

D3(L4)
$$u4(x,xp,s2,km) := u2(x,xp,s2,km) - d24(xp,s2,km) \cdot (x - s2)^3$$

$$k4(x,xp,s2,km) := k2(x,xp,s2,km) - 3 \cdot d24(xp,s2,km) \cdot (x - s2)^2$$

$$y4(x,xp,s2,km) := y2(s2,xp,s2,km) + \int_{s2}^{x} \frac{u4(x,xp,s2,km)}{\sqrt{1 - u4(x,xp,s2,km)^2}} \, dx$$

$$k := 4 \quad x\mu := \frac{1}{2} \cdot (xM + xm) \quad y\mu := \frac{1}{2} \cdot (yM + ym) \quad xp := r \cdot \left(1 - \cos\left(2 \cdot \operatorname{atan}\left(\frac{k \cdot y\mu}{x\mu - r}\right)\right)\right) \quad s2 := s1 \quad km := 0$$

$$H(xp,s2,km) := s2 - s1 + \frac{u2(s2,xp,s2,km) + us1}{\sqrt{1 - u2(s2,xp,s2,km)^2} + \sqrt{1 - us1^2}} \cdot (y2(s2,xp,s2,km) - ys1)$$

Decision of Equations

Given $\quad y4(xm,xp,s2,km) - ym = 0 \quad y4(1,xp,s2,km) = 0 \quad H(xp,s2,km) = 0$

$$\begin{pmatrix} xp \\ s2 \\ km \end{pmatrix} := \operatorname{Find}(xp,s2,km)$$

$xp = 0.00713 \quad s2 = 0.0329 \quad km = -0.11687 \quad ys2 := y2(s2,xp,s2,km) \quad us2 := u2(s2,xp,s2,km)$

Main Functions $\quad Y2(x) := \begin{cases} y0(x) & \text{if } 0 \le x < xp \\ y2(x,xp,s2,km) & \text{if } xp \le x < s2 \\ y4(x,xp,s2,km) & \text{if } s2 \le x < 1 \\ 0 & \text{if } x = 1 \end{cases} \quad \theta := 0, \frac{\pi}{50} .. 2 \cdot \pi$

$$U2(x) := \begin{cases} u0(x) & \text{if } 0 \le x < xp \\ u2(x,xp,s2,km) - d24(xp,s2,km) \cdot (x - s2)^3 \cdot \chi 2(x,s2) & \text{if } xp \le x \le 1 \end{cases}$$

MATHEMATICAL DESIGN OF WING SECTIONS

$$K2(x) := \begin{vmatrix} k0 & \text{if } 0 \leq x < xp \\ k2(x,xp,s2,km) - 3 \cdot d24(xp,s2,km) \cdot (x-s2)^2 \cdot \chi2(x,s2) & \text{if } xp \leq x \leq 1 \end{vmatrix}$$

4. Circle Cs $\rho := -\dfrac{ys2 - ys1}{\sqrt{1 - us2^2} + \sqrt{1 - us1^2}}$ $\rho = 0.02072$ $\xi os := s1 + \rho \cdot us1$ $\eta os := ys1 - \rho \cdot \sqrt{1 - us1^2}$

$\xi s(\theta) := \xi os + \rho \cdot \cos(\theta)$ $\eta s(\theta) := \eta os + \rho \cdot \sin(\theta)$

5. Camber line $H(c,d) := d - c + \dfrac{U2(d) + U1(c)}{\sqrt{1 - U2(d)^2} + \sqrt{1 - U1(c)^2}} \cdot (Y2(d) - Y1(c))$

$d := 3 \cdot r$ $d(c) := \text{root}(H(c,d),d)$ $\rho c(c) := -\dfrac{Y2(d(c)) - Y1(c)}{\sqrt{1 - U2(d(c))^2} + \sqrt{1 - U1(c)^2}}$

$xc(c) := \begin{vmatrix} r & \text{if } c = 0 \\ c + \rho c(c) \cdot U1(c) & \text{if } 0 < c < 1 \\ 1 & \text{if } c = 1 \end{vmatrix}$ $yc(c) := \begin{vmatrix} 0 & \text{if } c = 0 \\ Y1(c) - \rho c(c) \cdot \sqrt{1 - U1(c)^2} & \text{if } 0 < c < 1 \\ 0 & \text{if } c = 1 \end{vmatrix}$

6. Airfoil $r = 0.015$ $xM = 0.35$ $yM = 0.1$ $xm = 0.3$ $ym = -0.01$ $\beta1 = 0$ $\beta2 = 0.1$
$x := 0, 0.001 .. 1$ $c := 0, 0.05 .. 1$

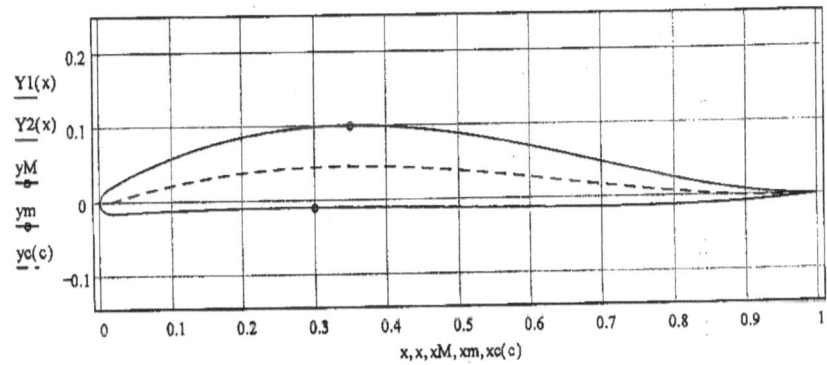

Fig. 1

7. Functions U1(x), U2(x), K1(x), K2(x) $x := 0, 0.001 .. 0.05$

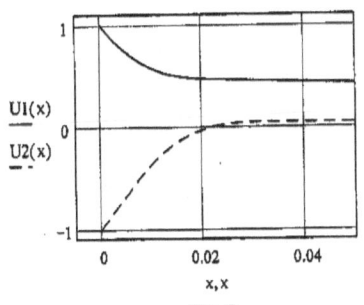

Fig. 2

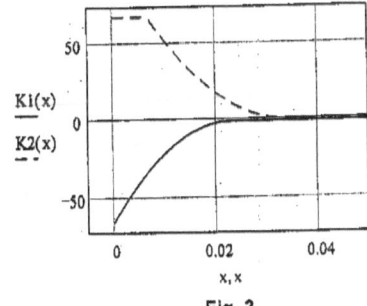

Fig. 3

8. Head of Airfoil

$x := 0, 0.0005 .. 0.06$

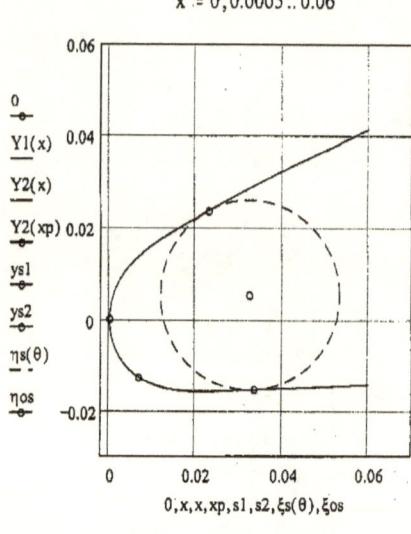

Fig. 4

9. Coordinates of Points

$$\text{Yupper}(x) := \begin{vmatrix} 0 & \text{if } |Y1(x)| < 10^{-5} \\ Y1(x) & \text{otherwise} \end{vmatrix} \quad \text{Ylower}(x) := \begin{vmatrix} 0 & \text{if } |Y2(x)| < 10^{-5} \\ Y2(x) & \text{otherwise} \end{vmatrix} \quad x := 0, 0.05 .. 1$$

	Airfoil		Camber line	
x	Yupper(x)	Ylower(x)	xc(c)	yc(c)
0	0	0	0.015	0
0.05	0.0368	-0.0148	0.0613	0.0125
0.1	0.0575	-0.0129	0.1124	0.0236
0.15	0.0736	-0.0116	0.1617	0.032
0.2	0.0856	-0.0107	0.2095	0.038
0.25	0.0938	-0.0102	0.2566	0.042
0.3	0.0985	-0.01	0.3033	0.0443
0.35	0.1	-0.0101	0.35	0.0449
0.4	0.0986	-0.0105	0.397	0.0441
0.45	0.0945	-0.011	0.4445	0.0419
0.5	0.0882	-0.0116	0.4926	0.0386
0.55	0.0798	-0.0122	0.5416	0.0342
0.6	0.0699	-0.0128	0.5914	0.0291
0.65	0.0589	-0.0131	0.6419	0.0234
0.7	0.0473	-0.0131	0.693	0.0175
0.75	0.0356	-0.0127	0.7445	0.0118
0.8	0.0246	-0.0117	0.7962	0.0066
0.85	0.0149	-0.0101	0.8478	0.0024
0.9	0.0071	-0.0077	0.899	$-3.3451 \cdot 10^{-4}$
0.95	0.0019	-0.0044	0.9498	-0.0013
1	0	0	1	0

Глава 3. Математическое моделирование профилей крыльев, серия C-D.

Задача C. Профили, для которых заданы параметры: $r, R_t, \xi_{0t}, \eta_{0t}, x_M, x_m$.

C.1. Постановка и решение задачи C.

Впишем в профиль крыла окружность C_t радиуса R_t, центр которой имеет координаты (ξ_{0t}, η_{0t}). Перемещая центр C_t и изменяя ее радиус, достигается вариация формы профиля. Построим эту окружность на Схеме моделирования C, где обозначим T_1 и T_2 - точки касания C_t и профиля крыла, t_1 и t_2 - абсциссы этих точек. Заданными параметрами задачи C являются: $r, R_t, \xi_{0t}, \eta_{0t}, x_M, x_m$, где, как и ранее, r - радиус кривизны профиля в точке O, x_M, x_m - абсциссы точек M и m.

Моделируем линии составными кривыми: верхний контур - $D_3(l_1) \oplus D_2(l_3)$, нижний контур - $D_1(l_0) \oplus D_3(l_2) \oplus D_2(l_4)$. Порядок сращивания в точках указан в п. 4 Схемы моделирования C.

Граничные условия.
Верхний контур:

$$x = 0 \quad y_1(0) = 0, \quad u_1(0) = 1, \quad k_1(0) = -\frac{1}{r}, \qquad \text{(C.1), (C.2), (C.3),}$$

$$x = s_1 \quad y_1(s_1) = y_3(s_1), \quad u_1(s_1) = u_3(s_1), \qquad \text{(C.4), (C.5),}$$

$$\qquad k_1(s_1) = k_3(s_1), \quad g_1(s_1) = g_3(s_1), \qquad \text{(C.6), (C.7),}$$

$$x = t_1 \quad yT_1(t_1) = \eta_{0t} + \sqrt{R_t^2 - (\xi_{0t} - t_1)^2}, \quad u_3(t_1) = \frac{\xi_{0t} - t_1}{R_t}, \qquad \text{(C.8), (C.9),}$$

$$x = x_M \qquad u_3(x_M) = 0, \qquad \text{(C.10),}$$

$$x = 1 \qquad y_3(1) = 0, \qquad \text{(C.11).}$$

Схема моделирования C

1. Эскиз профиля крыла.

   Заданы параметры: $r, R_t, \xi_{0t}, \eta_{0t}, x_M, x_m$

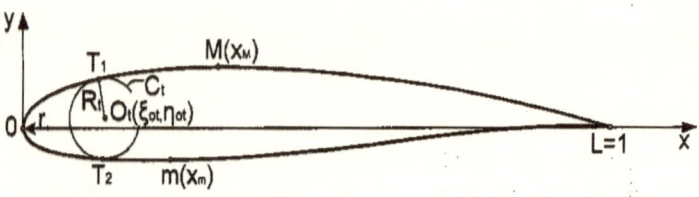

2. Линии профиля и точки сращивания

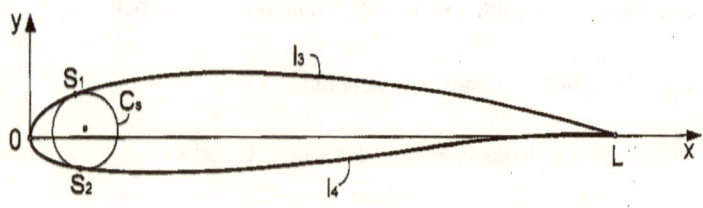

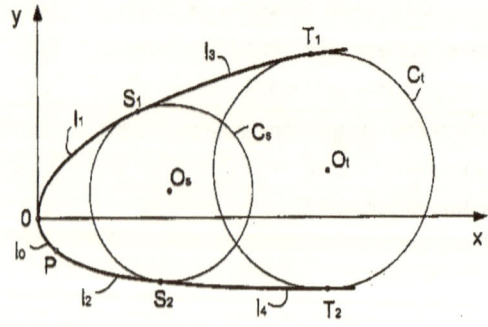

3. Составные кривые:

   верхний контур - $D_3(l_1) \oplus D_2(l_3)$

   нижний контур - $D_1(l_0) \oplus D_3(l_2) \oplus D_2(l_4)$

4. Порядок сращивания кривых в точках:

   $O(2), P(2), S_1(3), S_2(3), L(0)$

Нижний контур:

$x = 0$ $\qquad y_0(0) = 0, \quad u_0(0) = -1, \quad k_0 = \dfrac{1}{r},$ $\qquad$ (C.12), (C.13), (C.14),

$x = x_p$ $\quad y_0(x_p) = y_2(x_p), \quad u_0(x_p) = u_2(x_p), \quad \dfrac{1}{r} = k_2(x_p),$ $\quad$ (C.15), (C.16), (C.17),

$x = s_2$ $\qquad y_2(s_2) = y_4(s_2), \quad u_2(s_2) = u_4(s_2),$ $\qquad$ (C.18), (C.19),

$\qquad\qquad k_2(s_2) = k_4(s_2), \quad g_2(s_2) = g_4(s_2),$ $\qquad$ (C.20), (C.21),

$x = t_2$ $\quad yT_2(t_2) = \eta_{0ت} - \sqrt{R_t^2 - (\xi_{0t} - t_2)^2}, \quad u_4(t_2) = -\dfrac{\xi_{0t} - t_2}{R_t},$ $\quad$ (C.22), (C.23),

$x = x_m$ $\qquad\qquad u_4(x_m) = 0,$ $\qquad$ (C.24),

$x = 1$ $\qquad\qquad y_4(1) = 0,$ $\qquad$ (C.25),

Решение задачи

Функции кривых верхнего контура:

$$D_3(l_1): \quad y_1(x) = \sqrt{2 \cdot r \cdot \varepsilon}\left(1 - \dfrac{\varepsilon}{2 \cdot r}\right) + \int_{\varepsilon}^{x} \dfrac{u_1(x)}{\sqrt{1 - u_1(x)^2}} dx, \quad x \in [0, s_1],$$

$$u_1(x) = 1 - \dfrac{x}{r} + c_1 x^2 + d_1 x^3.$$

$$D_2(l_3): \quad y_3(x) = y_1(s_1) + \int_{s_1}^{x} \dfrac{u_3(x)}{\sqrt{1 - u_3(x)^2}} dx, \quad x \in [s_1, 1],$$

$$u_3(x) = 1 - \dfrac{x}{r} + c_1 x^2 + d_1 \left[x^3 - (x - s_1)^3\right] = u_1(x) - d_1(x - s_1)^3$$

Условия (C.9) и (C.10) дают уравнения

$$\begin{cases} 1 - \dfrac{t_1}{r} + c_1 t_1^2 + d_1 \left[t_1^3 - (t_1 - s_1)^3\right] = \dfrac{\xi_{0t} - t_1}{R_t}, \\ 1 - \dfrac{x_M}{r} + c_1 x_M^2 + d_1 \left[x_M^3 - (x_M - s_1)^3\right] = 0, \end{cases}$$

которые позволяют получить формулы

$$d_1 = d_1(s_1, t_1) = \dfrac{1 - \dfrac{t_1}{r} - \dfrac{\xi_{0t} - t_1}{R_t} - \left(1 - \dfrac{x_M}{r}\right)\lambda_1(t_1)}{A_1(s_1)\lambda_1(t_1) - B_1(s_1, t_1)},$$

$$c_1 = c_1(s_1, t_1) = -\dfrac{1}{x_M^2}\left(1 - \dfrac{x_M}{r} + d_1(s_1, t_1) A_1(s_1)\right),$$

где $A_1(s_1) = x_M^3 - (x_M - s_1)^3$, $B_1(s_1, t_1) = t_1^3 - (t_1 - s_1)^3$, $\lambda_1(t_1) = \dfrac{t_1^2}{x_M^2}$.

Неизвестные s_1, t_1 находим, воспользовавшись условиями (С.8) и (С.11)
$$y_3(t_1, s_1, t_1) - yT_1(t_1) = 0, \quad y_3(1, s_1, t_1) = 0.$$

Функции кривых нижнего контура:

$D_1(l_0)$: $y_0(x) = -\sqrt{r^2 - (r-x)^2}$, $u_0(x) = -1 + \dfrac{x}{r}$, $x \in [0, x_p]$.

$D_3(l_2)$: $y_2(x) = y_0(x_p) + \displaystyle\int_{x_p}^{x} \dfrac{u_2(x)}{\sqrt{1 - u_2(x)^2}} dx$, $x \in [x_p, s_2]$,

$$u_2(x) = -1 + \dfrac{x}{r} + c_2(x - x_p)^2 + d_2(x - x_p)^3.$$

$D_2(l_4)$: $y_4(x) = y_2(s_2) + \displaystyle\int_{s_2}^{x} \dfrac{u_4(x)}{\sqrt{1 - u_4(x)^2}} dx$, $x \in [s_2, 1]$,

$$u_4(x) = -1 + \dfrac{x}{r} + c_2(x - x_p)^2 + d_2\left[(x - x_p)^3 - (x - s_2)^3\right] = u_2(x) - d_2(x - s_2)^3$$

Условия (С.23) и (С.24) дают уравнения
$$\begin{cases} -1 + \dfrac{t_2}{r} + c_2(t_2 - x_p)^2 + d_2\left[(t_2 - x_p)^3 - (t_2 - s_2)^3\right] = -\dfrac{\xi_{0t} - t_2}{R_t}, \\ -1 + \dfrac{x_m}{r} + c_2(x_m - x_p)^2 + d_2\left[(x_m - x_p)^3 - (x_m - s_2)^3\right] = 0, \end{cases}$$

которые позволяют получить формулы

$$d_2 = d_2(x_p, s_2, t_2) = \dfrac{-1 + \dfrac{t_2}{r} + \dfrac{\xi_{0t} - t_2}{R_t} + \left(1 - \dfrac{x_m}{r}\right)\lambda_2(x_p, t_2)}{A_2(x_p, s_2)\lambda_2(x_p, t_2) - B_2(x_p, s_2, t_2)},$$

$$c_2 = c_2(x_p, s_2, t_2) = \dfrac{1}{(x_m - x_p)^2}\left(1 - \dfrac{x_m}{r} - d_2(x_p, s_2, t_2)A_2(x_p, s_2)\right)$$

где $A_2(x_p, s_2) = (x_m - x_p)^3 - (x_m - s_2)^3$, $B_2(x_p, s_2, t_2) = (t_2 - x_p)^3 - (t_2 - s_2)^3$,

$$\lambda_2(x_p, t_2) = \left(\dfrac{t_2 - x_p}{x_m - x_p}\right)^2.$$

Неизвестные x_p, s_2, t_2 находим из уравнений, воспользовавшись условиями (С.22),

(C.25), $\quad y_4(t_2,x_p,s_2,t_2) - yT_2(t_2) = 0, \quad y_4(1,x_p,s_2,t_2) = 0$

и уравнением $\quad H(x_p,s_2,t_2) = 0,$

$$H(x_p,s_2,t_2) = s_2 - s_1 + \frac{u_2(s_2,x_p,s_2,t_2) + us_1}{\sqrt{1-u_2(s_2,x_p,s_2,t_2)^2} + \sqrt{1-us_1^2}}\left(y_2(s_2,x_p,s_2,t_2) - ys_1\right)$$

Главные функции профиля крыла:

$$Y_1(x) = \begin{vmatrix} y_1(x,s_1,t_1), x \in [0,s_1) \\ y_3(x,s_1,t_1), x \in [s_1,1] \end{vmatrix}, \quad U_1(x) = u_1(x,s_1,t_1) - d_1(s_1,t_1)(x-s_1)^3 \chi_1(x,s_1)$$

$$Y_2(x) = \begin{vmatrix} y_0(x), x \in [0,x_p), \\ y_2(x,x_p,s_2,t_2), x \in [x_p,s_2), \\ y_4(x,x_p,s_2,t_2), x \in [s_2,1] \end{vmatrix}$$

$$U_2(x) = \begin{vmatrix} u_0(x), x \in [0,x_p), \\ u_2(x,x_p,s_2,t_2) - d_2(x_p,s_2,t_2)(x-s_2)^3 \chi_2(x,s_2), x \in [x_p,1] \end{vmatrix}$$

С.2. Программа С

Достоинство программы С в том, что параметры R_t, ξ_{0t}, η_{0t} позволяют эффективно управлять формой профиля в носовой его части.

Программа С содержит 8 разделов, где в разделе 3 начальное значение неизвестой x_p вычисляется по формуле

$$x_p = r \cdot \left\{1 - \cos\left[2 \cdot arctg\left(\frac{k \cdot \eta_{0t}}{\xi_{0t} - r}\right)\right]\right\}$$

Программа расчитывает чертежи профиля крыла и выполняет печать координат точек профиля и хорды. Систематические расчеты иллюстрируют возможность программы С моделировать профили, для которых заданы параметры: $r, R_t, \xi_{0t}, \eta_{0t}, x_M, x_m$.

PROGRAM C

1. Parameters: $\quad r := 0.015 \quad Rt := 0.05 \quad \xi ot := 0.15 \quad \eta ot := 0.03 \quad xM := 0.325 \quad xm := 0.35$

2. Upper Surface $\quad A1(s1) := xM^3 - (xM - s1)^3 \quad B1(s1,t1) := t1^3 - (t1 - s1)^3 \quad \lambda1(t1) := \left(\dfrac{t1}{xM}\right)^2$

$$d1(s1,t1) := \dfrac{1 - \dfrac{t1}{r} - \dfrac{\xi ot - t1}{Rt} - \left(1 - \dfrac{xM}{r}\right)\cdot\lambda1(t1)}{A1(s1)\cdot\lambda1(t1) - B1(s1,t1)} \quad c1(s1,t1) := -\dfrac{1}{xM^2}\cdot\left(1 - \dfrac{xM}{r} + d1(s1,t1)\cdot A1(s1)\right)$$

D3(L1) $\quad u1(x,s1,t1) := 1 - \dfrac{x}{r} + c1(s1,t1)\cdot x^2 + d1(s1,t1)\cdot x^3$

$\varepsilon := 10^{-4} \quad y1(x,s1,t1) := \sqrt{2\cdot r\cdot\varepsilon}\cdot\left(1 - \dfrac{\varepsilon}{2\cdot r}\right) + \displaystyle\int_{\varepsilon}^{x} \dfrac{u1(x,s1,t1)}{\sqrt{1 - u1(x,s1,t1)^2}}\, dx$

D2(L3) $\quad u3(x,s1,t1) := u1(x,s1,t1) - (x - s1)^3 \cdot d1(s1,t1)$

$y3(x,s1,t1) := y1(s1,s1,t1) + \displaystyle\int_{s1}^{x} \dfrac{u3(x,s1,t1)}{\sqrt{1 - u3(x,s1,t1)^2}}\, dx$

$yT1(t1) := \eta ot + \sqrt{Rt^2 - (\xi ot - t1)^2} \quad s1 := 2.8\cdot r \quad t1 := \xi ot - 0.002$

Decition of Equations

Given $\quad y3(t1,s1,t1) - yT1(t1) = 0 \quad y3(1,s1,t1) = 0 \quad \begin{pmatrix}s1\\t1\end{pmatrix} := \text{Find}(s1,t1)$

$s1 = 0.01878 \quad t1 = 0.1348$

Main Functions $\quad \chi1(x,s1) := \begin{vmatrix} 0 \text{ if } x<s1 \\ 1 \text{ otherwise} \end{vmatrix} \quad \chi2(x,s2) := \begin{vmatrix} 0 \text{ if } x<s2 \\ 1 \text{ otherwise} \end{vmatrix}$

$Y1(x) := \begin{vmatrix} y1(x,s1,t1) \text{ if } 0 \le x < s1 \\ y3(x,s1,t1) \text{ if } s1 \le x < 1 \\ 0 \text{ if } x = 1 \end{vmatrix} \quad U1(x) := u1(x,s1,t1) - d1(s1,t1)\cdot(x - s1)^3 \cdot \chi1(x,s1)$

$yM := Y1(xM) \quad yM = 0.105 \quad \beta1 := \operatorname{asin}(U1(1)) \quad \beta1 = -0.035$

$ys1 := Y1(s1) \quad ys1 = 0.023 \quad us1 := U1(s1) \quad us1 = 0.553$

3. Lower Surface $\quad yt1 := yT1(t1)$

$A2(xp,s2) := (xm - xp)^3 - (xm - s2)^3 \quad B2(xp,s2,t2) := (t2 - xp)^3 - (t2 - s2)^3 \quad \lambda2(xp,t2) := \left(\dfrac{t2 - xp}{xm - xp}\right)^2$

$$d2(xp,s2,t2) := \dfrac{-1 + \dfrac{t2}{r} + \dfrac{\xi ot - t2}{Rt} + \left(1 - \dfrac{xm}{r}\right)\cdot\lambda2(xp,t2)}{A2(xp,s2)\cdot\lambda2(xp,t2) - B2(xp,s2,t2)}$$

$c2(xp,s2,t2) := \dfrac{1}{(xm - xp)^2}\cdot\left(1 - \dfrac{xm}{r} - d2(xp,s2,t2)\cdot A2(xp,s2)\right)$

D1(L0) $\quad y0(x) := -\sqrt{r^2 - (r - x)^2} \quad u0(x) := -1 + \dfrac{x}{r}$

MATHEMATICAL DESIGN OF WING SECTIONS

D3(L2) $\quad u2(x, xp, s2, t2) := -1 + \dfrac{x}{r} + c2(xp, s2, t2) \cdot (x - xp)^2 + d2(xp, s2, t2) \cdot (x - xp)^3$

$$y2(x, xp, s2, t2) := y0(xp) + \int_{xp}^{x} \dfrac{u2(x, xp, s2, t2)}{\sqrt{1 - u2(x, xp, s2, t2)^2}} \, dx$$

D2(L4) $\quad u4(x, xp, s2, t2) := u2(x, xp, s2, t2) - d2(xp, s2, t2) \cdot (x - s2)^3$

$$y4(x, xp, s2, t2) := y2(s2, xp, s2, t2) + \int_{s2}^{x} \dfrac{u4(x, xp, s2, t2)}{\sqrt{1 - u4(x, xp, s2, t2)^2}} \, dx$$

$$yT2(t2) := \eta ot - \sqrt{Rt^2 - (\xi ot - t2)^2}$$

$$H(xp, s2, t2) := s2 - s1 + \dfrac{u2(s2, xp, s2, t2) + us1}{\sqrt{1 - u2(s2, xp, s2, t2)^2} + \sqrt{1 - us1^2}} \cdot (y2(s2, xp, s2, t2) - ys1)$$

Decision of Equations

$$k := 2 \qquad xp := r \cdot \left(1 - \cos\left(2 \cdot \operatorname{atan}\left(\dfrac{k \cdot \eta ot}{\xi ot - r}\right)\right)\right) \qquad s2 := 2 \cdot r \qquad t2 := \xi ot - 0.005$$

Given $\quad y4(t2, xp, s2, t2) - yT2(t2) = 0 \quad y4(1, xp, s2, t2) = 0 \quad H(xp, s2, t2) = 0 \quad \begin{pmatrix} xp \\ s2 \\ t2 \end{pmatrix} := \operatorname{Find}(xp, s2, t2)$

$xp = 0.00674 \qquad yp := y0(xp) \qquad s2 = 0.02984 \qquad t2 = 0.1489$

$\qquad\qquad\qquad yt2 := yT2(t2) \qquad yt2 = -0.01999$

Main Functions

$$Y2(x) := \begin{cases} y0(x) & \text{if } 0 \le x < xp \\ y2(x, xp, s2, t2) & \text{if } xp \le x < s2 \\ y4(x, xp, s2, t2) & \text{if } s2 \le x < 1 \\ 0 & \text{if } x = 1 \end{cases}$$

$$U2(x) := \begin{cases} u0(x) & \text{if } 0 \le x < xp \\ u2(x, xp, s2, t2) - d2(xp, s2, t2) \cdot (x - s2)^3 \cdot \chi 2(x, s2) & \text{otherwise} \end{cases}$$

$ym := Y2(xm) \qquad ym = -0.022 \qquad \beta 2 := \operatorname{asin}(U2(1)) \qquad \beta 2 = 0.067$

$ys2 := Y2(s2) \qquad ys2 = -0.017 \qquad us2 := U2(s2) \qquad us2 = -0.035$

4. Circles

Cs: $\quad \rho := \dfrac{Y2(s2) - Y1(s1)}{\sqrt{1 - U2(s2)^2} + \sqrt{1 - U1(s1)^2}} \qquad \xi os := s1 + \rho \cdot U1(s1) \qquad \eta os := Y1(s1) - \rho \cdot \sqrt{1 - U1(s1)^2}$

$\qquad\qquad\qquad\qquad\qquad\qquad\qquad \xi s(\theta) := \xi os + \rho \cdot \cos(\theta) \qquad \eta s(\theta) := \eta os + \rho \cdot \sin(\theta)$

Ct: $\qquad\qquad \xi t(\theta) := \xi ot + Rt \cdot \cos(\theta) \qquad \eta t(\theta) := \eta ot + Rt \cdot \sin(\theta)$

5. Camber line $\quad H(c, d) := d - c + \dfrac{U2(d) + U1(c)}{\sqrt{1 - U2(d)^2} + \sqrt{1 - U1(c)^2}} \cdot (Y2(d) - Y1(c))$

$\qquad d := 3 \cdot r \qquad d(c) := \operatorname{root}(H(c, d), d) \qquad \rho c(c) := \dfrac{Y2(d(c)) - Y1(c)}{\sqrt{1 - U2(d(c))^2} + \sqrt{1 - U1(c)^2}}$

$$xc(c) := \begin{vmatrix} r & \text{if } c=0 \\ c + \rho c(c) \cdot U1(c) & \text{if } 0<c<1 \\ 1 & \text{if } c=1 \end{vmatrix} \qquad yc(c) := \begin{vmatrix} 0 & \text{if } c=0 \\ Y1(c) - \rho c(c) \cdot \sqrt{1 - U1(c)^2} & \text{if } 0<c<1 \\ 0 & \text{if } c=1 \end{vmatrix}$$

6. Airfoil $r = 0.015$ $Rt = 0.05$ $\xi ot = 0.15$ $\eta ot = 0.03$ $xM = 0.325$ $xm = 0.35$

$x := 0, 0.001 .. 1$ $c := 0, 0.05 .. 1$ $\theta := 0, \dfrac{\pi}{50} .. 2\cdot\pi$

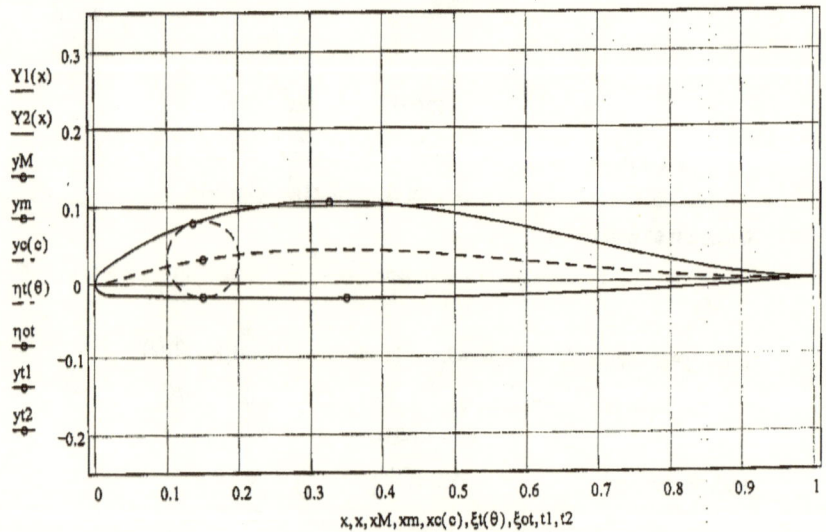

Fig. 1

7. Head of Airfoil $x := 0, 0.0002 .. 0.07$

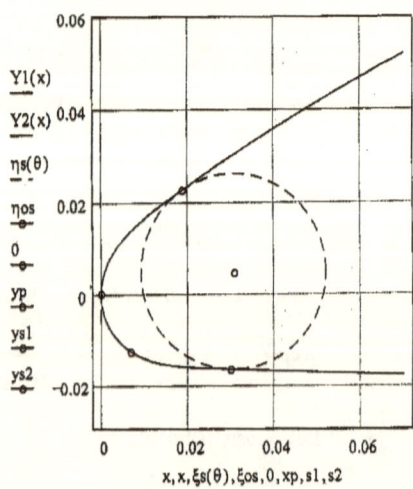

Fig. 2

8. Coordinates of Points

$$\text{Yupper}(x) := \begin{vmatrix} 0 & \text{if } |Y1(x)| < 10^{-5} \\ Y1(x) & \text{otherwise} \end{vmatrix} \qquad \text{Ylower}(x) := \begin{vmatrix} 0 & \text{if } |Y2(x)| < 10^{-5} \\ Y2(x) & \text{otherwise} \end{vmatrix}$$

Airfoil

$x := 0, 0.05 .. 1$

Camber line

$c := 0, 0.05 .. 1$

x	Yupper(x)	Ylower(x)	xc(c)	yc(c)
0	0	0	0.015	0
0.05	0.0415	-0.0173	0.0652	0.0138
0.1	0.0651	-0.0188	0.1163	0.0245
0.15	0.0822	-0.02	0.1644	0.032
0.2	0.094	-0.021	0.2108	0.0369
0.25	0.1013	-0.0216	0.2564	0.04
0.3	0.1047	-0.0221	0.3021	0.0413
0.35	0.1047	-0.0222	0.3481	0.0413
0.4	0.1018	-0.0221	0.3948	0.04
0.45	0.0964	-0.0217	0.4423	0.0376
0.5	0.0889	-0.021	0.4908	0.0343
0.55	0.0798	-0.0201	0.5403	0.0302
0.6	0.0694	-0.0189	0.5906	0.0257
0.65	0.0584	-0.0174	0.6415	0.0208
0.7	0.047	-0.0157	0.693	0.016
0.75	0.0359	-0.0137	0.7447	0.0113
0.8	0.0255	-0.0115	0.7964	0.0071
0.85	0.0163	-0.009	0.8479	0.0037
0.9	0.0087	-0.0062	0.899	0.0012
0.95	0.0031	-0.0032	0.9497	$-6.9644 \cdot 10^{-5}$
1	0	0	1	0

Задача D. Профили, для которых заданы параметры: $r, R_t, \xi_{0t}, \eta_{0t}, x_M, x_m, \beta_1, \beta_2$

D.1. Постановка и решение задачи D.

В задаче D заданы параметры β_1 и β_2, в остальном Схема моделирования D идентична Схеме задачи C. Запишем составные кривые, моделирующие верхний и нижний контуры профиля: $D_3(l_1) \oplus D_3(l_3)$ и $D_1(l_0) \oplus D_3(l_2) \oplus D_3(l_4)$, где степени D_n-кривых, моделирующих l_3 и l_4 равны трем. Порядок сращивания в точках указан в п. 4 Схемы моделирования D.

Граничные условия.
Верхний контур:

$$x = 0 \qquad y_1(0) = 0, \quad u_1(0) = 1, \quad k_1(0) = -\frac{1}{r}, \qquad \text{(D.1), (D.2), (D.3),}$$

$$x = s_1 \qquad y_1(s_1) = y_3(s_1), \quad u_1(s_1) = u_3(s_1), \qquad \text{(D.4), (D.5),}$$

$$\qquad\qquad k_1(s_1) = k_3(s_1), \quad g_1(s_1) = g_3(s_1), \qquad \text{(D.6), (D.7),}$$

$$x = t_1 \quad yT_1(t_1) = \eta_{0t} + \sqrt{R_t^2 - (\xi_{0t} - t_1)^2}, \quad u_3(t_1) = \frac{\xi_{0t} - t_1}{R_t}, \qquad \text{(D.8), (D.9),}$$

$$x = x_M \qquad u_3(x_M) = 0, \qquad \text{(D.10),}$$

$$x = 1 \qquad y_3(1) = 0, \quad u_3(1) = \sin\beta_1 \qquad \text{(D.11), (D.12),}$$

Нижний контур:

$$x = 0 \qquad y_0(0) = 0, \quad u_0(0) = -1, \quad k_0(0) = \frac{1}{r}, \qquad \text{(D.13), (D.14), (D.15),}$$

$$x = x_p \quad y_0(x_p) = y_2(x_p), \quad u_0(x_p) = u_2(x_p), \quad \frac{1}{r} = k_2(x_p), \qquad \text{(D.16), (D.17), (D.18),}$$

$$x = s_2 \qquad y_2(s_2) = y_4(s_2), \quad u_2(s_2) = u_4(s_2), \qquad \text{(D.19), (D.20),}$$

$$\qquad\qquad k_2(s_2) = k_4(s_2), \quad g_2(s_2) = g_4(s_2), \qquad \text{(D.21), (D.22),}$$

$$x = t_2 \quad yT_2(t_2) = \eta_{0t} - \sqrt{R_t^2 - (\xi_{0t} - t_2)^2}, \quad u_4(t_2) = -\frac{\xi_{0t} - t_2}{R_t}, \qquad \text{(D.23), (D.24),}$$

$$x = x_m \qquad u_4(x_m) = 0, \qquad \text{(D.25),}$$

$$x = 1 \qquad y_4(1) = 0, \quad u_4(1) = \sin\beta_2 \qquad \text{(D.26), (D.27),}$$

Решение задачи
Функции кривых верхнего контура:

$$D_3(l_1): \quad y_1(x) = \sqrt{2 \cdot r \cdot \varepsilon}\left(1 - \frac{\varepsilon}{2 \cdot r}\right) + \int_\varepsilon^x \frac{u_1(x)}{\sqrt{1 - u_1(x)^2}} dx, \quad x \in [0, s_1],$$

Схема моделирования D

1. Эскиз профиля крыла.
   Заданы параметры: $r, R_t, \xi_{0t}, \eta_{0t}, x_M, x_m, \beta_1, \beta_2$

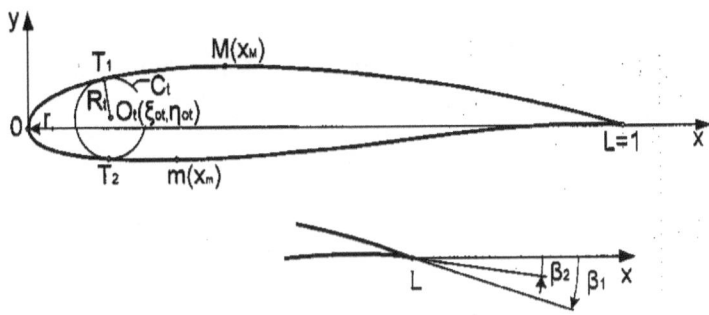

2. Линии профиля и точки сращивания

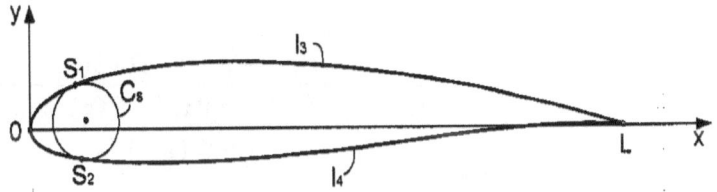

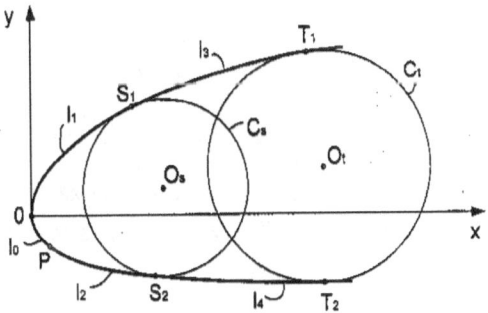

3. Составные кривые:
   верхний контур - $D_3(l_1) \oplus D_3(l_3)$
   нижний контур - $D_1(l_0) \oplus D_3(l_2) \oplus D_3(l_4)$
4. Порядок сращивания кривых в точках:
   $O(2), P(2), S_1(3), S_2(3), L(0)$

$$u_1(x) = 1 - \frac{x}{r} + c_1 x^2 + d_1 x^3.$$

$$D_3(l_3): \quad y_3(x) = y_1(s_1) + \int_{s_1}^{x} \frac{u_3(x)}{\sqrt{1-u_3(x)^2}} dx, \quad x \in [s_1, 1],$$

$$u_3(x) = 1 - \frac{x}{r} + c_1 x^2 + d_1 x^3 - d_{13}(x-s_1)^3 = u_1(x) - d_{13}(x-s_1)^3$$

Условия (D.9), (D.10) и (D.12) дают уравнения

$$\begin{cases} 1 - \dfrac{t_1}{r} + c_1 t_1^2 + d_1 t_1^2 - d_{13}(t-s_1)^3 = \dfrac{\xi_{0t} - t_1}{R_t}, \\ 1 - \dfrac{x_M}{r} + c_1 x_M^2 + d_1 x_M^3 - d_{13}(x_M - s_1)^3 = 0, \\ 1 - \dfrac{1}{r} + c_1 + d_1 - d_{13}(1-s_1)^3 = \sin\beta_1, \end{cases}$$

которые позволяют получить формулы

$$d_{13} = d_{13}(s_1, t_1) = \frac{A_1(t_1) \cdot x_M^2 - B_1 \cdot t_1^2 - D_1 \cdot \lambda_1(t_1)}{(x_M - s_1)^3 t_1^2 - (t_1 - s_1)^3 x_M^2 + E_1(s_1) \cdot \lambda_1(t_1)},$$

$$d_1 = d_1(s_1, t_1) = -\frac{D_1 + E_1(s_1) \cdot d_{13}(s_1, t_1)}{x_M^2 (1 - x_M)},$$

$$c_1 = c_1(s_1, t_1) = C_1 - d_1(s_1, t_1) + (1-s_1)^3 d_{13}(s_1, t_1),$$

где $\quad A_1(t_1) = -1 + \dfrac{t_1}{r} + \dfrac{\xi_{0t} - t_1}{R_t}, \quad B_1 = -1 + \dfrac{x_M}{r}, \quad C_1 = -1 + \dfrac{1}{r} + \sin\beta_1,$

$$D_1 = B_1 - C_1 \cdot x_M^2, \quad E_1(s_1) = (x_M - s_1)^3 - (1-s_1)^3 x_M^2, \quad \lambda_1(t_1) = \frac{x_M - t_1}{1 - x_M} t_1^2.$$

Неизвестные s_1, t_1 находим, воспользовавшись условиями (D.8) и (D.11)

$$y_3(t_1, s_1, t_1) - yT_1(t_1) = 0, \quad y_3(1, s_1, t_1) = 0.$$

Функции кривых нижнего контура:

$$D_1(l_0): \quad y_0(x) = -\sqrt{r^2 - (r-x)^2}, \quad u_0(x) = -1 + \frac{x}{r}, \quad x \in [0, x_p].$$

$$D_3(l_2): \quad y_2(x) = y_0(x_p) + \int_{x_p}^{x} \frac{u_2(x)}{\sqrt{1-u_2(x)^2}} dx, \quad x \in [x_p, s_2],$$

$$u_2(x) = -1 + \frac{x}{r} + c_2(x - x_p)^2 + d_2(x - x_p)^3.$$

$$D_3(l_4): \quad y_4(x) = y_2(s_2) + \int_{s_2}^{x} \frac{u_4(x)}{\sqrt{1-u_4(x)^2}} dx, \quad x \in [s_2, 1],$$

$$u_4(x) = -1 + \frac{x}{r} + c_2(x-x_p)^2 + d_2(x-x_p)^3 - d_{24}(x-s_2)^3 = u_2(x) - d_{24}(x-s_2)^3$$

Условия (D.24), (D.25) и (D.27) дают уравнения

$$\begin{cases} -1 + \dfrac{t_2}{r} + c_2(t_2-x_p)^2 + d_2(t_2-x_p)^3 - d_{24}(t_2-s_2)^3 = -\dfrac{\xi_{0t}-t_2}{R_t}, \\ -1 + \dfrac{x_m}{r} + c_2(x_m-x_p)^2 + d_2(x_m-x_p)^3 - d_{24}(x_m-s_2)^3 = 0, \\ -1 + \dfrac{1}{r} + c_2(1-x_p)^2 + d_2(1-x_p)^3 - d_{24}(1-s_2)^3 = \sin\beta_2, \end{cases}$$

которые позволяют получить формулы

$$d_{24} = d_{24}(x_p, s_2, t_2) =$$

$$= -\frac{A_2(t_2) \cdot (x_m-x_p)^2 - B_2(t_2-x_p)^2 - D_2(x_p) \cdot \lambda_2(x_p, t_2)}{(t_2-s_2)^3 (x_m-x_p)^2 - (x_m-s_2)^3 (t_2-x_p)^2 - E_2(x_p, s_2) \cdot \lambda_2(x_p, t_2)},$$

$$d_2 = d_2(x_p, s_2, t_2) =$$

$$= -\frac{1}{(x_m-x_p)^2 (1-x_p)^2 (1-x_m)} \cdot \left(D_2(x_p) + E_2(x_p, s_2) \cdot d_{24}(x_p, s_2, t_2) \right),$$

$$c_2 = c_2(x_p, s_2, t_2) = \frac{1}{(1-x_p)^2} \left(C_2 - (1-x_p)^3 d_2(x_p, s_2, t_2) + (1-s_2)^3 d_{24}(x_p, s_2, t_2) \right),$$

где $\quad A_2(t_2) = 1 - \dfrac{t_2}{r} - \dfrac{\xi_{0t}-t_2}{R_t}, \quad B_2 = 1 - \dfrac{x_m}{r}, \quad C_2 = 1 - \dfrac{1}{r} + \sin\beta_2,$

$$D_2(x_p) = B_2 \cdot (1-x_p)^2 - C_2 \cdot (x_m - x_p)^2,$$

$$E_2(x_p, s_2) = (x_m - s_2)^3 \cdot (1-x_p)^2 - (1-s_2)^3 \cdot (x_m - x_p)^2,$$

$$\lambda_2(x_p, t_2) = \frac{(x_m - t_2)(t_2 - x_p)^2}{(1-x_m)(1-x_p)^2}.$$

Неизвестные x_p, s_2, t_2 находим из уравнений, воспользовавшись условиями (D.23), (D.26), $\quad y_4(t_2, x_p, s_2, t_2) - yT_2(t_2) = 0, \quad y_4(1, x_p, s_2, t_2) = 0$

и уравнением $\quad H(x_p, s_2, t_2) = 0,$

$$H(x_p, s_2, t_2) = s_2 - s_1 + \frac{u_2(s_2, x_p, s_2, t_2) + us_1}{\sqrt{1 - u_2(s_2, x_p, s_2, t_2)^2} + \sqrt{1 - us_1^2}} \left(y_2(s_2, x_p, s_2, t_2) - ys_1 \right)$$

Главные функции профиля крыла:

$$Y_1(x) = \begin{vmatrix} y_1(x,s_1,t_1), x \in [0,s_1) \\ y_3(x,s_1,t_1), x \in [s_1,1] \end{vmatrix},$$

$$U_1(x) = u_1(x,s_1,t_1) - d_{13}(s_1,t_1)(x-s_1)^3 \chi_1(x,s_1)$$

$$Y_2(x) = \begin{vmatrix} y_0(x), x \in [0,x_p), \\ y_2(x,x_p,s_2,t_2), x \in [x_p,s_2), \\ y_4(x,x_p,s_2,t_2), x \in [s_2,1] \end{vmatrix}$$

$$U_2(x) = \begin{vmatrix} u_0(x), x \in [0,x_p), \\ u_2(x,x_p,s_2,t_2) - d_{24}(x_p,s_2,t_2)(x-s_2)^3 \chi_2(x,s_2), x \in [x_p,1] \end{vmatrix}$$

Итак, в Главе 2 и Главе 3 решены четыре задачи математического моделирования профилей крыльев. Решения всех последующих задач строятся на базе задач A, B, C, D.

Для задач A и B основными задаваемыми параметрами являются координаты экстремальных точек верхнего и нижнего контуров профиля. Профили, моделируемые этими задачами, объединены в серию A-B.

Для задач C и D основные параметры – радиус и координаты центра вписанной в профиль окружности C_t. Профили, моделируемые этими задачами, объединены в серию C-D.

Особо подчеркнем, к заданию значений основных параметров следует относится особенно внимательно. В противном случае MathCAD выдает сообщение: "not converging" – "не сходится".

D.2. Программа D.

Систематические расчеты иллюстрируют возможность программы D моделировать профили, для которых заданы параметры:, $r, R_t, \xi_{0t}, \eta_{0t}, x_M, x_m, \beta_1, \beta_2$.

MATHEMATICAL DESIGN OF WING SECTIONS

PROGRAM D

1. Parameters: $r := 0.01 \quad Rt := 0.04 \quad \xi ot := 0.17 \quad \eta ot := 0.02 \quad xM := 0.35 \quad xm := 0.3$
$\beta 1 := -0.1 \quad \beta 2 := 0.1$

2. Upper Surface $\quad \varepsilon := 10^{-4} \quad A1(t1) := -1 + \dfrac{t1}{r} + \dfrac{\xi ot - t1}{Rt} \quad B1 := -1 + \dfrac{xM}{r} \quad C1 := -1 + \dfrac{1}{r} + \sin(\beta 1)$

$$D1 := B1 - C1 \cdot xM^2 \quad E1(s1) := (xM - s1)^3 - (1 - s1)^3 \cdot xM^2 \quad \lambda 1(t1) := \dfrac{xM - t1}{1 - xM} \cdot t1^2$$

$$d13(s1,t1) := \dfrac{A1(t1) \cdot xM^2 - B1 \cdot t1^2 - D1 \cdot \lambda 1(t1)}{(xM - s1)^3 \cdot t1^2 - (t1 - s1)^3 \cdot xM^2 + E1(s1) \cdot \lambda 1(t1)}$$

$$d1(s1,t1) := -\dfrac{D1 + E1(s1) \cdot d13(s1,t1)}{xM^2 \cdot (1 - xM)}$$

$$c1(s1,t1) := C1 - d1(s1,t1) + (1 - s1)^3 \cdot d13(s1,t1)$$

D3(L1)
$$u1(x,s1,t1) := 1 - \dfrac{x}{r} + c1(s1,t1) \cdot x^2 + d1(s1,t1) \cdot x^3$$

$$y1(x,s1,t1) := \sqrt{2 \cdot r \cdot \varepsilon} \cdot \left(1 - \dfrac{\varepsilon}{2 \cdot r}\right) + \int_{\varepsilon}^{x} \dfrac{u1(x,s1,t1)}{\sqrt{1 - u1(x,s1,t1)^2}} \, dx$$

D3(L3)
$$u3(x,s1,t1) := u1(x,s1,t1) - d13(s1,t1) \cdot (x - s1)^3$$

$$y3(x,s1,t1) := y1(s1,s1,t1) + \int_{s1}^{x} \dfrac{u3(x,s1,t1)}{\sqrt{1 - u3(x,s1,t1)^2}} \, dx$$

$$yT1(t1) := \eta ot + \sqrt{Rt^2 - (\xi ot - t1)^2}$$

Decision of Equations

$s1 := 2 \cdot r \quad t1 := \xi ot \quad \text{Given} \quad y3(t1,s1,t1) - yT1(t1) = 0 \quad y3(1,s1,t1) = 0 \quad \begin{pmatrix} s1 \\ t1 \end{pmatrix} := \text{Find}(s1,t1)$

$s1 = 0.01771 \quad t1 = 0.16245$

Main Functions $\quad \chi 1(x,s1) := \begin{vmatrix} 0 \text{ if } x<s1 \\ 1 \text{ otherwise} \end{vmatrix} \quad \chi 2(x,s2) := \begin{vmatrix} 0 \text{ if } x<s2 \\ 1 \text{ otherwise} \end{vmatrix}$

$Y1(x) := \begin{vmatrix} y1(x,s1,t1) \text{ if } 0 \leq x < s1 \\ y3(x,s1,t1) \text{ if } s1 \leq x < 1 \\ 0 \text{ if } x = 1 \end{vmatrix}$

$$U1(x) := u1(x,s1,t1) - d13(s1,t1) \cdot (x - s1)^3 \cdot \chi 1(x,s1)$$

$ys1 := Y1(s1) \quad us1 := U1(s1) \quad ytl := yT1(t1) \quad yM := Y1(xM)$

3. Lower Surface $\quad A2(t2) := 1 - \dfrac{t2}{r} - \dfrac{\xi ot - t2}{Rt} \quad B2 := 1 - \dfrac{xm}{r} \quad C2 := 1 - \dfrac{1}{r} + \sin(\beta 2)$

$$D2(xp) := B2 \cdot (1 - xp)^2 - C2 \cdot (xm - xp)^2$$

$$E2(xp,s2) := (xm - s2)^3 \cdot (1 - xp)^2 - (1 - s2)^3 \cdot (xm - xp)^2$$

$$\lambda 2(xp,t2) := \frac{(xm - t2) \cdot (t2 - xp)^2}{(1 - xm) \cdot (1 - xp)^2}$$

$$d24(xp,s2,t2) := -\frac{A2(t2) \cdot (xm - xp)^2 - B2 \cdot (t2 - xp)^2 - D2(xp) \cdot \lambda 2(xp,t2)}{(t2 - s2)^3 \cdot (xm - xp)^2 - (xm - s2)^3 \cdot (t2 - xp)^2 - E2(xp,s2) \cdot \lambda 2(xp,t2)}$$

$$d2(xp,s2,t2) := \frac{1}{(xm - xp)^2 \cdot (1 - xp)^2 \cdot (1 - xm)} \cdot (D2(xp) + E2(xp,s2) \cdot d24(xp,s2,t2))$$

$$c2(xp,s2,t2) := \frac{1}{(1 - xp)^2} \cdot \left[C2 - (1 - xp)^3 \cdot d2(xp,s2,t2) + (1 - s2)^3 \cdot d24(xp,s2,t2) \right]$$

D1(L0) $\qquad y0(x) := -\sqrt{r^2 - (r - x)^2} \quad u0(x) := -1 + \frac{x}{r} \quad k0 := \frac{1}{r}$

D3(L2) $\qquad u2(x,xp,s2,t2) := -1 + \frac{x}{r} + c2(xp,s2,t2) \cdot (x - xp)^2 + d2(xp,s2,t2) \cdot (x - xp)^3$

$$y2(x,xp,s2,t2) := y0(xp) + \int_{xp}^{x} \frac{u2(x,xp,s2,t2)}{\sqrt{1 - u2(x,xp,s2,t2)^2}} \, dx$$

D3(L4) $\qquad u4(x,xp,s2,t2) := u2(x,xp,s2,t2) - d24(xp,s2,t2) \cdot (x - s2)^3$

$$y4(x,xp,s2,t2) := y2(s2,xp,s2,t2) + \int_{s2}^{x} \frac{u4(x,xp,s2,t2)}{\sqrt{1 - u4(x,xp,s2,t2)^2}} \, dx$$

$$yT2(t2) := \eta ot - \sqrt{Rt^2 - (\xi ot - t2)^2}$$

$$k := 3 \quad xp := r \cdot \left(1 - \cos\left(2 \cdot \text{atan}\left(\frac{k \cdot \eta ot}{\xi ot - r}\right)\right)\right) \quad s2 := 2 \cdot r \quad t2 := \xi ot$$

$$H(xp,s2,t2) := s2 - s1 + \frac{u2(s2,xp,s2,t2) + us1}{\sqrt{1 - u2(s2,xp,s2,t2)^2} + \sqrt{1 - us1^2}} \cdot (y2(s2,xp,s2,t2) - ys1)$$

Decision of Equations

Given $\quad H(xp,s2,t2) = 0 \quad y4(t2,xp,s2,t2) - yT2(t2) = 0 \quad y4(1,xp,s2,t2) = 0 \quad \begin{pmatrix} xp \\ s2 \\ t2 \end{pmatrix} = \text{Find}(xp,s2,t2)$

$$xp = 0.00252 \quad s2 = 0.02222 \quad t2 = 0.16895$$

Main Functions Y2(x), U2(x) $\qquad Y2(x) := \begin{vmatrix} y0(x) & \text{if } 0 \le x < xp \\ y2(x,xp,s2,t2) & \text{if } xp \le x < s2 \\ y4(x,xp,s2,t2) & \text{if } s2 \le x \le 1 \\ 0 & \text{if } x = 1 \end{vmatrix}$

$$U2(x) := \begin{vmatrix} u0(x) & \text{if } 0 \le x < xp \\ u2(x, xp, s2, t2) - d24(xp, s2, t2) \cdot (x - s2)^3 \cdot \chi2(x, s2) \end{vmatrix}$$

$yp := Y2(xp) \quad ys2 := Y2(s2) \quad us2 := U2(s2) \quad yt2 := Y2(t2) \quad ym := Y2(xm)$

4. Circles Cs and Ct

Cs: $\rho := \dfrac{Y2(s2) - Y1(s1)}{\sqrt{1 - U2(s2)^2} + \sqrt{1 - U1(s1)^2}} \quad \xi os := s1 + \rho \cdot U1(s1) \quad \eta os := ys1 - \rho \cdot \sqrt{1 - U1(s1)^2}$

$\xi s(\theta) := \xi os + \rho \cdot \cos(\theta) \quad \eta s(\theta) := \eta os + \rho \cdot \sin(\theta)$

Ct: $\xi t(\theta) := \xi ot + Rt \cdot \cos(\theta) \quad \eta t(\theta) := \eta ot + Rt \cdot \sin(\theta) \quad \theta := 0, \dfrac{\pi}{50} \ldots 2 \cdot \pi$

5. Camber line

$H(c, d) := d - c + \dfrac{U2(d) + U1(c)}{\sqrt{1 - U2(d)^2} + \sqrt{1 - U1(c)^2}} \cdot (Y2(d) - Y1(c))$

$d := 3 \cdot r \quad d(c) := \text{root}(H(c, d), d) \quad \rho c(c) := -\dfrac{Y2(d(c)) - Y1(c)}{\sqrt{1 - U2(d(c))^2} + \sqrt{1 - U1(c)^2}}$

$xc(c) := \begin{vmatrix} r & \text{if } c = 0 \\ c + \rho c(c) \cdot U1(c) & \text{if } 0 < c < 1 \\ 1 & \text{if } c = 1 \end{vmatrix} \quad yc(c) := \begin{vmatrix} 0 & \text{if } c = 0 \\ Y1(c) - \rho c(c) \cdot \sqrt{1 - U1(c)^2} & \text{if } 0 < c < 1 \\ 0 & \text{if } c = 1 \end{vmatrix}$

6. Airfoil

$x := 0, 0.002 \ldots 1 \quad c := 0, 0.05 \ldots 1$

$r = 0.01 \quad Rt = 0.04 \quad \xi ot = 0.17 \quad \eta ot = 0.02 \quad xM = 0.35 \quad xm = 0.3 \quad \beta1 = -0.1 \quad \beta2 = 0.1$

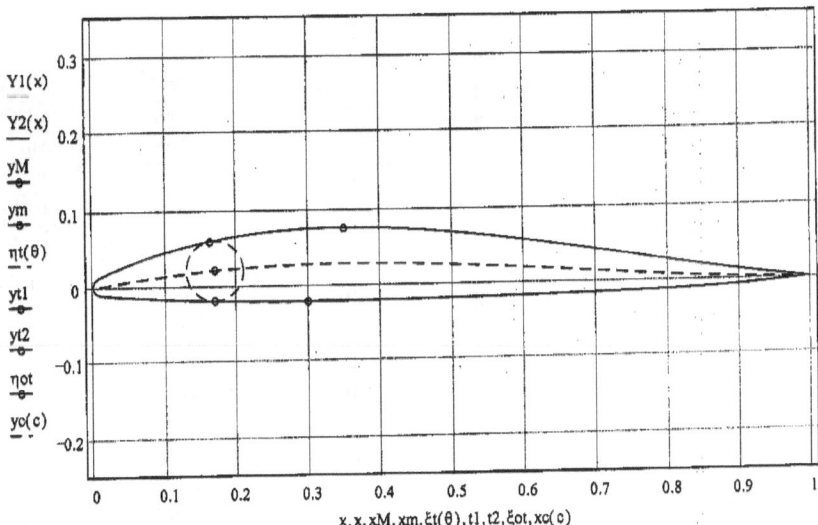

Fig. 1

7. Head of Airfoil

x := 0, 0.001 .. 0.07

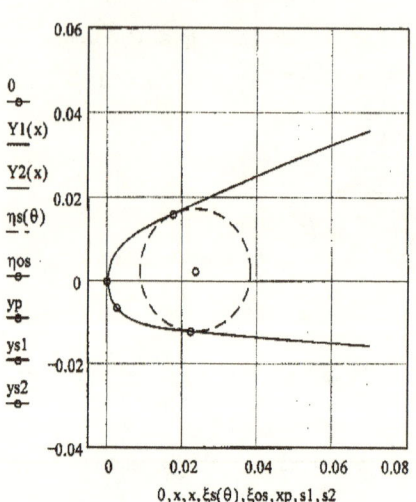

Fig. 2

8. Coordinates of Points

$$\text{Yupper}(x) := \begin{vmatrix} 0 & \text{if } |Y1(x)| < 10^{-5} \\ Y1(x) & \text{otherwise} \end{vmatrix} \qquad \text{Ylower}(x) := \begin{vmatrix} 0 & \text{if } |Y2(x)| < 10^{-5} \\ Y2(x) & \text{otherwise} \end{vmatrix} \qquad x := 0, 0.05 .. 1$$

	Airfoil		Camber line	
x	Yupper(x)	Ylower(x)	xc(c)	yc(c)
0	0	0	0.01	0
0.05	0.0286	-0.0145	0.0577	0.0075
0.1	0.0446	-0.0174	0.1086	0.014
0.15	0.0568	-0.0194	0.1579	0.019
0.2	0.0656	-0.0207	0.2063	0.0226
0.25	0.0715	-0.0213	0.2542	0.0252
0.3	0.0748	-0.0215	0.302	0.0267
0.35	0.0759	-0.0214	0.35	0.0273
0.4	0.0749	-0.021	0.3982	0.027
0.45	0.0722	-0.0204	0.4468	0.026
0.5	0.0681	-0.0197	0.4958	0.0243
0.55	0.0628	-0.019	0.5452	0.022
0.6	0.0564	-0.0181	0.595	0.0193
0.65	0.0494	-0.0171	0.6452	0.0163
0.7	0.0419	-0.016	0.6956	0.0131
0.75	0.0342	-0.0146	0.7462	0.0099
0.8	0.0265	-0.0129	0.797	0.0068
0.85	0.019	-0.0107	0.8478	0.0041
0.9	0.0119	-0.008	0.8987	0.002
0.95	0.0055	-0.0045	0.9494	$5.2639 \cdot 10^{-4}$
1	0	0	1	0

D.3. Сравнение с Four-digit методом.

В этом параграфе рассмотрим простой, но очень интересный вопрос сравнения Метода моделирования D_n-кривыми с Four-digit методом NACA, содержание которого изложено в фундаментальной книге [5].

Следуя Four-digit методу, функция ординат профиля крыла Γ_{NACA} единичной длины имеет вид:

$$y(x) = \frac{h_{NACA}}{0.2}(0.2969\sqrt{x} - 0.1260 \cdot x - 0.3526 \cdot x^2 + 0.2843 \cdot x^3 - 0.1015 \cdot x^4),$$

где h_{NACA} задается, как параметр;

$x_M, \dfrac{h_{NACA}}{2}$ - координаты точки $M, x_M = 0.3$;

r_{NACA} - радиус в точке 0, $r_{NACA} = 1.1019 \cdot h_{NACA}^2$;

β_{NACA} - угол, определяется по формуле $\beta_{NACA} = arctg\left[y'(1)\right]$

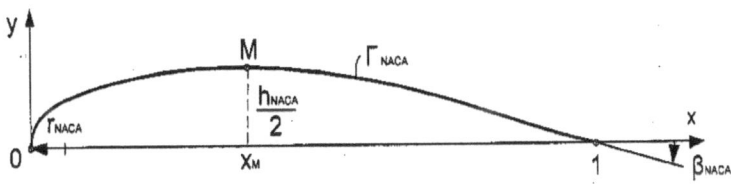

Рис.8. Контур Γ_{NACA}.

Задача: Построить контур Γ_D, параметры которого $r = r_{NACA}, y_M = \dfrac{h_{NACA}}{2}$,

$\beta = \beta_{NACA}$, воспользовавшись Схемой моделирования D.

Γ_{NACA} моделируется составной кривой $D_3(l_1) \oplus D_3(l_3)$. Формулы для расчета коэффициентов функций кривой имеют вид:

$$d_{13} = d_{13}(s,t,R_t) = \frac{A(t,R_t) \cdot x_M^2 - B \cdot t^2 - (B - C \cdot x_M^2) \cdot \lambda(t)}{(x_M - s)^3 \cdot t^2 - (t - s)^3 \cdot x_M^2 + D(s) \cdot \lambda(t)},$$

$$d_1 = d_1(s,t,R_t) = -\frac{1}{x_M^2(1 - x_M)}\left[B - C \cdot x_M^2 + D(s) \cdot d_{13}(s,t,R_t)\right],$$

$$c_1 = c_1(s,t,R_t) = C - d_1(s,t,R_t) + (1-s)^3 \cdot d_{13}(s,t,R_t),$$

где $A(t,R_t) = -1 + \dfrac{t}{r} + \dfrac{x_M - 2 \cdot t}{2 \cdot R_t}$, $B = -1 + \dfrac{x_M}{r}$, $C = -1 + \dfrac{1}{r} + \sin\beta$,

PROGRAM "D and NACA Cambers"

1. NACA Camber (Four-digit Method) $NACA := 1$
   Parameter: $h_{NACA} := 0.2$

$$y(x) := \frac{h_{NACA}}{0.2} \cdot \left(0.2969 \cdot \sqrt{x} - 0.1260 \cdot x - 0.3516 \cdot x^2 + 0.2843 \cdot x^3 - 0.1015 \cdot x^4\right)$$

$$r_{NACA} := 1.1019 \cdot \left(h_{NACA}\right)^2 \quad r_{NACA} = 0.044 \quad f(x) := \frac{d}{dx} y(x)$$

$$\beta_{NACA} := \operatorname{atan}(f(1)) \quad \beta_{NACA} = -0.23$$

2. D-Camber
   Parameters: $r := r_{NACA} \quad yM := \dfrac{h_{NACA}}{2} \quad \beta := \beta_{NACA}$

$\varepsilon := 10^{-4} \quad xM := 0.3 \quad A(t,Rt) := -1 + \dfrac{t}{r} + \dfrac{xM - 2 \cdot t}{2 \cdot Rt} \quad B := -1 + \dfrac{xM}{r} \quad C := -1 + \dfrac{1}{r} + \sin(\beta)$

$$D(s) := (xM - s)^3 - (1 - s)^3 \cdot xM^2 \quad \lambda(t) := \dfrac{xM - t}{1 - xM} \cdot t^2$$

$$d13(s,t,Rt) := \dfrac{A(t,Rt) \cdot xM^2 - B \cdot t^2 - \left(B - C \cdot xM^2\right) \cdot \lambda(t)}{(xM - s)^3 \cdot t^2 - (t - s)^3 \cdot xM^2 + D(s) \cdot \lambda(t)}$$

$$d1(s,t,Rt) := \dfrac{1}{xM^2 \cdot (1 - xM)} \cdot \left(B - C \cdot xM^2 + D(s) \cdot d13(s,t,Rt)\right)$$

$$c1(s,t,Rt) := C - d1(s,t,Rt) + (1 - s)^3 \cdot d13(s,t,Rt)$$

D3(L1) $\quad u1(x,s,t,Rt) := 1 - \dfrac{x}{r} + c1(s,t,Rt) \cdot x^2 + d1(s,t,Rt) \cdot x^3$

$$y1(x,s,t,Rt) := \sqrt{2 \cdot r \cdot \varepsilon} \cdot \left(1 - \dfrac{\varepsilon}{2 \cdot r}\right) + \int_{\varepsilon}^{x} \dfrac{u1(x,s,t,Rt)}{\sqrt{1 - u1(x,s,t,Rt)^2}} \, dx$$

D3(L3) $\quad u3(x,s,t,Rt) := u1(x,s,t,Rt) - d13(s,t,Rt) \cdot (x - s)^3$

$$y3(x,s,t,Rt) := y1(s,s,t,Rt) + \int_{s}^{x} \dfrac{u3(x,s,t,Rt)}{\sqrt{1 - u3(x,s,t,Rt)^2}} \, dx$$

$s := 2 \cdot r \quad t := \dfrac{xM}{2} \quad Rt := s \quad$ Given $\quad y3(t,s,t,Rt) - \sqrt{Rt^2 - \left(\dfrac{xM}{2} - t\right)^2} = 0 \quad y3(xM,s,t,Rt) - yM = 0$

$y3(1,s,t,Rt) = 0 \quad \begin{pmatrix} s \\ t \\ Rt \end{pmatrix} := \operatorname{Find}(s,t,Rt) \quad s = 0.0736 \quad t = 0.13092 \quad Rt = 0.0849$

Main Function Y(x) $\quad Ya(x) := \begin{vmatrix} y1(x,s,t,Rt) & \text{if } 0 \le x \le s \\ y3(x,s,t,Rt) & \text{if } s \le x < 1 \\ 0 & \text{if } x = 1 \end{vmatrix} \quad Y(x) := \begin{vmatrix} 0 & \text{if } Ya(x) < 10^{-5} \\ Ya(x) & \text{otherwise} \end{vmatrix}$

$x := 0, 0.005 .. 1$

Circle Ct $\xi(\theta) := \dfrac{xM}{2} + Rt \cdot \cos(\theta)$ $\eta(\theta) := Rt \cdot \sin(\theta)$ $\theta := 0, \dfrac{\pi}{50} .. \pi$

3. D and NACA Cambers

———— D-Camber
– – – – NACA Camber

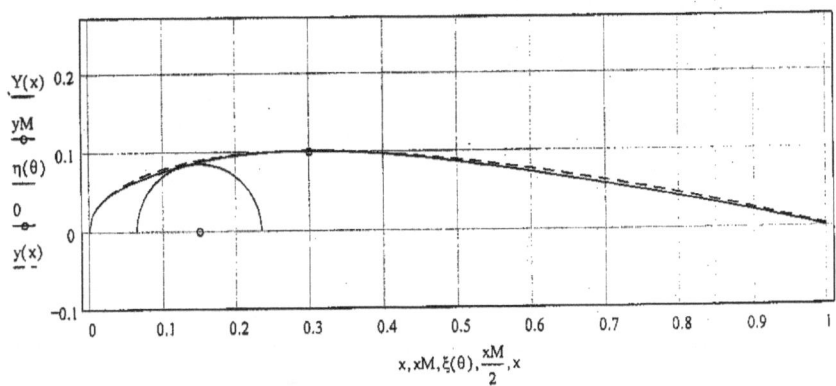

4. Coordinates of Points

$x := 0, 0.05 .. 1$

x	D-Camber Y(x)	NACA Camber y(x)
0	0	0
0.05	0.0569	0.0592
0.1	0.0746	0.078
0.15	0.0868	0.0891
0.2	0.0945	0.0956
0.25	0.0987	0.099
0.3	0.1	0.1
0.35	0.0989	0.0991
0.4	0.0959	0.0967
0.45	0.0914	0.093
0.5	0.0857	0.0882
0.55	0.0792	0.0825
0.6	0.072	0.0761
0.65	0.0644	0.0689
0.7	0.0564	0.0611
0.75	0.0481	0.0527
0.8	0.0396	0.0437
0.85	0.0307	0.0342
0.9	0.0212	0.0241
0.95	0.0111	0.0134
1	0	0.0021

$$D(s) = (x_M - s)^3 - (1-s)^3 x_M^2, \quad \lambda(t) = \frac{x_M - t}{1 - x_M} \cdot t^2,$$

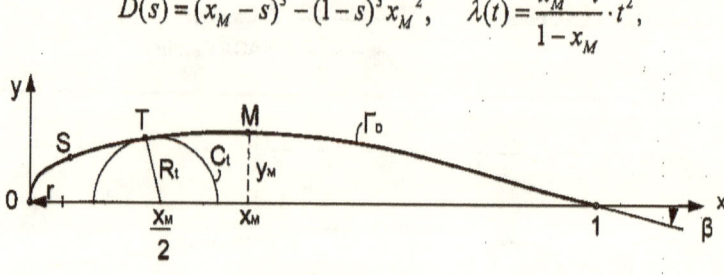

Рис.9. Контур Γ_D.

s, t – абсциссы точек S и T; R_t – радиус окружности C_t. Центр окружности C_t располагаем в точке, координаты которой $\left(\dfrac{x_M}{2}, 0\right)$. Неизвестными являются s, t, R_t. Для их определения воспользуемся уравнениями:

$$y_3(t,s,t,R_t) - \sqrt{R_t^2 - \left(\frac{x_M}{2} - t\right)^2} = 0, \quad y_3(x_M,s,t,R_t) - y_M = 0, \quad y_3(1,s,t,R_t) = 0$$

Решая совместно эти уравнения, находим неизвестные. Главная функция ординат имеет вид

$$Y(x) = \begin{cases} y_1(x,s,t,R_t), x \in [0,s] \\ y_3(x,s,t,R_t), x \in [s,1] \end{cases}$$

Программа "D and NACA Cambers" позволяет построить контур Γ_D и сравнить этот контур с Γ_{NACA}.

Глава 4. Хорда профиля.

4.1. Окружность C_s.

Выполним построения, как показано на рисунке 10, где ρ - радиус окружности C_s, (ξ_{0s}, η_{0s}) - координаты ее центра. S_1 и S_2 - точки касания C_s с профилем крыла, s_1, s_2 - абсциссы этих точек.

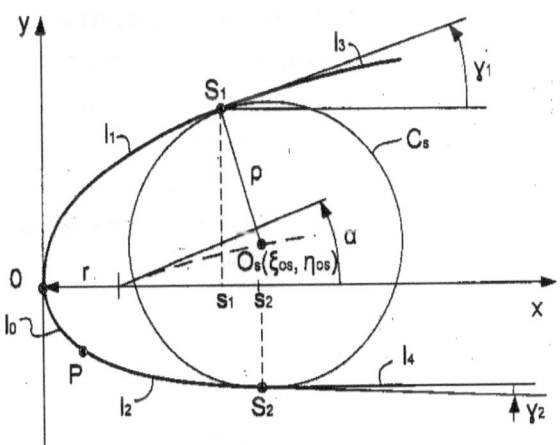

Рис. 10. Окружность C_s.

Нетрудно видеть, что справедливы формулы

$$s_1 = \xi_{0s} - \rho \cdot \sin \gamma_1 = \xi_{0s} - \rho \cdot u_1(s_1), \qquad (4.1)$$

$$s_2 = \xi_{0s} + \rho \cdot \sin \gamma_2 = \xi_{0s} + \rho \cdot u_2(s_2), \qquad (4.2)$$

где γ_1 и γ_2 - углы наклона касательных, проведенные к профилю в точках S_1 и S_2. Вычитая из (4.1) равенство (4.2), получим

$$\rho(s_1, s_2) = \frac{s_2 - s_1}{u_2(s_2) + u_1(s_1)} \qquad (4.3)$$

С другой стороны,

$$y_1(s_1) = \eta_{0s} + \rho \cdot \cos\gamma_1 = \eta_{0s} + \rho\sqrt{1 - u_1(s_1)^2}, \qquad (4.4)$$

$$y_2(s_2) = \eta_{0s} - \rho \cdot \cos\gamma_2 = \eta_{0s} - \rho\sqrt{1 - u_2(s_2)^2} \qquad (4.5)$$

Вычитая из (4.4) равенство (4.5), получим

$$\rho(s_1, s_2) = -\frac{y_2(s_2) - y_1(s_1)}{\sqrt{1 - u_2(s_2)^2} + \sqrt{1 - u_1(s_1)^2}} \qquad (4.6)$$

Правые части (4.3) и (4.6) равны, что позволяет записать уравнение:

$$H(s_1, s_2) = s_2 - s_1 + \frac{u_2(s_2) + u_1(s_1)}{\sqrt{1 - u_2(s_2)^2} + \sqrt{1 - u_1(s_1)^2}} [y_2(s_2) - y_1(s_1)] = 0 \qquad (4.7)$$

Точки S_1 и S_2 являются точками сращивания составных кривых, моделирующих верхний и нижний контуры профиля. В соответствии с гипотезой, сформулированной в Главе 2, эти точки принадлежат окружности C_s. Следовательно, (4.7) является уравнением, связывающим абсциссы s_1 и s_2 искомых точек сращивания.

Если абсцисса s_1 определена, то в уравнении (4.7) следует подставить

$$us_1 = u_1(s_1), \quad ys_1 = y_1(s_1).$$

Для построения окружности C_s необходимо:

1) Найти абсциссу s_2, воспользовавшись уравнением (4.7).

2) Определить радиус ρ по формуле (4.6).

3) Найти координаты центра C_s

$$\begin{cases} \xi_{0s} = s_1 + \rho \cdot us_1, \\ \eta_{0s} = y_{1s} - \rho\sqrt{1 - us_1^2} \end{cases}$$

4) Построить окружность по ее уравнению, записанному в параметрическом виде:

$$\begin{cases} \xi_s(\theta) = \xi_{0s} + \rho \cdot \cos\theta, \\ \eta_s(\theta) = \eta_{0s} + \rho \cdot \sin\theta, \end{cases}$$

где $\theta \in [0, 2\pi]$ - независимая переменная.

4.2. Хорда профиля, ее уравнение и свойства.

Определение 4: Хорда профиля – линия, образованная множеством точек - центров, вписанных в профиль окружностей.

. Хорда – важнейшая характеристика профиля крыла.

Заметим: В отличие от существующих методов расчета профилей, в которых хорда является базовой линией, а ординаты верхнего (нижнего) контура находятся как сумма (разность) ординат хорды и линий полутолщин профиля, в Методе математического моделирования хорда строится по завершении решения задачи. Хорда есть линия – следствие уже известного профиля крыла.

Пусть задача математического моделирования профиля решена и определены главные функции $Y_1(x), Y_2(x)$ и $U_1(x), U_2(x)$. Впишем в профиль окружность C_ρ. Обозначим, c и d - абсциссы точек касания C_ρ с Γ_1 и Γ_2, тогда

$$H(c,d) = d - c + \frac{U_2(d) + U_1(c)}{\sqrt{1 - U_2(d)^2} + \sqrt{1 - U_1(c)^2}} [Y_2(d) - Y_1(c)] = 0 \quad (4.8)$$

Уравнение хорды получит вид:

$$\begin{cases} x_c(c) = c + \rho_c(c,d) \cdot U_1(c), \\ y_c(c) = Y_1(c) - \rho_c(c,d) \cdot \sqrt{1 - U_1(c)^2}, \end{cases} \quad (4.9)$$

где c - независимая переменная, $c \in [0,1]$;

$\rho_c(c,d)$ - радиус C_ρ, определяется по формуле

$$\rho_c(c,d) = -\frac{Y_2(d) - Y_1(c)}{\sqrt{1 - U_2(d)^2} + \sqrt{1 - U_1(c)^2}} \quad (4.10)$$

Абсцисса d находится из уравнения (4.8).

В решенных задачах A, B, C, D уравнения (4.8) и (4.9) с успехом были использованы при расчете координат точек хорды профиля.

Свойства хорды.

Воспользуемся уравнениями (4.8) и (4.9), для того чтобы получить функцию распределения радиусов вписанных в профиль окружностей - $\rho_c(c)$; значение максимального радиуса $R = Max\rho_c(c)$; координаты центра окружности максимального радиуса C_R; погибь хорды - h.

1) Функция распределения радиусов $\rho_c(c)$.

$$\rho_c(c) = \rho_c[c, d(c)], \quad c \in [0,1],$$

2). Радиус R и уравнение окружности C_R.

Условием для определения абсцисс точек касания C_R и профиля является $Y_1(c) = Y_2(d)$ или $U_1(c) = U_2(d)$. Геометрическая иллюстрация этого условия показана на рисунке 11. Решая совместно уравнения

$$\begin{cases} U_1(c) - U_2(d) = 0, \\ d - c + \dfrac{U_1(c)}{\sqrt{1 - U_1(c)^2}} \left[Y_2(d) - Y_1(c) \right] = 0, \end{cases}$$

находим значения c и d, которые в свою очередь позволяют найти

$$\xi_{0R} = \frac{1}{2}(c+d), \quad \eta_{0R} = \frac{1}{2}\left[Y_1(c) + Y_2(d) \right],$$

$$R = \frac{1}{2}\sqrt{(c-d)^2 + \left[Y_1(c) - Y_2(d) \right]^2}$$

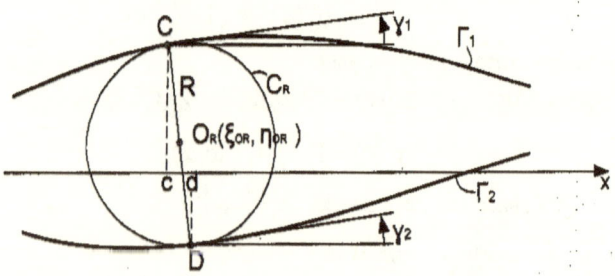

Рис. 11. Вписанная в профиль окружность C_R.

Уравнение окружности C_R имеет вид:

$$\xi_R(\theta) = \xi_{0R} + R \cdot \cos\theta, \quad \eta_R(\theta) = \eta_{0R} + R \cdot \sin\theta$$

3) Погибь хорды h.

Под погибью h понимаем максимальное значение ординаты хорды профиля. Абсциссу этой точки x_h находим из уравнения

$$\arcsin U_1(x_h) + \arcsin U_2(x_h) = 0,$$

тогда $h = \eta_c(x_h)$.

Прилагаемая программа "Camber line" позволяет рассчитать хорду профиля, распределение радиусов ρ_c по длине профиля, величину R и погибь h.

4.3. Задача математического моделирования хорды.

Воспользуемся тем, что хорда проходит через точки, координаты которых $(r,0), (\xi_{0s}, \eta_{0s}), (1,0)$, и имеет углы наклона касательных $\gamma(r) = \alpha$, $\gamma(x_h) = 0$, $\gamma(1) = \beta$, как показано на рисунке 12. Моделируем хорду $D_3(l_c)$ - кривой.

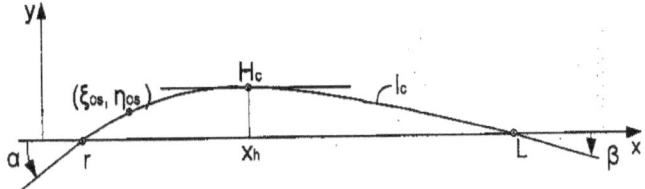

Рис.12. Схема моделирования хорды.

Граничные условия.

$$x = r \qquad y(r) = 0, \qquad u(r) = \sin\alpha, \qquad (4.11), (4.12),$$
$$x = \xi_{0s} \qquad y(\xi_{0s}) = \eta_{0s}, \qquad (4.13),$$
$$x = x_h \qquad u(x_h) = 0, \qquad (4.14),$$
$$x = 1 \qquad y(1) = 0, \qquad u(1) = \sin\beta, \qquad (4.15), (4.16),$$

где $y = y(x)$, $u = u(x)$ - функции $D_3(l)$; $\beta = \dfrac{1}{2}(\beta_1 + \beta_2)$.

Решение задачи.

$$y(x) = \int_r^x \frac{u(x)}{\sqrt{1 - u(x)^2}} dx, \quad x \in [r, 1],$$

$$u(x) = \sin\alpha + b \cdot (x - r) + c \cdot (x - r)^2 + d \cdot (x - r)^3,$$

где учтены условия (4.11) и (4.12). Выразим коэффициенты c и d в зависимости от α и b, для этого воспользуемся условиями (4.14) и (4.16).

$$\begin{cases} \sin\alpha + b \cdot (x_h - r) + c \cdot (x_h - r)^2 + d \cdot (x_h - r)^3 = 0, \\ \sin\alpha + b \cdot (1 - r) + c \cdot (1 - r)^2 + d \cdot (1 - r)^3 = \sin\dfrac{1}{2}(\beta_1 + \beta_2) \end{cases}$$

Решая эту систему уравнений, получим

$$d = d(\alpha, b) = \frac{A(\alpha, b) \cdot (1 - r)^2 - B(\alpha, b) \cdot (x_h - r)^2}{(1 - r)^3 (x_h - r)^2 - (1 - r)^2 (x_h - r)^3},$$

PROGRAM "Camber line"

1. Parameters: $r := 0.01$ $xM := 0.35$ $yM := 0.1$ $xm := 0.3$ $ym := -0.02$

2. Upper Surface $\mu1(s1) := xM^3 - (xM - s1)^3$

$$d1(s1,\beta1) := \frac{1 - \frac{xM}{r} - \left(1 - \frac{1}{r} - \sin(\beta1)\right) \cdot xM^2}{\mu1(s1) - \left[1 - (1 - s1)^3\right] \cdot xM^2} \qquad c1(s1,\beta1) := \frac{1 - \frac{xM}{r} + d1(s1,\beta1) \cdot \mu1(s1)}{xM^2}$$

D3(L1) $\qquad u1(x,s1,\beta1) := 1 - \frac{x}{r} + c1(s1,\beta1) \cdot x^2 + d1(s1,\beta1) \cdot x^3$

$\varepsilon := 10^{-4}$ $\qquad y1(x,s1,\beta1) := \sqrt{2 \cdot r \cdot \varepsilon} \cdot \left(1 - \frac{\varepsilon}{2 \cdot r}\right) + \int_{\varepsilon}^{x} \frac{u1(x,s1,\beta1)}{\sqrt{1 - u1(x,s1,\beta1)^2}} \, dx$

$\qquad u3(x,s1,\beta1) := u1(x,s1,\beta1) - d1(s1,\beta1) \cdot (x - s1)^3$

D2(L3) $\qquad y3(x,s1,\beta1) := y1(s1,s1,\beta1) + \int_{s1}^{x} \frac{u3(x,s1,\beta1)}{\sqrt{1 - u3(x,s1,\beta1)^2}} \, dx$

3. Lower Surface $\mu2(xp,s2) := (xm - xp)^3 - (xm - s2)^3$

$$\lambda2(xp) := \left(\frac{xm - xp}{1 - xp}\right)^2 \qquad d2(xp,s2,\beta2) := \frac{1 - \frac{xm}{r} - \left(1 - \frac{1}{r} + \sin(\beta2)\right) \cdot \lambda2(xp)}{\mu2(xp,s2) - \left[(1 - xp)^3 - (1 - s2)^3\right] \cdot \lambda2(xp)}$$

$$c2(xp,s2,\beta2) := \frac{1 - \frac{xm}{r} - d2(xp,s2,\beta2) \cdot \mu2(xp,s2)}{(xm - xp)^2}$$

D1(L0) $\qquad y0(x) := -\sqrt{r^2 - (r - x)^2} \qquad u0(x) := -1 + \frac{x}{r}$

D3(L2) $\qquad u2(x,xp,s2,\beta2) := -1 + \frac{x}{r} + c2(xp,s2,\beta2) \cdot (x - xp)^2 + d2(xp,s2,\beta2) \cdot (x - xp)^3$

$\qquad y2(x,xp,s2,\beta2) := y0(xp) + \int_{xp}^{x} \frac{u2(x,xp,s2,\beta2)}{\sqrt{1 - u2(x,xp,s2,\beta2)^2}} \, dx$

D2(L4) $\qquad u4(x,xp,s2,\beta2) := u2(x,xp,s2,\beta2) - d2(xp,s2,\beta2) \cdot (x - s2)^3$

$\qquad y4(x,xp,s2,\beta2) := y2(s2,xp,s2,\beta2) + \int_{s2}^{x} \frac{u4(x,xp,s2,\beta2)}{\sqrt{1 - u4(x,xp,s2,\beta2)^2}} \, dx$

4. Decision of Equations

$s1 := r \qquad \beta1 := 0 \qquad$ Given $\quad y3(xM,s1,\beta1) - yM = 0 \qquad y3(1,s1,\beta1) = 0 \qquad \begin{pmatrix} s1 \\ \beta1 \end{pmatrix} := \text{Find}(s1,\beta1)$

$\qquad s1 = 0.0138 \qquad \beta1 = -0.105 \qquad us1 := u1(s1,s1,\beta1) \qquad ys1 := y1(s1,s1,\beta1)$

$$H(xp,s2,\beta 2) := s2 - s1 + \frac{u2(s2,xp,s2,\beta 2) + us1}{\sqrt{1 - u2(s2,xp,s2,\beta 2)^2} + \sqrt{1 - us1^2}} \cdot (y2(s2,xp,s2,\beta 2) - ys1)$$

$k := 4 \quad x\mu := \frac{1}{2}\cdot(xM + xm) \quad y\mu := \frac{1}{2}\cdot(yM + ym) \quad xp := r\cdot\left(1 - \cos\left(2\cdot\operatorname{atan}\left(\frac{k\cdot y\mu}{x\mu - r}\right)\right)\right) \quad s2 := s1 \quad \beta 2 := 0$

Given $\quad y4(xm,xp,s2,\beta 2) - ym = 0 \quad y4(1,xp,s2,\beta 2) = 0 \quad H(xp,s2,\beta 2) = 0 \quad \begin{pmatrix} xp \\ s2 \\ \beta 2 \end{pmatrix} := \operatorname{Find}(xp,s2,\beta 2)$

$xp = 0.00373 \quad s2 = 0.02047 \quad \beta 2 = 0.024$

$yp := y0(xp) \quad us2 := u2(s2,xp,s2,\beta 2) \quad ys2 := y2(s2,xp,s2,\beta 2)$

5. Main Functions

$\chi 1(x,s1) := \begin{vmatrix} 0 \text{ if } x<s1 \\ 1 \text{ otherwise} \end{vmatrix} \quad \chi 2(x,s2) := \begin{vmatrix} 0 \text{ if } x<s2 \\ 1 \text{ otherwise} \end{vmatrix}$

$U1(x) := u1(x,s1,\beta 1) - d1(s1,\beta 1)\cdot(x - s1)^3 \cdot \chi 1(x,s1)$

$U2(x) := \begin{vmatrix} u0(x) \text{ if } 0 \le x < xp \\ u2(x,xp,s2,\beta 2) - d2(xp,s2,\beta 2)\cdot(x - s2)^3 \cdot \chi 2(x,s2) \text{ otherwise} \end{vmatrix}$

$Y1(x) := \begin{vmatrix} y1(x,s1,\beta 1) \text{ if } 0 \le x < s1 \\ y3(x,s1,\beta 1) \text{ if } s1 < x < 1 \\ 0 \text{ if } x = 1 \end{vmatrix} \quad Y2(x) := \begin{vmatrix} y0(x) \text{ if } 0 \le x < xp \\ y2(x,xp,s2,\beta 2) \text{ if } xp \le x \le s2 \\ y4(x,xp,s2,\beta 2) \text{ if } s2 \le x < 1 \\ 0 \text{ if } x = 1 \end{vmatrix} \quad x := 0, 0.001 .. 1$

6. Camber line

$H(c,d) := d - c + \dfrac{U2(d) + U1(c)}{\sqrt{1 - U2(d)^2} + \sqrt{1 - U1(c)^2}}\cdot(Y2(d) - Y1(c)) \quad c := 0, 0.05 .. 1$

$d := 3\cdot r \quad d(c) := \operatorname{root}(H(c,d),d) \quad pc(c) := -\dfrac{Y2(d(c)) - Y1(c)}{\sqrt{1 - U2(d(c))^2} + \sqrt{1 - U1(c)^2}}$

$xc(c) := \begin{vmatrix} r \text{ if } c = 0 \\ c + pc(c)\cdot U1(c) \text{ if } 0<c<1 \\ 1 \text{ if } c = 1 \end{vmatrix} \quad yc(c) := \begin{vmatrix} 0 \text{ if } c = 0 \\ Y1(c) - pc(c)\cdot\sqrt{1 - U1(c)^2} \text{ if } 0<c<1 \\ 0 \text{ if } c = 1 \end{vmatrix}$

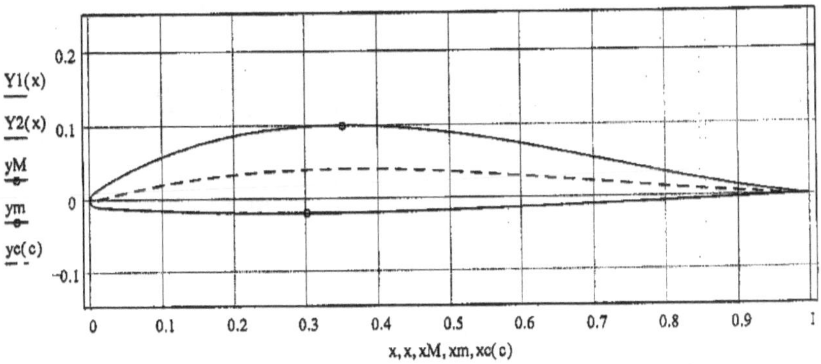

Fig. 1

7. Bend h

$xh := 0.4$ $xh := root(asin(U1(xh)) + asin(U2(xh)), xh)$ $xh = 0.359$ $h := yc(xh)$

$h = 0.04013$ $yh := 0, \frac{h}{2} .. h$

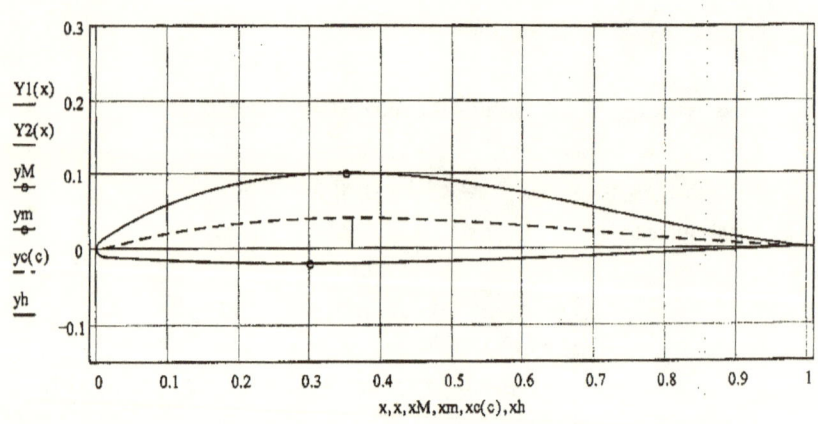

x, x, xM, xm, xc(c), xh

Fig. 2

8. Function ρc(c)

$$\rho c(c) := \begin{vmatrix} r & \text{if } c=0 \\ -\dfrac{Y2(d(c)) - Y1(c)}{\sqrt{1 - U2(d(c))^2} + \sqrt{1 - U1(c)^2}} & \text{if } 0<c<1 \\ 0 & \text{if } c=1 \end{vmatrix} \quad c := 0, 0.02 .. 1$$

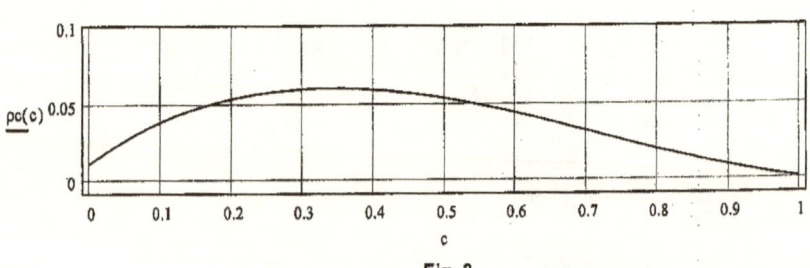

Fig. 3

9. Radius R and Circle CR

$c := 0.5$ $d := 0.5$ Given $U1(c) - U2(d) = 0$ $d - c + \dfrac{U1(c)}{\sqrt{1 - U1(c)^2}} \cdot (Y2(d) - Y1(c)) = 0$

$\begin{pmatrix} c \\ d \end{pmatrix} := Find(c,d)$ $\xi oR := \dfrac{1}{2} \cdot (c + d)$ $\eta oR := \dfrac{1}{2} \cdot (Y1(c) + Y2(d))$

$$R := \dfrac{1}{2} \cdot \sqrt{(c - d)^2 + (Y1(c) - Y2(d))^2}$$

$\xi R(\theta) := \xi oR + R \cdot \cos(\theta)$ $\eta R(\theta) := \eta oR + R \cdot \sin(\theta)$ $\theta := 0, \dfrac{\pi}{50} .. 2 \cdot \pi$

$c := 0, 0.05 .. 1$

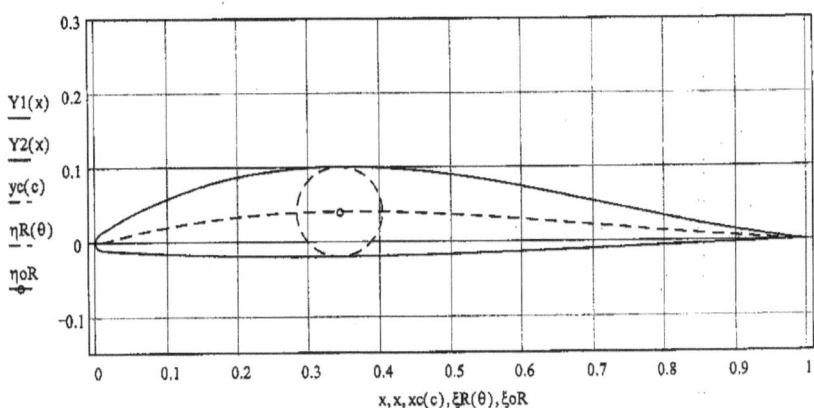

Fig. 3

10. Modeling of Camber line

Circle Cs

$$\rho := -\frac{ys2 - ys1}{\sqrt{1 - us2^2} + \sqrt{1 - us1^2}} \qquad \rho = 0.01464 \qquad \xi os := s1 + \rho \cdot us1 \qquad \eta os := ys1 - \rho \cdot \sqrt{1 - us1^2}$$

$$\xi os = 0.02143 \qquad \eta os = 0.00305$$

$$\xi s(\theta) := \xi os + \rho \cdot \cos(\theta) \qquad \eta s(\theta) := \eta os + \rho \cdot \sin(\theta)$$

D3 - curve

$$A(\alpha, b) := \sin(\alpha) + b \cdot (xh - r) \qquad B(\alpha, b) := \sin(\alpha) + b \cdot (1 - r) - \sin\left[\frac{1}{2} \cdot (\beta 1 + \beta 2)\right]$$

$$d(\alpha, b) := \frac{A(\alpha, b) \cdot (1 - r)^2 - B(\alpha, b) \cdot (xh - r)^2}{(1 - r)^3 \cdot (xh - r)^2 - (1 - r)^2 \cdot (xh - r)^3}$$

$$c(\alpha, b) := -\frac{1}{(xh - r)^2} \cdot \left[A(\alpha, b) + d(\alpha, b) \cdot (xh - r)^3\right]$$

$$u(s, \alpha, b) := \sin(\alpha) + b \cdot (s - r) + c(\alpha, b) \cdot (s - r)^2 + d(\alpha, b) \cdot (s - r)^3$$

$$y(s, \alpha, b) := \int_r^s \frac{u(s, \alpha, b)}{\sqrt{1 - u(s, \alpha, b)^2}} \, ds$$

$$k := 2 \qquad \alpha := \operatorname{atan}\left(\frac{k \cdot y\mu}{x\mu - r}\right) \qquad \alpha = 0.249$$

$$b := -1 \qquad \text{Given} \qquad y(\xi os, \alpha, b) - \eta os = 0 \qquad y(1, \alpha, b) = 0 \qquad \binom{\alpha}{b} := \operatorname{Find}(\alpha, b)$$

$$\alpha = 0.266 \qquad b = -1.026 \qquad yC(s) := y(s, \alpha, b)$$

11. Airfoil, Camber line and D3 - curve

$$x := 0, 0.001 \ldots 1 \qquad c := 0, 0.05 \ldots 1 \qquad s := r, r + \frac{1 - r}{20} \ldots 1$$

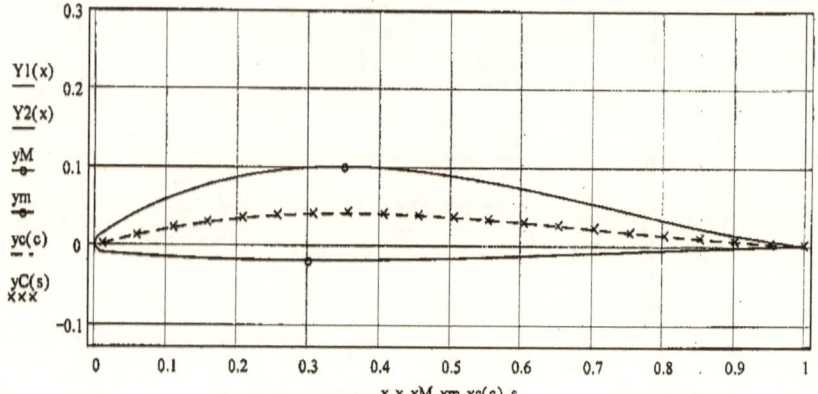

Fig. 4

12. Head of Airfoil $x := 0, 0.0001 .. 0.05$ $c := 0, 0.005 .. 0.05$ $s := r, r + \dfrac{0.05 - r}{5} .. 0.05$

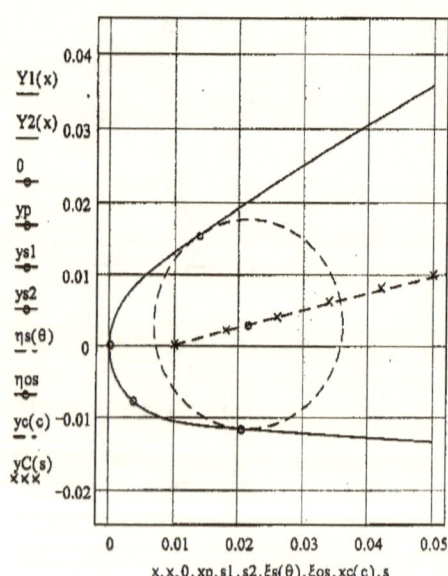

Fig. 5

$$c = c(\alpha,b) = -\frac{1}{(x_h - r)^2}\left[A(\alpha,b) + d(\alpha,b)\cdot(x_h - r)^3 \right],$$

где $A(\alpha,b) = \sin\alpha + b\cdot(x_h - r)$, $B(\alpha,b) = \sin\alpha + b\cdot(1-r) - \sin\frac{1}{2}(\beta_1 + \beta_2)$

Угол α и коэффициент b находим из уравнений
$$y(\xi_{0s},\alpha,b) - \eta_{0s} = 0, \quad y(1,\alpha,b) = 0,$$
которые получены на основании условий (4.13) и (4.15).

В разделах 11 и 12 программы "Camber line" выполнен расчет ординат $D_3(l)$-кривой, моделирующей хорду профиля. На Fig.4 и Fig.5 эта кривая построена совместно с хордой, имеющей параметрическое уравнение. Сравнение графиков свидетельствует о удовлетворительном их совпадении.

Глава 5. Математическое моделирование профилей крыльев, имеющих прямолинейные участки верхнего и/или нижнего контура.

Задача Е. Профили крыльев, для которых заданы параметры: $r, x_M, x_m, x_N, x_n, \beta_1, \beta_2$.

Е.1. Постановка и решение задачи Е.

На практике встречаются изделия, сечения которых представляют собой профили крыльев, имеющие прямолинейные участки. Ниже приведено математическое проектирование одного из таких изделий. Здесь же решим задачу, постановка которой соответствует Схеме моделирования Е, где x_N, x_n - абсциссы точек N и n, ограничивающие прямолинейные участки профиля NL и nL.

Граничные условия.
Верхний контур:

$x = 0$ $\quad y_1(0) = 0, \quad u_1(0) = 1, \quad k_1(0) = -\dfrac{1}{r},$ $\quad$ (Е.1), (Е.2), (Е.3),

$x = s_1$ $\quad y_1(s_1) = y_3(s_1), \quad u_1(s_1) = u_3(s_1),$ $\quad$ (Е.4), (Е.5),

$\quad\quad\quad\quad k_1(s_1) = k_3(s_1), \quad g_1(s_1) = g_3(s_1),$ $\quad$ (Е.6), (Е.7),

$x = x_M$ $\quad u_3(x_M) = 0,$ $\quad$ (Е.8),

$x = x_N$ $\quad y_3(x_N) = -(1 - x_N) \cdot tg\beta_1, \quad u_3(x_N) = \sin\beta_1,$ $\quad$ (Е.9), (Е.10),

$\quad\quad\quad\quad k_3(x_N) = 0,$ $\quad$ (Е.11),

$x = 1$ $\quad y_5(1) = 0$ $\quad$ (Е.12)

Нижний контур:

$x = 0$ $\quad y_0(0) = 0, \quad u_0(0) = -1, \quad k_0(0) = \dfrac{1}{r},$ $\quad$ (Е.13), (Е.14), (Е.15),

Схема моделирования E

1. Эскиз профиля крыла.
   Заданы параметры: $r, x_M, x_m, x_N, x_n, \beta_1, \beta_2$

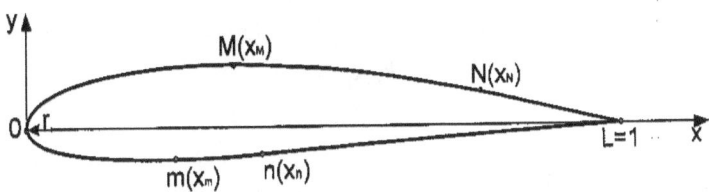

2. Линии профиля и точки сращивания
   l_5, l_6 - прямые линии.

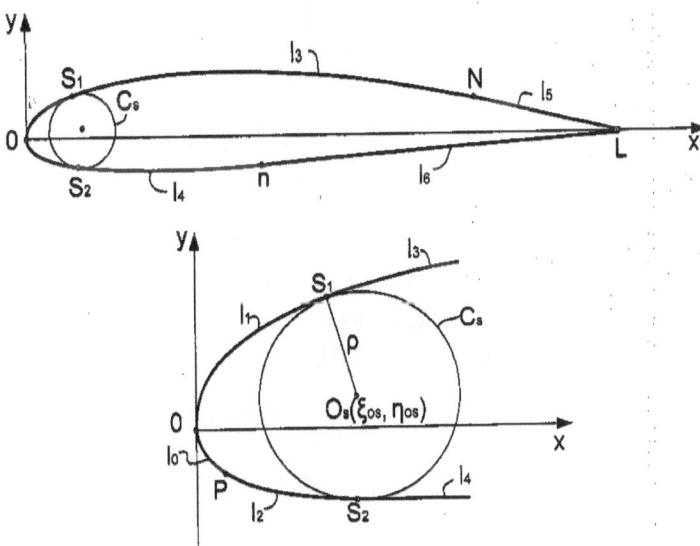

3. Составные кривые:
   верхний контур - $D_3(l_1) \oplus D_3(l_3) \oplus D_0(l_5)$
   нижний контур - $D_1(l_0) \oplus D_3(l_2) \oplus D_3(l_4) \oplus D_0(l_6)$
4. Порядок сращивания кривых в точках:
   $O(2), P(2), S_1(3), S_2(3), N(2), n(2), L(0)$

$$x = x_p \quad y_0(x_p) = y_2(x_p), \quad u_0(x_p) = u_2(x_p), \quad \frac{1}{r} = k_2(x_p), \quad \text{(E.16), (E.17), (E.18)},$$

$$x = s_2 \quad\quad y_2(s_2) = y_4(s_2), \quad u_2(s_2) = u_4(s_2), \quad\quad\quad \text{(E.19), (E.20)},$$

$$\quad\quad\quad k_2(s_2) = k_4(s_2), \quad g_2(s_2) = g_4(s_2), \quad\quad\quad \text{(E.21), (E.22)},$$

$$x = x_m \quad\quad\quad u_4(x_m) = 0, \quad\quad\quad\quad\quad \text{(E.23)},$$

$$x = x_n \quad\quad y_4(x_n) = -(1-x_n)\cdot tg\beta_2, \quad u_4(x_n) = \sin\beta_2, \quad \text{(E.24), (E.25)},$$

$$\quad\quad\quad k_4(x_n) = 0, \quad\quad\quad\quad\quad \text{(E.26)},$$

$$x = 1 \quad\quad\quad y_6(1) = 0, \quad\quad\quad\quad\quad \text{(E.27)}$$

Решение задачи.

Верхний контур.

Опуская промежуточные преобразования, запишем функции кривых и формулы для вычисления коэффициентов:

$$D_3(l_1): \quad y_1(x) = \sqrt{2\cdot r\cdot \varepsilon}\left(1 - \frac{\varepsilon}{2\cdot r}\right) + \int_\varepsilon^x \frac{u_1(x)}{\sqrt{1-u_1(x)^2}}dx, \quad x\in[0, s_1],$$

$$u_1(x) = 1 - \frac{x}{r} + c_1 x^2 + d_1 x^3$$

$$D_3(l_3): \quad y_3(x) = y_1(s_1) + \int_{s_1}^x \frac{u_3(x)}{\sqrt{1-u_3(x)^2}}dx, \quad x\in[s_1, x_N],$$

$$u_3(x) = u_1(x) - d_{13}(x-s_1)^3$$

$$D_0(l_5): \quad\quad y_5(x) = -(1-x)\cdot tg\beta_1, \quad\quad x\in[x_N, 1]$$

Коэффициенты c_1, d_1, d_{13} находим из системы уравнений, которые получены на основании условий (E.8), (E.10), (E.11).

$$\begin{cases} 1 - \dfrac{x_N}{r} + c_1 x_N^2 + d_1 x_N^3 - d_{13}(x_N - s_1)^3 = \sin\beta_1, \\[4pt] -\dfrac{1}{r} + 2\cdot c_1 x_N + 3\cdot d_1 x_N^2 - 3\cdot d_{13}(x_N - s_1)^2 = 0, \\[4pt] 1 - \dfrac{x_M}{r} + c_1 x_M^2 + d_1 x_M^3 - d_{13}(x_M - s_1)^3 = 0 \end{cases}$$

$$d_{13} = d_{13}(s_1) = \frac{2\cdot A_1 - \dfrac{x_N}{r} + \left[A_1\cdot x_M^2 + \left(1 - \dfrac{x_M}{r}\right)\cdot x_N^2\right]\cdot \lambda_1}{B_1(s_1) - \left[(x_N - s_1)^3 \cdot x_M^2 - (x_M - s_1)^3 \cdot x_N^2\right]\cdot \lambda_1}$$

$$d_1 = d_1(s_1) = \frac{1}{x_N^3}\left[-2 \cdot A_1 + \frac{x_N}{r} + B_1(s_1) \cdot d_{13}(s_1)\right],$$

$$c_1 = c_1(s_1) = \frac{1}{x_M^2}\left[-1 + \frac{x_M}{r} - x_M^3 d_1(s_1) + (x_M - s_1)^3 d_{13}(s_1)\right],$$

где $A_1 = -1 + \frac{x_N}{r} + \sin\beta_1$, $B_1(s_1) = (x_N - s_1)^2(x_N + 2 \cdot s_1)$, $\lambda_1 = \frac{x_N}{(x_N - x_M) \cdot x_M^2}$

Неизвестную абсциссу s_1 определяем из уравнения

$$y_3(x_N, s_1) + (1 - x_N) \cdot tg\beta_1 = 0$$

Главные функции верхнего контура имеют вид:

$$Y_1(x) = \begin{vmatrix} y_1(x, s_1), x \in [0, s_1), \\ y_3(x, s_1), x \in [s_1, x_N), \\ y_5(x), x \in [x_N, 1] \end{vmatrix} \quad U_1(x) = \begin{vmatrix} u_1(x, s_1), x \in [0, s_1), \\ u_3(x, s_1), x \in [s_1, x_N), \\ u_5(x), x \in [x_N, 1] \end{vmatrix}$$

Нижний контур.

$D_1(l_0)$: $\quad y_0(x) = -\sqrt{r^2 - (r - x)^2}$, $\quad u_0(x) = -1 + \frac{x}{r}$, $\quad x \in [0, x_p]$

$D_3(l_2)$: $\quad y_2(x) = y_0(x_p) + \int_{x_p}^{x}\frac{u_2(x)}{\sqrt{1 - u_2(x)^2}}dx$, $\quad x \in [x_p, s_2]$,

$$u_2(x) = -1 + \frac{x}{r} + c_2(x - x_p)^2 + d_2(x - x_p)^3$$

$D_3(l_4)$: $\quad y_4(x) = y_2(s_2) + \int_{s_2}^{x}\frac{u_4(x)}{\sqrt{1 - u_4(x)^2}}dx$, $\quad x \in [s_2, x_n]$,

$$u_4(x) = u_2(x) - d_{24}(x - s_2)^3$$

$D_0(l_6)$: $\quad y_6(x) = -(1 - x) \cdot tg\beta_2$, $\quad x \in [x_n, 1]$.

Коэффициенты c_2, d_2, d_{24} находим из системы уравнений, которые получены на основании условий (Е.23), (Е.25), (Е.26).

$$\begin{cases} -1 + \frac{x_n}{r} + c_2(x_n - x_p)^2 + d_2(x_n - x_p)^3 - d_{24}(x_n - s_2)^3 = \sin\beta_2, \\ \frac{1}{r} + 2 \cdot c_2(x_n - x_p) + 3 \cdot d_2(x_n - x_p)^2 - 3 \cdot d_{24}(x_n - s_2)^2 = 0, \\ -1 + \frac{x_m}{r} + c_2(x_m - x_p)^2 + d_2(x_m - x_p)^3 - d_{24}(x_m - s_2)^3 = 0 \end{cases}$$

$$d_{24} = d_{24}(x_p, s_2) =$$

$$= \frac{2 \cdot A_2 + \dfrac{x_n - x_p}{r} + \left[A_2 \cdot (x_m - x_p)^2 - \left(1 - \dfrac{x_m}{r}\right) \cdot (x_n - x_p)^2 \right] \cdot \lambda_2(x_p)}{B_2(x_p, s_2) - \left[(x_n - s_2)^3 \cdot (x_m - x_p)^2 - (x_m - s_2)^3 \cdot (x_n - x_p)^2 \right] \cdot \lambda_2(x_p)},$$

$$d_2 = d_2(x_p, s_2) = \frac{1}{(x_n - x_p)^3} \left[-2 \cdot A_2 - \frac{x_n - x_p}{r} + B_2(x_p, s_2) \cdot d_{24}(x_p, s_2) \right],$$

$$c_2 = c_2(x_p, s_2) =$$

$$= \frac{1}{(x_m - x_p)^2} \left[1 - \frac{x_m}{r} - (x_m - x_p)^3 \cdot d_2(x_p, s_2) + (x_m - s_2)^3 \cdot d_{24}(x_p, s_2) \right],$$

$$A_2 = 1 - \frac{x_n}{r} + \sin\beta_2, \quad B_2(x_p, s_2) = (x_n - s_2)^2 (x_n + 2 \cdot s_2 - 3 \cdot x_p),$$

$$\lambda_2(x_p) = \frac{x_n - x_p}{(x_n - x_m)(x_m - x_p)^2}.$$

Для определения неизвестных x_p, s_2 воспользуемся уравнениями

$$y_4(x_n, x_p, s_2) + (1 - x_n) \cdot tg\beta_2 = 0,$$

$$H(x_p, s_2) = 0,$$

где $H(x_p, s_2) = s_2 - s_1 + \dfrac{u_2(s_2, x_p, s_2) + u_{s1}}{\sqrt{1 - u_2(s_2, x_p, s_2)^2} + \sqrt{1 - u_{s1}^2}} \left[y_2(s_2, x_p, s_2) - y_{s1} \right],$

$$y_{s1} = Y_1(s_1), \qquad u_{s1} = U_1(s_1).$$

Главные функции нижнего контура имеют вид:

$$Y_2(x) = \begin{vmatrix} y_0(x), x \in [0, x_p), \\ y_2(x, x_p, s_2), x \in [x_p, s_2), \\ y_4(x, x_p, s_2), x \in [s_2, x_n), \\ y_6(x), x \in [x_n, 1] \end{vmatrix} \qquad U_2(x) = \begin{vmatrix} u_0(x), x \in [0, x_p), \\ u_2(x, x_p, s_2), x \in [x_p, s_2), \\ u_4(x, x_p, s_2), x \in [s_2, x_n), \\ u_6(x), x \in [x_n, 1] \end{vmatrix}$$

Замечания:

1) Если профиль крыла имеет прямолинейный участок только у нижнего контура, то верхний его контур моделируем, как показано в задачах A, B, C, D.
2) Задача Е интересна тем, что имеет важный частный случай. Если значения $x_N = x_n = 1$, получим класс профилей, для которых кривизна верхнего

и нижнего контуров в L равна нулю. Параметрами этих профилей являются: $r, x_M, x_m, \beta_1, \beta_2$.

E.2. Программа E.

Прилагаемая программа E позволяет расчитать профили крыльев, имеющие прямолинейные участки.

Для задачи E выполнены систематические расчеты, которые разделены на две группы:
1) Профили крыльев, имеющие прямолинейные участки конечной длины.
2) Профили крыльев, имеющие прямолинейные участки нулевой длины (кривизна в точке $x = L$ равна нулю).

PROGRAM E

1. Parameters: $\quad r := 0.01 \quad xM := 0.32 \quad xm := 0.35 \quad \beta1 := -0.15 \quad \beta2 := 0.05$
$$xN := 1 \quad xn := 1$$

2. Upper Surface $\quad \varepsilon := 10^{-4} \quad A1 := -1 + \dfrac{xN}{r} + \sin(\beta1) \quad B1(s1) := (xN - s1)^2 \cdot (xN + 2 \cdot s1)$

$$\lambda 1 := \dfrac{xN}{(xN - xM) \cdot xM^2} \qquad d13(s1) := \dfrac{2 \cdot A1 - \dfrac{xN}{r} + \left[A1 \cdot xM^2 + \left(1 - \dfrac{xM}{r}\right) \cdot xN^2\right] \cdot \lambda 1}{B1(s1) - \left[(xN - s1)^3 \cdot xM^2 - (xM - s1)^3 \cdot xN^2\right] \cdot \lambda 1}$$

$$d1(s1) := \dfrac{1}{xN^3} \cdot \left(-2 \cdot A1 + \dfrac{xN}{r} + B1(s1) \cdot d13(s1)\right)$$

$$c1(s1) := \dfrac{1}{xM^2} \cdot \left[-1 + \dfrac{xM}{r} - xM^3 \cdot d1(s1) + (xM - s1)^3 \cdot d13(s1)\right]$$

D3(L1)
$$u1(x,s1) := 1 - \dfrac{x}{r} + c1(s1) \cdot x^2 + d1(s1) \cdot x^3 \quad y1(x,s1) := \sqrt{2 \cdot r \cdot \varepsilon} \cdot \left(1 - \dfrac{\varepsilon}{2 \cdot r}\right) + \int_{\varepsilon}^{x} \dfrac{u1(x,s1)}{\sqrt{1 - u1(x,s1)^2}} dx$$

D3(L3)
$$u3(x,s1) := u1(x,s1) - d13(s1) \cdot (x - s1)^3 \quad y3(x,s1) := y1(s1,s1) + \int_{s1}^{x} \dfrac{u3(x,s1)}{\sqrt{1 - u3(x,s1)^2}} dx$$

D0(L5)
$$y5(x) := -(1 - x) \cdot \tan(\beta 1) \quad u5 := \sin(\beta 1)$$
$$s1 := r \quad s1 := \text{root}(y3(xN,s1) - y5(xN), s1) \quad s1 = 0.01306$$
$$s1 := \text{root}(y3(xN,s1) - y5(xN), s1) \quad s1 = 0.01309$$

Main Functions:

$$Y1(x) := \begin{vmatrix} y1(x,s1) & \text{if } 0 \leq x < s1 \\ y3(x,s1) & \text{if } s1 \leq x < xN \\ y5(x) & \text{if } xN \leq x < 1 \\ 0 & \text{if } x = 1 \end{vmatrix} \qquad U1(x) := \begin{vmatrix} u1(x,s1) & \text{if } 0 \leq x < s1 \\ u3(x,s1) & \text{if } s1 \leq x < xN \\ u5 & \text{if } xN \leq x < 1 \\ u5 & \text{if } x = 1 \end{vmatrix}$$

$$yM := Y1(xM) \quad ys1 := Y1(s1) \quad us1 := U1(s1) \quad yN := Y1(xN)$$

3. Lower Surface

$$A2 := 1 - \dfrac{xn}{r} + \sin(\beta 2) \quad B2(xp,s2) := (xn - s2)^2 \cdot (xn + 2 \cdot s2 - 3 \cdot xp) \quad \lambda 2(xp) := \dfrac{xn - xp}{(xn - xm) \cdot (xm - xp)^2}$$

$$d24(xp,s2) := \dfrac{2 \cdot A2 + \dfrac{xn - xp}{r} + \left[A2 \cdot (xm - xp)^2 - \left(1 - \dfrac{xm}{r}\right) \cdot (xn - xp)^2\right] \cdot \lambda 2(xp)}{B2(xp,s2) - \left[(xn - s2)^3 \cdot (xm - xp)^2 - (xm - s2)^3 \cdot (xn - xp)^2\right] \cdot \lambda 2(xp)}$$

$$d2(xp,s2) := \dfrac{1}{(xn - xp)^3} \cdot \left(-2 \cdot A2 - \dfrac{xn - xp}{r} + B2(xp,s2) \cdot d24(xp,s2)\right)$$

$$c2(xp,s2) := \dfrac{1}{(xm - xp)^2} \cdot \left[1 - \dfrac{xm}{r} - (xm - xp)^3 \cdot d2(xp,s2) + (xm - s2)^3 \cdot d24(xp,s2)\right]$$

D1(L0) $\quad y0(x) := -\sqrt{r^2 - (r-x)^2} \quad u0(x) := -1 + \dfrac{x}{r}$

D3(L2) $\quad u2(x,xp,s2) := -1 + \dfrac{x}{r} + c2(xp,s2)\cdot(x-xp)^2 + d2(xp,s2)\cdot(x-xp)^3$

$$y2(x,xp,s2) := y0(xp) + \int_{xp}^{x} \dfrac{u2(x,xp,s2)}{\sqrt{1 - u2(x,xp,s2)^2}}\, dx$$

D3(L4) $\quad u4(x,xp,s2) := u2(x,xp,s2) - d24(xp,s2)\cdot(x-s2)^3$

$$y4(x,xp,s2) := y2(s2,xp,s2) + \int_{s2}^{x} \dfrac{u4(x,xp,s2)}{\sqrt{1 - u4(x,xp,s2)^2}}\, dx$$

D0(L6) $\quad y6(x) := -(1-x)\cdot\tan(\beta 2) \quad u6 := \sin(\beta 2)$

$k := 4 \quad x\mu := \dfrac{1}{2}\cdot(xM + xm) \quad \beta := \dfrac{1}{2}\cdot(\beta 1 + \beta 2) \quad xp := r\cdot\left(1 - \cos\left(-2\cdot\mathrm{atan}\left(k\cdot\dfrac{1-x\mu}{x\mu - r}\cdot\beta\right)\right)\right) \quad xp = 0.00287$

$s2 := r \quad H(xp,s2) := s2 - s1 + \dfrac{u2(s2,xp,s2) + us1}{\sqrt{1 - u2(s2,xp,s2)^2} + \sqrt{1 - us1^2}}\cdot(y2(s2,xp,s2) - ys1)$

Given $\quad y4(xn,xp,s2) - y6(xn) = 0 \quad H(xp,s2) = 0 \quad \begin{pmatrix} xp \\ s2 \end{pmatrix} := \mathrm{Find}(xp,s2)$

$xp = 0.00395 \quad s2 = 0.01997$

Main Functions:

$Y2(x) := \begin{cases} y0(x) & \text{if } 0 \le x < xp \\ y2(x,xp,s2) & \text{if } xp \le x < s2 \\ y4(x,xp,s2) & \text{if } s2 \le x < xn \\ y6(x) & \text{if } xn \le x < 1 \\ 0 & \text{if } x = 1 \end{cases} \qquad U2(x) := \begin{cases} u0(x) & \text{if } 0 \le x < xp \\ u2(x,xp,s2) & \text{if } xp \le x < s2 \\ u4(x,xp,s2) & \text{if } s2 \le x < xn \\ u6 & \text{if } xn < x < 1 \\ u6 & \text{if } x = 1 \end{cases}$

$ym := Y2(xm) \quad yn := Y2(xn)$

4. Camber line $\quad H(c,d) := d - c + \dfrac{U2(d) + U1(c)}{\sqrt{1 - U2(d)^2} + \sqrt{1 - U1(c)^2}}\cdot(Y2(d) - Y1(c))$

$d := 3\cdot r \quad d(c) := \mathrm{root}(H(c,d), d) \quad \rho(c) := -\dfrac{Y2(d(c)) - Y1(c)}{\sqrt{1 - U2(d(c))^2} + \sqrt{1 - U1(c)^2}}$

$xc(c) := \begin{cases} r & \text{if } c = 0 \\ c + \rho(c)\cdot U1(c) & \text{if } 0 < c < 1 \\ 1 & \text{if } c = 1 \end{cases} \qquad yc(c) := \begin{cases} 0 & \text{if } c = 0 \\ Y1(c) - \rho(c)\cdot\sqrt{1 - U1(c)^2} & \text{if } 0 < c < 1 \\ 0 & \text{if } c = 1 \end{cases}$

$\mathrm{Yupper}(x) := \begin{cases} 0 & \text{if } |Y1(x)| < 10^{-5} \\ Y1(x) & \text{otherwise} \end{cases} \qquad \mathrm{Ylower}(x) := \begin{cases} 0 & \text{if } |Y2(x)| < 10^{-5} \\ Y2(x) & \text{otherwise} \end{cases}$

5. Airfoil   r = 0.01   xM = 0.32   xm = 0.35   xN = 1   xn = 1   β1 = -0.15   β2 = 0.05
x := 0, 0.002 .. 1   c := 0, 0.05 .. 1

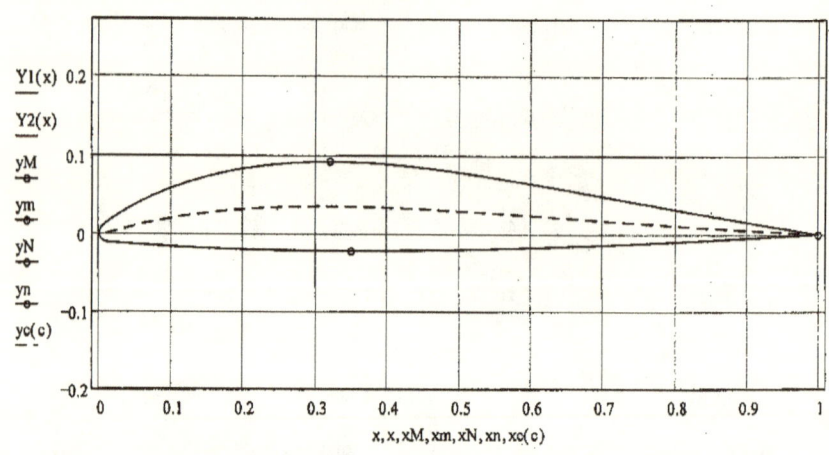

Fig. 1

6. Coordinates of Points

Airfoil
x := 0, 0.05 .. 1

x	Yupper(x)	Ylower(x)
0	0	0
0.05	0.0363	-0.013
0.1	0.0576	-0.016
0.15	0.0725	-0.018
0.2	0.0825	-0.02
0.25	0.0884	-0.021
0.3	0.0909	-0.022
0.35	0.0907	-0.022
0.4	0.0882	-0.022
0.45	0.0839	-0.021
0.5	0.0782	-0.02
0.55	0.0714	-0.019
0.6	0.0639	-0.018
0.65	0.0559	-0.016
0.7	0.0477	-0.014
0.75	0.0394	-0.012
0.8	0.0312	-0.01
0.85	0.0231	-0.007
0.9	0.0153	-0.005
0.95	0.0076	-0.002
1	0	0

Camber line
c := 0, 0.05 .. 1

xc(c)	yc(c)
0.01	0
0.0619	0.0125
0.1129	0.0215
0.161	0.0276
0.2079	0.0315
0.2545	0.0337
0.3012	0.0346
0.3484	0.0344
0.3962	0.0333
0.4447	0.0315
0.4938	0.0291
0.5435	0.0263
0.5937	0.0233
0.6442	0.0201
0.6949	0.0169
0.7458	0.0138
0.7967	0.0108
0.8476	0.0079
0.8984	0.0052
0.9492	0.0026
1	0

Е.3. Математическое проектирование направляющей насадки пропеллера.

Ранее в параграфе 1.4 была решена задача математического проектирования главного сечения тела вращния. В этом параграфе рассмотрим на конкретном примере решение еще одной задачи.

Пример 3. Найти сечение направляющей насадки пропеллера представляющего, профиль крыла, нижний контур которого имеет прямолинейный участок.

Изобразим эту насадку и обозначим основные ее размеры.

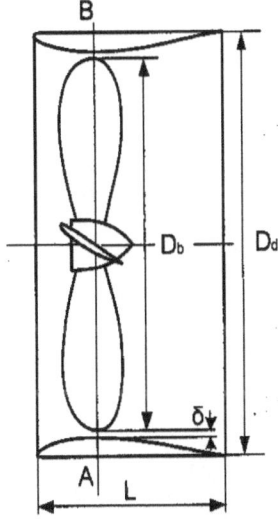

Рис.13. Насадка и пропеллер.

Задаваемыми параметрами являются: D_b, D_d, L, x_M, δ. Геометрический смысл этих параметров ясен из рисунка 13. Построим также на рисунке 14 профиль - сечение насадки, для которого $S_2 L$ - прямлинейный участок, а на рисунке 15 изобразим носовую часть профиля, где обозначим линии, подлежащие моделированию.

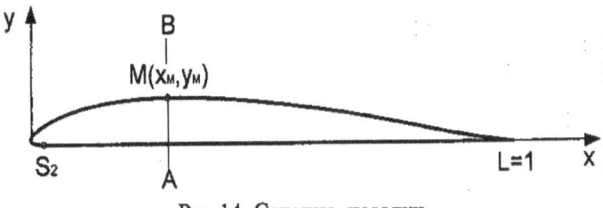

Рис.14. Сечение насадки.

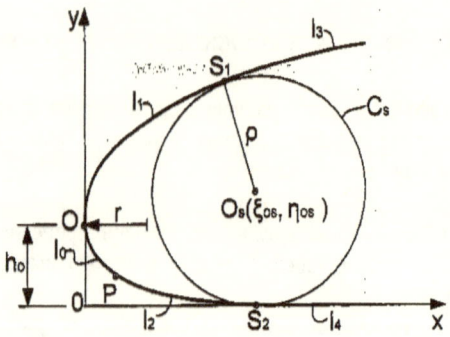

Рис.15. Носовая часть профиля насадки.

Граничные условия.
Верхний контур:

$x = 0$ $\quad y_1(0) = h_0,\quad u_1(0) = 1,\quad k_1(0) = -\dfrac{1}{r},\quad$ (5.1), (5.2), (5.3),

$x = s_1$ $\quad y_1(s_1) = y_3(s_1),\quad u_1(s_1) = u_3(s_1),\quad$ (5.4),(5.5),

$\qquad\qquad k_1(s_1) = k_3(s_1),\quad g_1(s_1) = g_3(s_1),\quad$ (5.6), (5.7),

$x = x_M$ $\quad y_3(x_M) = y_M,\quad u_3(x_M) = 0,\quad$ (5.8), (5.9),

$x = 1$ $\qquad\qquad y_3(1) = 0,\quad$ (5.10)

где ордината точки M определяется по формуле

$$y_M = \frac{1}{2}(D_d - D_b) - \delta$$

Нижний контур:

$x = 0$ $\quad y_0(0) = h_0,\quad u_0(0) = -1,\quad k_0(0) = \dfrac{1}{r},\quad$ (5.11), (5.12), (5.13),

$x = x_p$ $\quad y_0(x_p) = y_2(x_p),\quad u_0(x_p) = u_2(x_p),\quad \dfrac{1}{r} = k_2(x_p),\quad$ (5.14), (5.15), (5.16),

$x = s_2$ $\quad y_2(s_2) = 0,\quad u_2(s_2) = 0,\quad$ (5.17), (5.18),

$\qquad\qquad k_2(s_2) = 0,\quad g_2(s_2) = 0,\quad$ (5.19), (5.20),

$x = 1$ $\qquad\qquad y_4(1) = 0$ (5.21)

Решение задачи

Запишем функции кривых и формулы для вычисления коэффициентов:

$$D_3(l_1):\quad y_1(x,h_0) = h_0 + \sqrt{2\cdot r\cdot\varepsilon}\left(1 - \frac{\varepsilon}{2\cdot r}\right) + \int_\varepsilon^x \frac{u_1(x)}{\sqrt{1 - u_1(x)^2}}\,dx,\quad x\in[0, s_1],$$

$$u_1(x) = 1 - \frac{x}{r} + c_1 x^2 + d_1 x^3$$

$$D_3(l_3): \quad y_3(x,h_0) = y_1(s_1,h_0) + \int_{s_1}^{x} \frac{u_3(x)}{\sqrt{1-u_3(x)^2}} dx, \quad x \in [s_1, 1],$$

$$u_3(x) = u_1(x) - d_1(x-s_1)^3$$

$$d_1 = d_1(s_1,\beta_1) = -\frac{1 - \frac{x_M}{r} - \left(1 - \frac{1}{r} - \sin\beta_1\right) \cdot x_M^2}{\mu_1(s_1) - \left[1 - (1-s_1)^3\right] \cdot x_M^2},$$

$$c_1 = c_1(s_1,\beta_1) = -\frac{1}{x_M^2}\left(1 - \frac{x_M}{r} + d_1(s_1,\beta_1) \cdot \mu_1(s_1)\right),$$

где $\mu_1(s_1) = x_M^3 - (x_M - s_1)^3$. Уравнения для определения s_1, β_1 имеют вид:

$$y_3(x_M, s_1, \beta_1, h_0) - y_M = 0, \quad y_3(1, s_1, \beta_1, h_0) = 0 \qquad (5.22)$$

$$D_1(l_0): \quad y_0(x,h_0) = h_0 - \sqrt{r^2 - (r-x)^2}, \quad u_0(x) = -1 + \frac{x}{r}, \quad x \in [0, x_p]$$

$$D_3(l_2): \quad y_2(x,h_0) = y_0(x_p,h_0) + \int_{x_p}^{x} \frac{u_2(x)}{\sqrt{1-u_2(x)^2}} dx, \quad x \in [x_p, s_2],$$

$$u_2(x) = -1 + \frac{x}{r} + c_2(x-x_p)^2 + d_2(x-x_p)^3,$$

$$c_2 = c_2(x_p,s_2) = -\frac{1}{r \cdot (s_2 - x_p)}, \quad d_2 = d_2(x_p,s_2) = \frac{1}{3 \cdot r \cdot (s_2 - x_p)^2}$$

$$D_0(l_4): \quad y_4(x) = 0, \quad x \in [s_2, 1]$$

Уравнения для определения x_p, s_2, h_0 имеют вид:

$$u_2(s_2, x_p, s_2) = 0, \quad y_2(s_2, x_p, s_2, h_0) = 0, \quad H(s_1, s_2, \beta_1, h_0) = 0, \qquad (5.23)$$

где $\quad H(s_1, s_2, \beta_1, h_0) = s_2 - s_1 - \dfrac{u_1(s_1, s_1, \beta_1)}{1 + \sqrt{1 - u_1(s_1, s_1, \beta_1)^2}} y_1(s_1, s_1, \beta_1, h_0)$

Уравнения (5.22) и (5.23) должны быть решены совместно.

Главные функции ординат верхнего и нижнего контуров профиля:

$$Y_1(x) = \begin{vmatrix} y_1(x, s_1, \beta_1, h_0), x \in [0, s_1), \\ y_3(x, s_1, \beta_1, h_0), x \in [s_1, 1] \end{vmatrix} \quad Y_2(x) = \begin{vmatrix} y_0(x, h_0), x \in [0, x_p), \\ y_2(x, x_p, s_2, h_0), x \in [x_p, s_2), \\ 0, x \in [s_2, 1] \end{vmatrix}$$

Программа "Duck" позволяет:
1). Изготовить чертеж насадки с указанием положения пропеллера.
2). Изготовить чертежи профиля - сечения насадки.
3). Рассчитать координаты точек профиля – сечения.

PROGRAM "Duct"

1. Parameters of Duct: $Dp := 1.1 \quad Dd := 1.3 \quad L := 1 \quad xM := 0.33 \quad \delta := 0.02$

$$yM := \frac{Dd - Dp}{2} - \delta \qquad yM = 0.08$$

2. Parameters of Airfoil: $r := 0.01 \qquad xM = 0.33 \qquad yM = 0.08$

3. Upper Surface $\varepsilon := 10^{-4} \qquad \mu1(s1) := xM^3 - (xM - s1)^3$

$$d1(s1,\beta1) := -\frac{1 - \frac{xM}{r} - \left(1 - \frac{1}{r} - \sin(\beta1)\right) \cdot xM^2}{\mu1(s1) - \left[1 - (1 - s1)^3\right] \cdot xM^2} \qquad c1(s1,\beta1) := -\frac{1 - \frac{xM}{r} + d1(s1,\beta1) \cdot \mu1(s1)}{xM^2}$$

D3(L1) $\quad u1(x,s1,\beta1) := 1 - \frac{x}{r} + c1(s1,\beta1) \cdot x^2 + d1(s1,\beta1) \cdot x^3$

$$y1(x,s1,\beta1,h) := \sqrt{2 \cdot r \cdot \varepsilon} \cdot \left(1 - \frac{\varepsilon}{2 \cdot r}\right) + h + \int_{\varepsilon}^{x} \frac{u1(x,s1,\beta1)}{\sqrt{1 - u1(x,s1,\beta1)^2}} \, dx$$

D2(L3) $\quad u3(x,s1,\beta1) := u1(x,s1,\beta1) - d1(s1,\beta1) \cdot (x - s1)^3$

$$y3(x,s1,\beta1,h) := y1(s1,s1,\beta1,h) + \int_{s1}^{x} \frac{u3(x,s1,\beta1)}{\sqrt{1 - u3(x,s1,\beta1)^2}} \, dx$$

4. Lower Surface $\quad c2(xp,s2) := -\frac{1}{r \cdot (s2 - xp)} \qquad d2(xp,s2) := \frac{1}{3 \cdot r \cdot (s2 - xp)^2}$

D1(L0): $\quad y0(x,h) := -\sqrt{r^2 - (r - x)^2} + h \qquad u0(x) := -1 + \frac{x}{r}$

D3(L2): $\quad u2(x,xp,s2) := -1 + \frac{x}{r} + c2(xp,s2) \cdot (x - xp)^2 + d2(xp,s2) \cdot (x - xp)^3$

$$y2(x,xp,s2,h) := y0(xp,h) + \int_{xp}^{x} \frac{u2(x,xp,s2)}{\sqrt{1 - u2(x,xp,s2)^2}} \, dx$$

D0(L4) $\quad y4(x) := 0$

$$Rp := \frac{Dp}{2} \qquad Rd := \frac{Dd}{2}$$

5. Decition of Equations

$s1 := r \quad s2 := 2 \cdot r \quad \beta1 := 0 \quad k := 2 \quad h := r \quad xp := r \cdot \left(1 - \cos\left(2 \cdot \text{atan}\left(\frac{k \cdot yM}{xM - r}\right)\right)\right)$

$$H(s1,s2,\beta1,h) := s2 - s1 - \frac{u1(s1,s1,\beta1)}{1 + \sqrt{1 - u1(s1,s1,\beta1)^2}} \cdot y1(s1,s1,\beta1,h)$$

Given $\quad y3(xM,s1,\beta1,h) - yM = 0 \quad y3(1,s1,\beta1,h) = 0 \quad u2(s2,xp,s2) = 0 \quad y2(s2,xp,s2,h) = 0$

$H(s1,s2,\beta1,h) = 0$

$$\begin{bmatrix} xp \\ s1 \\ s2 \\ \beta 1 \\ h \end{bmatrix} := \text{Find}(xp, s1, s2, \beta 1, h) \quad xp = 0.00318 \quad s1 = 0.01853 \quad s2 = 0.02364 \quad \beta 1 = -0.076$$
$$h = 0.01123$$

$$Y1(x) := \begin{vmatrix} y1(x, s1, \beta 1, h) & \text{if } 0 \leq x < s1 \\ y3(x, s1, \beta 1, h) & \text{if } s1 \leq x < 1 \\ 0 & \text{if } x = 1 \end{vmatrix} \quad Y2(x) := \begin{vmatrix} y0(x, h) & \text{if } 0 \leq x < xp \\ y2(x, xp, s2, h) & \text{if } xp \leq x < s2 \\ 0 & \text{if } s2 \leq x < 1 \\ 0 & \text{if } x = 1 \end{vmatrix} \quad x := 0, 0.002 .. 1$$

6. Duct $x := 0, 0.001 .. 1$ $yp := -Rp, 0 .. Rp$ $ya := -Rd + h, 0 .. Rd - h$ $yb := -Rd, 0 .. Rd$
$xb := xM - 0.01, xM .. xM + 0.01$

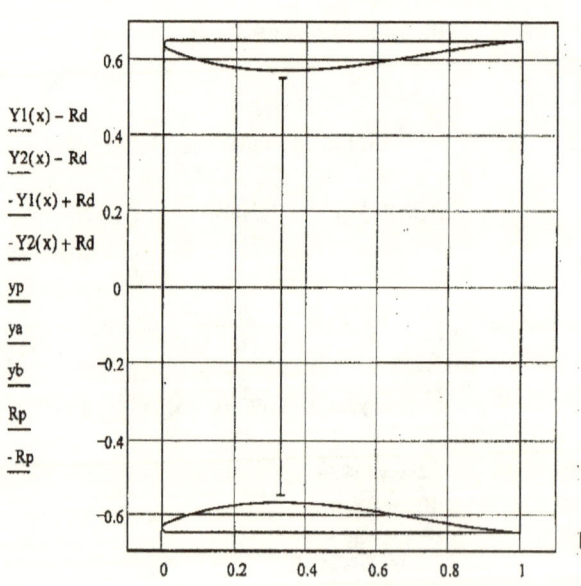

Fig. 1

7. Airfoil

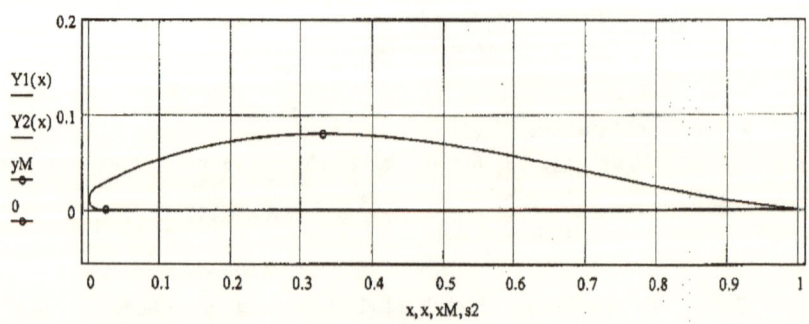

Fig. 2

8. Head of Airfoil

$yp := Y2(xp)$ $ys1 := Y1(s1)$ $x := 0, 0.00025 .. 0.05$

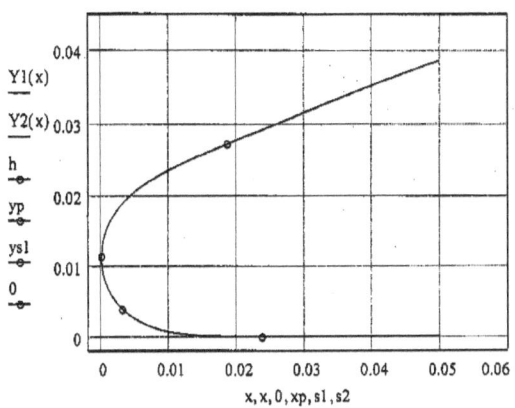

Fig. 3

9. Coordinates of Points

$$Yupper(x) := \begin{vmatrix} 0 & \text{if } |Y1(x)| < 10^{-5} \\ Y1(x) & \text{otherwise} \end{vmatrix} \quad Ylower(x) := \begin{vmatrix} 0 & \text{if } |Y2(x)| < 10^{-5} \\ Y2(x) & \text{otherwise} \end{vmatrix} \quad x := 0, 0.05 .. 1$$

x	Yupper(x)	Ylower(x)
0	0.0112	0.0112
0.05	0.0385	0
0.1	0.0532	0
0.15	0.0643	0
0.2	0.0721	0
0.25	0.0771	0
0.3	0.0796	0
0.35	0.0798	0
0.4	0.0781	0
0.45	0.0746	0
0.5	0.0697	0
0.55	0.0636	0
0.6	0.0565	0
0.65	0.0489	0
0.7	0.0408	0
0.75	0.0326	0
0.8	0.0246	0
0.85	0.0171	0
0.9	0.0103	0
0.95	0.0045	0
1	0	0

$x := 0, 0.0025 .. 0.05$

x	Yupper(x)	Ylower(x)
0	0.0112	0.0112
0.0025	0.018	0.0046
0.005	0.0205	0.0025
0.0075	0.0222	0.0014
0.01	0.0236	$6.9444 \cdot 10^{-4}$
0.0125	0.0247	$3.071 \cdot 10^{-4}$
0.015	0.0257	$1.1087 \cdot 10^{-4}$
0.0175	0.0267	$2.825 \cdot 10^{-5}$
0.02	0.0277	0
0.0225	0.0286	0
0.025	0.0296	0
0.0275	0.0305	0
0.03	0.0315	0
0.0325	0.0324	0
0.035	0.0333	0
0.0375	0.0342	0
0.04	0.0351	0
0.0425	0.0359	0
0.045	0.0368	0
0.0475	0.0377	0
0.05	0.0385	0
		0

Глава 6. Оптимизация параметров β_1 и β_2.

Задача F. Профили крыльев, для которых заданы параметры: $r, R_t, \xi_{0t}, \eta_{0t}$, x_M, x_m и определены $\beta_{1opt}, \beta_{2opt}$.

F.1. Постановка и решение задачи F.

Анализируя задачи B и D, невольно возникает вопрос: Нельзя ли найти оптимальные значения углов β_1 и β_2, введя некоторый критерий для их определения?

Поставим задачу: Выполнить математическое моделирование профиля крыла, для которого заданы параметры: $r, R_t, \xi_{0t}, \eta_{0t}, x_M, x_m$, а углы β_1 и β_2 доставляют минимум длин верхнего L_1 и нижнего L_2 контуров профиля.

Сформулированные требования отражены на Схеме моделирования F. Так как L_1 и L_2 являются интегральными характеристиками профиля, эти требования названы "интегральные условия".

Нетрудно заметить, что в задачах D и F совпадают степени D_n-кривых и порядки сращивания в точках. Если в задаче D углы β_1 и β_2 задаются, то в задаче F эти углы не заданы, но известно, что они обеспечивают выполнение интегральных условий. В этом состоит отличие задач. Искомые значения β_1 и β_2 обозначены β_{1opt} и β_{2opt}.

Опуская перечень граничных условий, запишем лишь интегральные условия задачи F в виде:

$$\frac{\partial L_1(\beta_1)}{\partial \beta_1} = 0, \quad \frac{\partial L_2(\beta_2)}{\partial \beta_2} = 0, \qquad (F.1), (F.2)$$

Аналитическое представление производных (F.1) и (F.3) имеет громоздкий вид, а в силу зависимостей s_1 и t_1 от угла β_1 и зависимостей x_p, s_2, t_2 от угла β_2 уравнения для определения β_{1opt} и β_{2opt} становятся "неподъемными". Обойдем ука-

Схема моделирования F

1. Эскиз профиля крыла.

   Заданы параметры: $r, R_t, \xi_{0t}, \eta_{0t}, x_M, x_m$

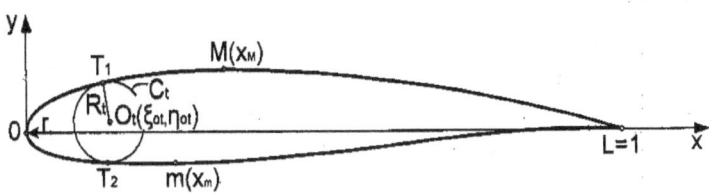

2. Линии профиля и точки сращивания.

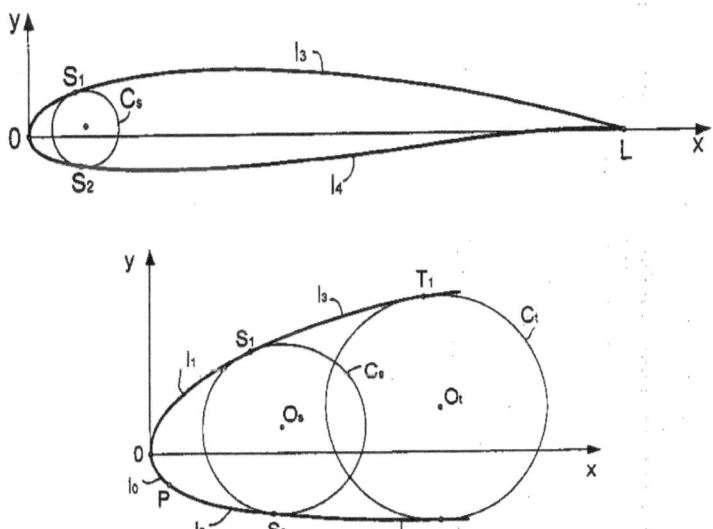

3. Составные кривые:

   верхний контур - $D_3(l_1) \oplus D_3(l_3)$;

   нижний контур - $D_1(l_0) \oplus D_3(l_2) \oplus D_3(l_4)$.

4. Порядок сращивания кривых в точках:

   $O(2), P(2), S_1(3), S_2(3), L(0)$

5. Интегральные условия:

   $L_1(\beta_1) \to \min,\ \beta_1 \to \beta_{1opt},$ $\qquad L_2(\beta_2) \to \min,\ \beta_2 \to \beta_{2opt},$

   $\beta_{1opt}, \beta_{2opt}$ - оптимальные значения углов β_1, β_2.

занное неудобство, вычислив $L_1(\beta_1)$ и $L_2(\beta_2)$ для нескольких значений β_1 и β_2. Затем построим графики $L_1 = L_1(\beta_1)$ и $L_2 = L_2(\beta_2)$, которые позволят найти углы β_{1opt} и β_{2opt}, доставляющие минимум длин $L_1(\beta_1)$ и $L_2(\beta_2)$.

Решение задачи.

Функции кривых верхнего контура

$$D_3(l_1): \quad y_1(x) = \sqrt{2 \cdot r \cdot \varepsilon}\left(1 - \frac{\varepsilon}{2 \cdot r}\right) + \int_\varepsilon^x \frac{u_1(x)}{\sqrt{1 - u_1(x)^2}} dx, \quad x \in [0, s_1]$$

$$u_1(x) = 1 - \frac{x}{r} + c_1 x^2 + d_1 x^3,$$

$$D_3(l_3): \quad y_3(x) = y_1(s_1) + \int_{s_1}^x \frac{u_3(x)}{\sqrt{1 - u_3(x)^2}} dx, \quad x \in [s_1, 1],$$

$$u_3(x) = u_1(x) - d_{13}(x - s_1)^3,$$

где

$$d_{13} = d_{13}(s_1, t_1, \beta_1) = \frac{A_1(t_1) \cdot x_M{}^2 - B_1 \cdot t_1{}^2 - D_1(\beta_1) \cdot \lambda_1(t_1)}{(x_M - s_1)^3 t_1{}^2 - (t_1 - s_1)^3 x_M{}^2 + E_1(s_1)\lambda_1(t_1)},$$

$$d_1 = d_1(s_1, t_1, \beta_1) = -\frac{D_1(\beta_1) + E_1(s_1) \cdot d_{13}(s_1, t_1, \beta_1)}{(1 - x_M) x_M{}^2},$$

$$c_1 = c_1(s_1, t_1, \beta_1) = C_1(\beta_1) - d_1(s_1, t_1, \beta_1) + (1 - s_1)^3 d_{13}(s_1, t_1, \beta_1),$$

$$A_1(t_1) = -1 + \frac{t_1}{r} + \frac{\xi_{0t} - t_1}{R_t}, \quad B_1 = -1 + \frac{x_M}{r}, \quad C_1(\beta_1) = -1 + \frac{1}{r} + \sin\beta_1,$$

$$D_1(\beta_1) = B_1 - C_1(\beta_1) x_M{}^2, \quad E_1(s_1) = (x_M - s_1)^3 - (1 - s_1)^3 x_M{}^2,$$

$$\lambda_1(t_1) = \frac{x_M - t_1}{1 - x_M} \cdot t_1{}^2$$

Задавая β_1 в окрестности предполагаемого значения β_{1opt}, находим неизвестные s_1, t_1 из уравнений

$$\begin{cases} y_3(t_1, s_1, t_1, \beta_1) - yT_1(t_1) = 0, \\ y_3(1, s_1, t_1, \beta_1) = 0, \end{cases}$$

затем вычисляем длину верхнего контура по формуле

$$L_1 = L_1(s_1, t_1, \beta_1) = \int_0^{s_1} \frac{1}{\sqrt{1 - u_1(x, s_1, t_1, \beta_1)^2}} dx + \int_{s_1}^1 \frac{1}{\sqrt{1 - u_3(x, s_1, t_1, \beta_1)^2}} dx$$

Выполняя эти расчеты для нескольких значений угла β_1, получим график зависимости, который изображен на рисунке 16. Определив β_{1opt}, находим соответст-

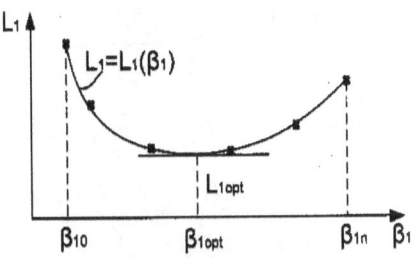

Рис.16. График зависимости $L_1 = L_1(\beta_1)$

вующие этому углу s_1 и t_1.

Главные функции верхнего контура:

$$Y_1(x) = \begin{vmatrix} y_1(x,s_1,t_1,\beta_{1opt}), x \in [0,s_1] \\ y_3(x,s_1,t_1,\beta_{1opt}), x \in [s_1,1] \end{vmatrix}, \quad U_1(x) = \begin{vmatrix} u_1(x,s_1,t_1,\beta_{1opt}), x \in [0,s_1] \\ u_3(x,s_1,t_1,\beta_{1opt}), x \in [s_1,1] \end{vmatrix}$$

Функции кривых нижнего контура.

$$D_1(l_0): \quad y_0(x) = -\sqrt{r^2 - (r-x)^2}, \quad u_0(x) = -1 + \frac{x}{r}, \quad x \in [0, x_p].$$

$$D_3(l_2): \quad y_2(x) = y_0(x_p) + \int_{x_p}^{x} \frac{u_2(x)}{\sqrt{1 - u_2(x)^2}} dx, \quad x \in [x_p, s_2]$$

$$u_2(x) = -1 + \frac{x}{r} + c_2(x - x_p)^2 + d_2(x - x_p)^3,$$

$$D_3(l_4): \quad y_4(x) = y_2(s_2) + \int_{s_2}^{x} \frac{u_4(x)}{\sqrt{1 - u_4(x)^2}} dx, \quad x \in [s_2, 1],$$

$$u_4(x) = u_2(x) - d_{24}(x - x_p)^3,$$

$$d_{24} = d_{24}(x_p, s_2, t_2, \beta_2) =$$

$$= -\frac{A_2(t_2) \cdot (x_m - x_p)^2 - B_2 \cdot (t_2 - x_p)^2 - D_2(x_p, \beta_2) \cdot \lambda_2(x_p, t_2)}{(t_2 - s_2)^3 (x_m - x_p)^2 - (x_m - s_2)^3 (t_2 - x_p)^2 - E_2(x_p, s_2) \cdot \lambda(x_p, t_2)}$$

$$d_2 = d_2(x_p, s_2, t_2, \beta_2) = -\frac{D_2(x_p, \beta_2) + E_2(x_p, s_2) \cdot d_{24}(x_p, s_2, t_2, \beta_2)}{(x_m - x_p)^2 (1 - x_p)^2 (1 - x_m)},$$

$$c_2 = c_2(x_p, s_2, t_2, \beta_2) =$$

$$= \frac{C_2(\beta_2) - (1 - x_p)^3 d_2(x_p, s_2, t_2, \beta_2) + (1 - s_2)^3 d_{24}(x_p, s_2, t_2, \beta_2)}{(1 - x_p)^2},$$

где $\quad A_2(t_1) = 1 - \dfrac{t_2}{r} - \dfrac{\xi_{0t} - t_2}{R_t}, \quad B_2 = 1 - \dfrac{x_m}{r}, \quad C_2(\beta_2) = 1 - \dfrac{1}{r} + \sin\beta_2,$

$$D_2(x_p, \beta_2) = B_2(1 - x_p)^2 - C_2(\beta_2)(x_m - x_p)^2,$$

$$E_2(x_p, s_2) = (x_m - s_2)^3(1 - x_p)^2 - (1 - s_2)^3(x_m - x_p)^2,$$

$$\lambda_2(x_p, t_2) = \frac{(x_m - t_2)(t_2 - x_p)^2}{(1 - x_m)(1 - x_p)^2}.$$

Задавая β_2 в окрестности предполагаемого значения β_{2opt}, находим неизвестные x_p, s_2, t_2 из уравнений

$$\begin{cases} y_4(t_2, x_p, s_2, t_2, \beta_2) - yT_2(t_2) = 0, \\ y_4(1, x_p, s_2, t_2, \beta_2) = 0, \\ H(x_p, s_2, t_2, \beta_2) = 0, \end{cases}$$

где
$$H(x_p, s_2, t_2, \beta_2) =$$

$$= s_2 - s_1 + \frac{u_2(s_2, x_p, s_2, t_2, \beta_2) + u_{1s}}{\sqrt{1 - u_2(s_2, x_p, s_2, t_2, \beta_2)^2} + \sqrt{1 - u_{1s}^2}} \left[y_2(s_2, x_p, s_2, t_2, \beta_2) - y_{1s} \right],$$

$$u_{1s} = u_1(s_1, s_1, t_1, \beta_{1opt}), \qquad y_{1s} = y_1(s_1, s_1, t_1, \beta_{1opt}).$$

Длину нижнего контура вычисляем по формуле
$$L_2 = L_2(x_p, s_2, t_2, \beta_2) =$$

$$= L_0(x_p) + \int_{x_p}^{s_2} \frac{1}{\sqrt{1 - u_2(x, x_p, s_2, t_2, \beta_2)^2}} dx + \int_{s_2}^{1} \frac{1}{\sqrt{1 - u_4(x, x_p, s_2, t_2, \beta_2)^2}} dx,$$

где
$$L_0(x_p) = r \cdot \arccos\left(1 - \frac{x_p}{r}\right).$$

Выполняя расчеты для нескольких значений угла β_2, получим график зависимости $L_2 = L_2(\beta_2)$. Определив значение β_{2opt}, находим соответсвующие этому углу x_p, s_2, t_2.

Главные функции нижнего контура профиля имеют вид:

$$Y_2(x) = \begin{vmatrix} y_0(x), x \in [0, x_p] \\ y_2(x, x_p, s_2, t_2, \beta_{2opt}), x \in [x_p, s_2] \\ y_4(x, x_p, s_2, t_2, \beta_{2opt}), x \in [s_2, 1] \end{vmatrix} \quad U_2(x) = \begin{vmatrix} u_0(x), x \in [0, x_p] \\ u_2(x, x_p, s_2, t_2, \beta_{2opt}), x \in [x_p, s_2] \\ u_4(x, x_p, s_2, t_2, \beta_{2opt}), x \in [s_2, 1] \end{vmatrix}$$

F.2. Программа F.

Программа F содержит 7 разделов.
1) Ввод параметров: $r, R_t, \xi_{0t}, \eta_{0t}, x_M, x_m$.
2) Для верхнего контура профиля программа включает:
   - запись расчетных формул коэффициентов $c_1(s_1, t_1, \beta_1), d_1(s_1, t_1, \beta_1)$ и $d_{13}(s_1, t_1, \beta_1)$;
   - запись функций кривых $D_3(l_1)$ и $D_3(l_3)$;
   - расчет длин верхнего контура $L_{1i} = L_1(s_1, t_1, \beta_{1i})$, где $\beta_{1i} = -0.4 + 0.1 \cdot i$, $i = 0, 1, \ldots 4$;
   - определение угла β_{1opt} и соответствующих этому углу абсцисс s_1, t_1;
   - запись главных функций $Y_1(x), U_1(x)$.
3) Для нижнего контура профиля программа включает:
   - запись расчетных формул коэффициентов $c_2(x_p, s_2, t_2, \beta_2), d_2(x_p, s_2, t_2, \beta_2)$ и $d_{24}(x_p, s_2, t_2, \beta_2)$;
   - запись функций кривых $D_1(l_0), D_3(l_2)$ и $D_3(l_4)$;
   - расчет длин нижнего контура $L_{2i} = L_2(x_p, s_2, t_2, \beta_{2i})$, где $\beta_{2i} = -0.2 + 0.1 \cdot i$, $i = 0, 1, \ldots 4$;
   - определение угла β_{2opt} и соответствующих этому углу абсцисс x_p, s_2, t_2;
   - запись главных функций $Y_2(x), U_2(x)$.

4) Формулы для расчета окружности C_i.
5) Уравнение для расчета хорды профиля.
6) Чертеж профиля и хорды.
7) Таблицу координат профиля и хорды.

Для задачи F выполнены систематические расчеты.

MATHEMATICAL DESIGN OF WING SECTIONS

PROGRAM F

1. Parameters: $r := 0.015$ $Rt := 0.05$ $\xi ot := 0.15$ $\eta ot := 0.02$ $xM := 0.35$ $xm := 0.3$

2. Upper Surface $A1(t1) := -1 + \dfrac{t1}{r} + \dfrac{\xi ot - t1}{Rt}$ $B1 := -1 + \dfrac{xM}{r}$ $C1(\beta 1) := -1 + \dfrac{1}{r} + \sin(\beta 1)$

$$D1(\beta 1) := B1 - C1(\beta 1) \cdot xM^2 \qquad E1(s1) := (xM - s1)^3 - (1 - s1)^3 \cdot xM^2 \qquad \lambda 1(t1) := \dfrac{xM - t1}{1 - xM} \cdot t1^2$$

$$d13(s1, t1, \beta 1) := \dfrac{A1(t1) \cdot xM^2 - B1 \cdot t1^2 - D1(\beta 1) \cdot \lambda 1(t1)}{(xM - s1)^3 \cdot t1^2 - (t1 - s1)^3 \cdot xM^2 + E1(s1) \cdot \lambda 1(t1)}$$

$$d1(s1, t1, \beta 1) := -\dfrac{D1(\beta 1) + E1(s1) \cdot d13(s1, t1, \beta 1)}{xM^2 \cdot (1 - xM)}$$

$$c1(s1, t1, \beta 1) := C1(\beta 1) - d1(s1, t1, \beta 1) + (1 - s1)^3 \cdot d13(s1, t1, \beta 1)$$

D3(L1) $u1(x, s1, t1, \beta 1) := 1 - \dfrac{x}{r} + c1(s1, t1, \beta 1) \cdot x^2 + d1(s1, t1, \beta 1) \cdot x^3$

$$\varepsilon := 10^{-4} \qquad y1(x, s1, t1, \beta 1) := \sqrt{2 \cdot r \cdot \varepsilon} \cdot \left(1 - \dfrac{\varepsilon}{2 \cdot r}\right) + \int_{\varepsilon}^{x} \dfrac{u1(x, s1, t1, \beta 1)}{\sqrt{1 - u1(x, s1, t1, \beta 1)^2}} \, dx$$

D3(L3) $u3(x, s1, t1, \beta 1) := u1(x, s1, t1, \beta 1) - d13(s1, t1, \beta 1) \cdot (x - s1)^3$

$$y3(x, s1, t1, \beta 1) := y1(s1, s1, t1, \beta 1) + \int_{s1}^{x} \dfrac{u3(x, s1, t1, \beta 1)}{\sqrt{1 - u3(x, s1, t1, \beta 1)^2}} \, dx$$

$$yT1(t1) := \eta ot + \sqrt{Rt^2 - (\xi ot - t1)^2}$$

Length $La(s1, t1, \beta 1) := \displaystyle\int_{0}^{s1} \dfrac{1}{\sqrt{1 - u1(x, s1, t1, \beta 1)^2}} \, dx + \int_{s1}^{1} \dfrac{1}{\sqrt{1 - u3(x, s1, t1, \beta 1)^2}} \, dx$

Definition β1opt $s1 := 2 \cdot r$ $t1 := \xi ot$ $i := 0, 1 .. 5$ $\beta 1_i := -0.5 + 0.1 \cdot i$

a. $i := 0$ Given $y3(t1, s1, t1, \beta 1_i) - yT1(t1) = 0$ $y3(1, s1, t1, \beta 1_i) = 0$ $\begin{pmatrix} s1 \\ t1 \end{pmatrix} := \text{Find}(s1, t1)$

$L1_i := La(s1, t1, \beta 1_i)$

b. $i := 1$ Given $y3(t1, s1, t1, \beta 1_i) - yT1(t1) = 0$ $y3(1, s1, t1, \beta 1_i) = 0$ $\begin{pmatrix} s1 \\ t1 \end{pmatrix} := \text{Find}(s1, t1)$

$L1_i := La(s1, t1, \beta 1_i)$

c. $i := 2$ Given $y3(t1, s1, t1, \beta 1_i) - yT1(t1) = 0$ $y3(1, s1, t1, \beta 1_i) = 0$ $\begin{pmatrix} s1 \\ t1 \end{pmatrix} := \text{Find}(s1, t1)$

$L1_i := La(s1, t1, \beta 1_i)$

d. $i := 3$ Given $y3(t1, s1, t1, \beta 1_i) - yT1(t1) = 0$ $y3(1, s1, t1, \beta 1_i) = 0$ $\begin{pmatrix} s1 \\ t1 \end{pmatrix} := \text{Find}(s1, t1)$

$L1_i := La(s1, t1, \beta 1_i)$

e. $i := 4$ Given $y3(t1, s1, t1, \beta1_i) - yT1(t1) = 0$ $y3(1, s1, t1, \beta1_i) = 0$ $\begin{pmatrix} s1 \\ t1 \end{pmatrix} := \text{Find}(s1, t1)$

$L1_i := La(s1, t1, \beta1_i)$

f. $i := 5$ Given $y3(t1, s1, t1, \beta1_i) - yT1(t1) = 0$ $y3(1, s1, t1, \beta1_i) = 0$ $\begin{pmatrix} s1 \\ t1 \end{pmatrix} := \text{Find}(s1, t1)$

$L1_i := La(s1, t1, \beta1_i)$

$i := 0, 1 .. 5$ $\beta1_i$ $L1_i$ $x_i := \beta1_i$ $y_i := L1_i$ $v := \text{lspline}(x, y)$ $f(s) := \text{interp}(v, \beta1, L1, s)$

$\beta1_i$	$L1_i$
-0.5	1.0334
-0.4	1.0316
-0.3	1.0306
-0.2	1.0302
-0.1	1.0307
0	1.0318

$s := -0.15$ $s := \text{root}\left(\dfrac{d}{ds}f(s) - 0.005, s\right)$ $s\beta1 := s$ $s\beta1 = -0.137$

$s := \text{root}\left(\dfrac{d}{ds}f(s) + 0.005, s\right)$ $s\beta2 := s$ $s\beta2 = -0.275$

$\beta1\text{opt} := \dfrac{1}{2}(s\beta1 + s\beta2)$ $\beta1\text{opt} = -0.206$

$s := -0.5, -0.49 .. 0$

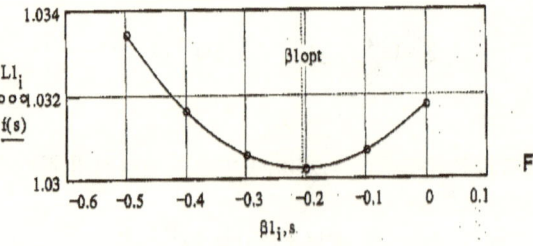

Fig. 1

$s1 := 2 \cdot r$ $t1 := \xi \text{ot}$

$\beta1 := \beta1\text{opt}$

Given $y3(t1, s1, t1, \beta1) - yT1(t1) = 0$ $y3(1, s1, t1, \beta1) = 0$ $\begin{pmatrix} s1 \\ t1 \end{pmatrix} := \text{Find}(s1, t1)$ $L1 := La(s1, t1, \beta1)$

$s1 = 0.02225$ $t1 = 0.13697$ $\beta1\text{opt} = -0.206$

Main Functions Y1(x), U1(x)

$Y1(x) := \begin{vmatrix} y1(x, s1, t1, \beta1\text{opt}) & \text{if } 0 \le x < s1 \\ y3(x, s1, t1, \beta1\text{opt}) & \text{if } s1 \le x < 1 \\ 0 & \text{if } x = 1 \end{vmatrix}$ $U1(x) := \begin{vmatrix} u1(x, s1, t1, \beta1\text{opt}) & \text{if } 0 \le x \le s1 \\ u3(x, s1, t1, \beta1\text{opt}) & \text{if } s1 \le x < 1 \\ \sin(\beta1\text{opt}) & \text{if } x = 1 \end{vmatrix}$

$ys1 := Y1(s1)$ $us1 := U1(s1)$ $yt1 := Y1(t1)$ $yM := Y1(xM)$

3. Lower Surface $A2(t2) := 1 - \dfrac{t2}{r} - \dfrac{\xi \text{ot} - t2}{Rt}$ $B2 := 1 - \dfrac{xm}{r}$ $C2(\beta2) := 1 - \dfrac{1}{r} + \sin(\beta2)$

$D2(xp, \beta2) := B2 \cdot (1 - xp)^2 - C2(\beta2) \cdot (xm - xp)^2$

$E2(xp, s2) := (xm - s2)^3 \cdot (1 - xp)^2 - (1 - s2)^3 \cdot (xm - xp)^2$ $\lambda2(xp, t2) := \dfrac{(xm - t2) \cdot (t2 - xp)^2}{(1 - xm) \cdot (1 - xp)^2}$

$d24(xp, s2, t2, \beta2) := -\dfrac{A2(t2) \cdot (xm - xp)^2 - B2 \cdot (t2 - xp)^2 - D2(xp, \beta2) \cdot \lambda2(xp, t2)}{(t2 - s2)^3 \cdot (xm - xp)^2 - (xm - s2)^3 \cdot (t2 - xp)^2 - E2(xp, s2) \cdot \lambda2(xp, t2)}$

$d2(xp, s2, t2, \beta2) := -\dfrac{1}{(xm - xp)^2 \cdot (1 - xp)^2 \cdot (1 - xm)} \cdot (D2(xp, \beta2) + E2(xp, s2) \cdot d24(xp, s2, t2, \beta2))$

$$c2(xp, s2, t2, \beta2) := \frac{1}{(1-xp)^2} \cdot \left[C2(\beta2) - (1-xp)^3 \cdot d2(xp, s2, t2, \beta2) + (1-s2)^3 \cdot d24(xp, s2, t2, \beta2) \right]$$

D1(L0) $\qquad y0(x) := -\sqrt{r^2 - (r-x)^2} \qquad u0(x) := -1 + \frac{x}{r} \qquad k0 := \frac{1}{r}$

D3(L2) $\qquad u2(x, xp, s2, t2, \beta2) := -1 + \frac{x}{r} + c2(xp, s2, t2, \beta2) \cdot (x-xp)^2 + d2(xp, s2, t2, \beta2) \cdot (x-xp)^3$

$$y2(x, xp, s2, t2, \beta2) := y0(xp) + \int_{xp}^{x} \frac{u2(x, xp, s2, t2, \beta2)}{\sqrt{1 - u2(x, xp, s2, t2, \beta2)^2}} \, dx$$

D3(L4) $\qquad u4(x, xp, s2, t2, \beta2) := u2(x, xp, s2, t2, \beta2) - d24(xp, s2, t2, \beta2) \cdot (x-s2)^3$

$$y4(x, xp, s2, t2, \beta2) := y2(s2, xp, s2, t2, \beta2) + \int_{s2}^{x} \frac{u4(x, xp, s2, t2, \beta2)}{\sqrt{1 - u4(x, xp, s2, t2, \beta2)^2}} \, dx$$

$$yT2(t2) := \eta ot - \sqrt{Rt^2 - (\xi ot - t2)^2}$$

Length $\qquad L0(xp) := r \cdot a\cos\left(1 - \frac{xp}{r}\right)$

$$Lb(xp, s2, t2, \beta2) := L0(xp) + \int_{xp}^{s2} \frac{1}{\sqrt{1 - u2(x, xp, s2, t2, \beta2)^2}} \, dx + \int_{s2}^{1} \frac{1}{\sqrt{1 - u4(x, xp, s2, t2, \beta2)^2}} \, dx$$

Definition β2opt $\qquad s2 := 2 \cdot r \qquad t2 := \xi ot \qquad k := 2 \qquad xp := r \cdot \left(1 - \cos\left(2 \cdot a\tan\left(\frac{k \cdot \eta ot}{\xi ot - r}\right)\right)\right)$

$$H(xp, s2, t2, \beta2) := s2 - s1 + \frac{u2(s2, xp, s2, t2, \beta2) + us1}{\sqrt{1 - u2(s2, xp, s2, t2, \beta2)^2} + \sqrt{1 - us1^2}} \cdot (y2(s2, xp, s2, t2, \beta2) - ys1)$$

$$i := 0, 1 .. 5 \qquad \beta2_i := -0.2 + 0.1 \cdot i$$

a. $i := 0 \quad$ Given $\quad H(xp, s2, t2, \beta2_i) = 0 \quad y4(t2, xp, s2, t2, \beta2_i) - yT2(t2) = 0 \quad y4(1, xp, s2, t2, \beta2_i) = 0$

$$\begin{pmatrix} xp \\ s2 \\ t2 \end{pmatrix} := \text{Find}(xp, s2, t2) \qquad L2_i := Lb(xp, s2, t2, \beta2_i)$$

b. $i := 1 \quad$ Given $\quad H(xp, s2, t2, \beta2_i) = 0 \quad y4(t2, xp, s2, t2, \beta2_i) - yT2(t2) = 0 \quad y4(1, xp, s2, t2, \beta2_i) = 0$

$$\begin{pmatrix} xp \\ s2 \\ t2 \end{pmatrix} := \text{Find}(xp, s2, t2) \qquad L2_i := Lb(xp, s2, t2, \beta2_i)$$

c. $i := 2 \quad$ Given $\quad H(xp, s2, t2, \beta2_i) = 0 \quad y4(t2, xp, s2, t2, \beta2_i) - yT2(t2) = 0 \quad y4(1, xp, s2, t2, \beta2_i) = 0$

$$\begin{pmatrix} xp \\ s2 \\ t2 \end{pmatrix} := \text{Find}(xp, s2, t2) \qquad L2_i := Lb(xp, s2, t2, \beta2_i)$$

d. $i := 3$ Given $H(xp, s2, t2, \beta2_i) = 0 \quad y4(t2, xp, s2, t2, \beta2_i) - yT2(t2) = 0 \quad y4(1, xp, s2, t2, \beta2_i) = 0$

$$\begin{pmatrix} xp \\ s2 \\ t2 \end{pmatrix} := \text{Find}(xp, s2, t2) \qquad L2_i := Lb(xp, s2, t2, \beta2_i)$$

e. $i := 4$ Given $H(xp, s2, t2, \beta2_i) = 0 \quad y4(t2, xp, s2, t2, \beta2_i) - yT2(t2) = 0 \quad y4(1, xp, s2, t2, \beta2_i) = 0$

$$\begin{pmatrix} xp \\ s2 \\ t2 \end{pmatrix} := \text{Find}(xp, s2, t2) \qquad L2_i := Lb(xp, s2, t2, \beta2_i)$$

f. $i := 5$ Given $H(xp, s2, t2, \beta2_i) = 0 \quad y4(t2, xp, s2, t2, \beta2_i) - yT2(t2) = 0 \quad y4(1, xp, s2, t2, \beta2_i) = 0$

$$\begin{pmatrix} xp \\ s2 \\ t2 \end{pmatrix} := \text{Find}(xp, s2, t2) \qquad L2_i := Lb(xp, s2, t2, \beta2_i)$$

$i := 0, 1 .. 5 \quad \beta2_i \qquad L2_i \qquad x_i := \beta2_i \quad y_i := L2_i \quad v := \text{lspline}(x, y) \quad f(s) := \text{interp}(v, \beta2, L2, s)$

$\beta2_i$	$L2_i$
-0.2	1.0129
-0.1	1.0115
0	1.0108
0.1	1.0108
0.2	1.0114
0.3	1.0128

$s := 0 \qquad s := \text{root}\left(\dfrac{d}{ds}f(s) - 0.005, s\right) \qquad s\beta1 := s \quad s\beta1 = 0.129$

$s := \text{root}\left(\dfrac{d}{ds}f(s) + 0.005, s\right) \qquad s\beta2 := s \quad s\beta2 = -0.01$

$\beta2\text{opt} := \dfrac{1}{2}(s\beta1 + s\beta2) \qquad \beta2\text{opt} = 0.059$

$s := -0.2, -0.19 .. 0.3$

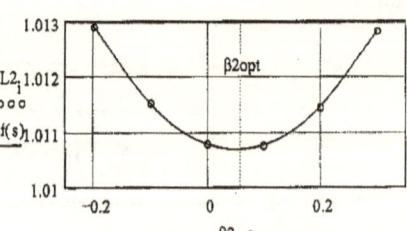

Fig. 2

$s2 := 2 \cdot r \qquad t2 := \xi ot \qquad \beta2\text{opt} = 0.05916$

Given $H(xp, s2, t2, \beta2\text{opt}) = 0 \quad y4(t2, xp, s2, t2, \beta2\text{opt}) - yT2(t2) = 0 \quad y4(1, xp, s2, t2, \beta2\text{opt}) = 0$

$$\begin{pmatrix} xp \\ s2 \\ t2 \end{pmatrix} := \text{Find}(xp, s2, t2)$$

$xp = 0.00431 \qquad s2 = 0.02989 \qquad t2 = 0.14684$

Main Functions Y2(x), U2(x)

$$Y2(x) := \begin{vmatrix} y0(x) & \text{if } 0 \le x < xp \\ y2(x,xp,s2,t2,\beta 2opt) & \text{if } xp \le x < s2 \\ y4(x,xp,s2,t2,\beta 2opt) & \text{if } s2 \le x \le 1 \\ 0 & \text{if } x = 1 \end{vmatrix} \qquad U2(x) := \begin{vmatrix} u0(x) & \text{if } 0 \le x < xp \\ u2(x,xp,s2,t2,\beta 2opt) & \text{if } xp \le x < s2 \\ u4(x,xp,s2,t2,\beta 2opt) & \text{if } s2 \le x < 1 \\ \sin(\beta 2opt) & \text{if } x = 1 \end{vmatrix}$$

$$yp := Y2(xp) \quad ys2 := Y2(s2) \quad yt2 := Y2(t2) \quad ym := Y2(xm)$$

4. Circle Ct $\quad \xi t(\theta) := \xi ot + Rt \cdot \cos(\theta) \quad \eta t(\theta) := \eta ot + Rt \cdot \sin(\theta) \quad \theta := 0, \dfrac{\pi}{50} .. 2 \cdot \pi$

5. Camber line $\quad H(c,d) := d - c + \dfrac{U2(d) + U1(c)}{\sqrt{1 - U2(d)^2} + \sqrt{1 - U1(c)^2}} \cdot (Y2(d) - Y1(c))$

$$d := 3 \cdot r \qquad d(c) := \text{root}(H(c,d),d) \qquad \rho(c) := -\dfrac{Y2(d(c)) - Y1(c)}{\sqrt{1 - U2(d(c))^2} + \sqrt{1 - U1(c)^2}}$$

$$xc(c) := \begin{vmatrix} r & \text{if } c = 0 \\ c + \rho(c) \cdot U1(c) & \text{if } 0 < c < 1 \\ 1 & \text{if } c = 1 \end{vmatrix} \qquad yc(c) := \begin{vmatrix} 0 & \text{if } c = 0 \\ Y1(c) - \rho(c) \cdot \sqrt{1 - U1(c)^2} & \text{if } 0 < c < 1 \\ 0 & \text{if } c = 1 \end{vmatrix}$$

6. Airfoil

$r = 0.015 \quad Rt = 0.05 \quad \xi ot = 0.15 \quad \eta ot = 0.02 \quad xM = 0.35 \quad xm = 0.3$

$x := 0, 0.002 .. 1 \qquad c := 0, 0.05 .. 1$

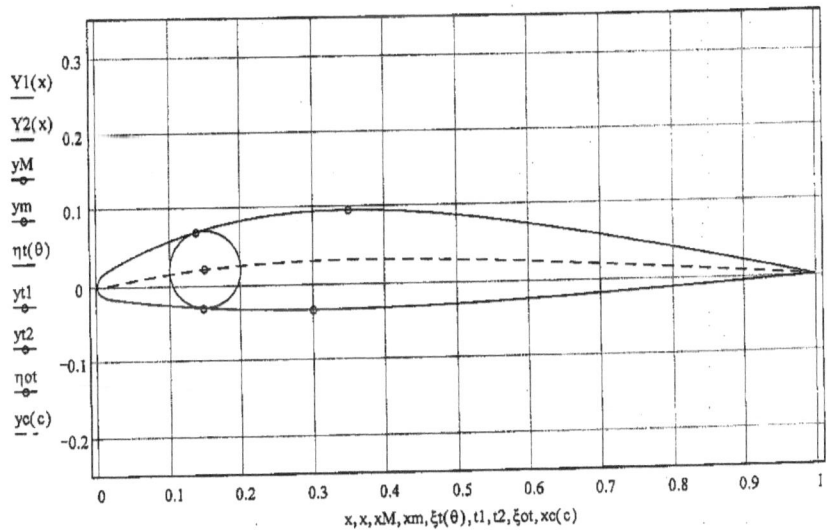

Fig. 3

$x := 0, 0.05 .. 1 \qquad Yupper(x) := \begin{vmatrix} 0 & \text{if } x = 0 \\ Y1(x) & \text{otherwise} \end{vmatrix} \qquad Ylower(x) := \begin{vmatrix} 0 & \text{if } x = 0 \\ Y2(x) & \text{otherwise} \end{vmatrix}$

7. Coordinates of Points

x	Airfoil Yupper(x)	Ylower(x)	Camber line xc(c)	yc(c)
0	0	0	0.015	0
0.05	0.0371	-0.0211	0.063	0.0088
0.1	0.057	-0.0263	0.114	0.016
0.15	0.0716	-0.0301	0.1625	0.0212
0.2	0.082	-0.0326	0.2096	0.0249
0.25	0.0887	-0.034	0.2563	0.0275
0.3	0.0925	-0.0344	0.303	0.0291
0.35	0.0936	-0.034	0.35	0.0298
0.4	0.0926	-0.0329	0.3975	0.0298
0.45	0.0897	-0.0313	0.4455	0.0292
0.5	0.0853	-0.0293	0.4942	0.0281
0.55	0.0796	-0.0268	0.5434	0.0265
0.6	0.0729	-0.0242	0.5931	0.0245
0.65	0.0653	-0.0213	0.6432	0.0221
0.7	0.0571	-0.0183	0.6936	0.0195
0.75	0.0484	-0.0152	0.7443	0.0167
0.8	0.0393	-0.0121	0.7952	0.0137
0.85	0.0299	-0.009	0.8463	0.0105
0.9	0.0202	-0.006	0.8974	0.0072
0.95	0.0103	-0.003	0.9487	0.0037
1	0	0	1	0

Глава 7. Определение на профиле точки максимальной кривизны.

Задача G. Профили крыльев, для которых заданы параметры: r, x_M, y_M, x_m, y_m

G.1. Постановка и решение задачи G.

Во всех предыдущих задачах было принято, что линию l_0 моделирует кривая $D_1(l_0)$ - дуга окружности. Это предположение является приближенным и предназначено для упрощения схем моделирования.

Рассмотрим в этой главе вопрос определения на профиле точки максимальной кривизны. Воспользуемся решением задачи A в части моделирования верхнего контура Γ_1, а для нижнего контура Γ_2 реализуем свойство 7, которое рассмотрено в Главе 1, п. 1.2, то есть продлим кривую $D_3(l_1)$ за точку 0 в нижнюю полуплоскость, обозначив ее часть ниже оси $0x$ как $D_3(l_0)$. Пусть Q - точка сращивания кривых $D_3(l_0)$ и $D_3(l_2)$, которая, как будет показано, является точкой максимальной кривизны профиля.

Эти положения отражены в Схеме моделирования G, где записаны составные кривые, моделирующие Γ_1 и Γ_2, и перечислены порядки сращивания в точках Q, S_1, S_2, L.

Запишем граничные условия для нижнего контура:

$$x = 0 \qquad y_0(0) = 0, \quad u_0(0) = -1, \quad k_0(0) = \frac{1}{r}, \qquad (G.1), (G.2), (G.3),$$

$$x = x_q \qquad y_0(x_q) = y_2(x_q), \quad u_0(x_q) = u_2(x_q), \qquad (G.4), (G.5),$$
$$k_0(x_q) = k_2(x_q), \qquad (G.6),$$

$$x = s_2 \qquad y_2(s_2) = y_4(s_2), \quad u_2(s_2) = u_4(s_2), \qquad (G.7), (G.8),$$
$$k_2(s_2) = k_4(s_2), \quad g_2(s_2) = g_4(s_2), \qquad (G.9), (G.10),$$

Схема моделирования G

1. Эскиз профиля крыла.

   Заданы параметры: r, x_M, y_M, x_m, y_m

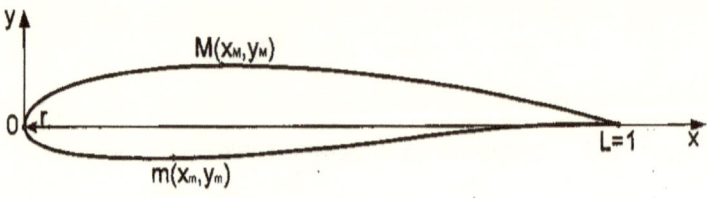

2. Линии профиля и точки сращивания.

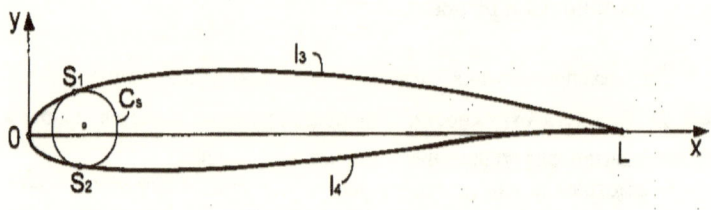

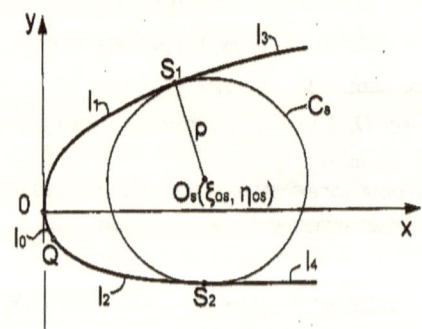

3. Составные кривые:

   верхний контур - $D_3(l_1) \oplus D_2(l_3)$;

   нижний контур - $D_3(l_0) \oplus D_3(l_2) \oplus D_2(l_4)$.

4. Порядок сращивания кривых в точках:

   $Q(2), S_1(3), S_2(3), L(0)$

   Q - точка максимальной кривизны профиля;

$$x = x_m \qquad y_4(x_m) = y_m, \quad u_4(x_m) = 0, \qquad \text{(G.11), (G.12),}$$
$$x = 1 \qquad y_4(1) = 0, \qquad \text{(G.13)}$$

Решение задачи

Функции кривых верхнего контура:

$$D_3(l_1): \quad y_1(x) = \sqrt{2 \cdot r \cdot \varepsilon}\left(1 - \frac{\varepsilon}{2 \cdot r}\right) + \int_\varepsilon^x \frac{u_1(x)}{\sqrt{1 - u_1(x)^2}} dx, \qquad x \in [0, s_1],$$

$$u_1(x) = 1 - \frac{x}{r} + c_1 x^2 + d_1 x^3, \qquad k_1(x) = -\frac{1}{r} + 2 \cdot c_1 x + 3 \cdot d_1 x^2,$$

$$D_2(l_3): \qquad y_3(x) = y_1(s_1) + \int_{s_1}^x \frac{u_3(x)}{\sqrt{1 - u_3(x)^2}} dx, \qquad x \in [s_1, 1],$$

$$u_3(x) = u_1(x) - d_1(x - s_1)^3, \qquad k_3(x) = k_1(x) - 3 \cdot d_1(x - s_1)^2,$$

где формулы для вычисления коэффициентов c_1, d_1, а также уравнения, позволяющие найти абсциссу s_1 и угол β_1, приведены в решении задачи А.

Функции кривых нижнего контура.

$$D_3(l_0): \quad y_0(x) = -\sqrt{2 \cdot r \cdot \varepsilon}\left(1 - \frac{\varepsilon}{2 \cdot r}\right) + \int_\varepsilon^x \frac{u_0(x)}{\sqrt{1 - u_0(x)^2}} dx, \qquad x \in [0, x_q]$$

$$u_0(x) = -1 + \frac{x}{r} + c_1 x^2 + d_1 x^3, \qquad k_0(x) = \frac{1}{r} + 2 \cdot c_1 x + 3 \cdot d_1 x^2,$$

где для функции $y_0(x)$ и $u_0(x)$ учтены условия (G.1)–(G.3); x_q – абсцисса точки Q, является неизвестной.

Воспользуемся условиями (G.4)–(G.6),

$$D_3(l_2): \qquad y_2(x) = y_0(x_q) + \int_{x_q}^x \frac{u_2(x)}{\sqrt{1 - u_2(x)^2}} dx, \qquad x \in [x_q, s_2],$$

$$u_2(x) = u_0(x_q) + k_0(x_q)(x - x_q) + c_2(x - x_q)^2 + d_2(x - x_q)^3.$$
$$k_2(x) = k_0(x_q) + 2 \cdot c_2(x - x_q) + 3 \cdot d_2(x - x_q)^2.$$

Условия (G.7)–(G.10) позволяют записать

$$D_2(l_4): \qquad y_4(x) = y_2(s_2) + \int_{s_2}^x \frac{u_4(x)}{\sqrt{1 - u_4(x)^2}} dx, \qquad x \in [s_2, 1],$$

$$u_4(x) = u_2(x) - d_2(x-s_2)^3, \quad k_4(x) = k_2(x) - 3 \cdot d_2(x-s_2)^2$$

Воспользуемся условием (G.12), а также введем дополнительное условие $u_4(1) = \sin \beta_2$, где угол β_2 неизвестен. Получим систему уравнений

$$\begin{cases} u_0(x_q) + k_0(x_q)(x_m - x_q) + c_2(x_m - x_q)^2 + d_2\left[(x_m - x_q)^3 - (x_m - s_2)^2\right] = 0, \\ u_0(x_q) + k_0(x_q)(1 - x_q) + c_2(1 - x_q)^2 + d_2\left[(1 - x_q)^3 - (1 - s_2)^2\right] = \sin \beta_2 \end{cases}$$

которая позволяет выразить коэффициенты c_2, d_2 в виде:

$$d_2 = d_2(x_q, s_2, \beta_2) =$$

$$= -\frac{u_0(x_q) + k_0(x_q)(x_m - x_q) - \left(u_0(x_q) + k_0(x_q)(1 - x_q) - \sin \beta_2\right) \cdot \lambda_2(x_q)}{\mu_2(x_q, s_2) - \nu_2(x_q, s_2) \cdot \lambda_2(x_q)}$$

$$c_2 = c_2(x_q, s_2, \beta_2) =$$

$$= -\frac{1}{(x_m - x_q)^2}\left(u_0(x_q) + k_0(x_q)(x_m - x_q) + d_2(x_q, s_2, \beta_2) \cdot \mu_2(x_q, s_2)\right),$$

где $\mu_2(x_q, s_2) = (x_m - x_q)^3 - (x_m - s_2)^3, \quad \nu_2(x_q, s_2) = (1 - x_q)^3 - (1 - s_2)^3,$

$$\lambda_2(x_q) = \left(\frac{x_m - x_q}{1 - x_q}\right)^2$$

Неизвестные x_q, s_2, β_2 находим из уравнений

$$y_4(x_m, x_q, s_2, \beta_2) - y_m = 0, \quad y_4(1, x_q, s_2, \beta_2) = 0, \quad H(x_q, s_2, \beta_2) = 0,$$

$$H(x_q, s_2, \beta_2) = s_2 - s_1 + \frac{u_2(s_2, x_q, s_2, \beta_2) + us_1}{\sqrt{1 - u_2(s_2, x_q, s_2, \beta_2)^2} + \sqrt{1 - us_1^2}}\left(y_2(s_2, x_q, s_2, \beta_2) - ys_1\right),$$

$$ys_1 = y_1(s_1, s_1, \beta_1), \quad us_1 = u_1(s_1, s_1, \beta_1)$$

Главные функции имеют вид:

$$Y_1(x) = \begin{vmatrix} y_1(x, s_1, \beta_1), x \in [0, s_1] \\ y_3(x, s_1, \beta_1), x \in [s_1, 1] \end{vmatrix},$$

$$U_1(x) = \begin{vmatrix} u_1(x, s_1, \beta_1), x \in [0, s_1] \\ u_3(x, s_1, \beta_1), x \in [s_1, 1] \end{vmatrix}, \quad K_1(x) = \begin{vmatrix} k_1(x, s_1, \beta_1), x \in [0, s_1] \\ k_3(x, s_1, \beta_1), x \in [s_1, 1] \end{vmatrix}$$

$$Y_2(x) = \begin{vmatrix} y_0(x), x \in [0, x_q) \\ y_2(x, x_q, s_2, \beta_2), x \in [x_q, s_2) \\ y_4(x, x_q, s_2, \beta_2), x \in [s_2, 1] \end{vmatrix}, \quad U_2(x) = \begin{vmatrix} u_0(x), x \in [0, x_q) \\ u_2(x, x_q, s_2, \beta_2), x \in [x_q, s_2) \\ u_4(x, x_q, s_2, \beta_2), x \in [s_2, 1] \end{vmatrix},$$

$$K_2(x) = \begin{vmatrix} k_0(x), x \in [0, x_q) \\ k_2(x, x_q, s_2, \beta_2), x \in [x_q, s_2) \\ k_4(x, x_q, s_2, \beta_2), x \in [s_2, 1] \end{vmatrix}$$

Максимальную кривизну профиля в точке Q определяем по формуле $k_q = k_0(x_q)$.

G2. Программа G

Программа G содержит 10 разделов и три контрольных расчета.
1) Ввод параметров: r, x_M, y_M, x_m, y_m.
2) Запись формул коэффициентов $c_1(s_1, \beta_1)$, $d_1(s_1, \beta_1)$, функций кривых $D_3(l_1)$ $D_2(l_3)$ верхнего контура профиля и решение уравнений для определения неизвестных s_1, β_1 (Этот раздел совпадает с соответствующим разделом программы A).
3) Запись формул коэффициентов $c_2(x_q, s_2, \beta_2), d_2(x_q, s_2, \beta_2)$, функций кривых $D_3(l_0), D_3(l_2), D_2(l_4)$ и решение уравнений для определения неизвестных: x_q, s_2, β_2.
4) Запись главных функций верхнего и нижнего контуров профиля.
5) Формулы для расчета окружности C_s.
6) Расчет хорды профиля.
7) Чертеж профиля крыла представлен на Fig.1.
8) Графики главных функций $U_1(x), U_2(x)$ и $K_1(x), K_2(x)$ построены на Fig.2 и Fig.3, где график $K_2(x)$ имеет пик, координаты вершины которого (x_q, k_q).

PROGRAM G

1. Parameters: $\quad r := 0.01 \quad xM := 0.35 \quad yM := 0.1 \quad xm := 0.3 \quad ym := -0.01$

2. Upper Surface $\qquad \varepsilon := 10^{-4} \qquad \mu1(s1) := xM^3 - (xM - s1)^3$

$$d1(s1,\beta1) := -\frac{1 - \frac{xM}{r} - \left(1 - \frac{1}{r} - \sin(\beta1)\right) \cdot xM^2}{\mu1(s1) - \left[1 - (1 - s1)^3\right] \cdot xM^2} \qquad c1(s1,\beta1) := -\frac{1}{xM^2} \cdot \left(1 - \frac{xM}{r} + d1(s1,\beta1) \cdot \mu1(s1)\right)$$

D3(L1)
$$u1(x,s1,\beta1) := 1 - \frac{x}{r} + c1(s1,\beta1) \cdot x^2 + d1(s1,\beta1) \cdot x^3$$

$$k1(x,s1,\beta1) := -\frac{1}{r} + 2 \cdot c1(s1,\beta1) \cdot x + 3 \cdot d1(s1,\beta1) \cdot x^2$$

$$y1(x,s1,\beta1) := \sqrt{2 \cdot r \cdot \varepsilon} \cdot \left(1 - \frac{\varepsilon}{2 \cdot r}\right) + \int_{\varepsilon}^{x} \frac{u1(x,s1,\beta1)}{\sqrt{1 - u1(x,s1,\beta1)^2}} \, dx$$

D2(L3)
$$u3(x,s1,\beta1) := u1(x,s1,\beta1) - d1(s1,\beta1) \cdot (x - s1)^3$$

$$k3(x,s1,\beta1) := k1(x,s1,\beta1) - 3 \cdot d1(s1,\beta1) \cdot (x - s1)^2$$

$$y3(x,s1,\beta1) := y1(s1,s1,\beta1) + \int_{s1}^{x} \frac{u3(x,s1,\beta1)}{\sqrt{1 - u3(x,s1,\beta1)^2}} \, dx$$

Decision of Equations

$s1 := r \quad \beta1 := 0 \quad$ Given $\quad y3(xM,s1,\beta1) - yM = 0 \quad y3(1,s1,\beta1) = 0 \quad \begin{pmatrix} s1 \\ \beta1 \end{pmatrix} := \text{Find}(s1,\beta1)$

$\qquad s1 = 0.0138 \qquad \beta1 = -0.105$

$c1 := c1(s1,\beta1) \qquad d1 := d1(s1,\beta1) \qquad ys1 := y1(s1,s1,\beta1) \qquad us1 := u1(s1,s1,\beta1)$

3. Lower Surface

D3(L0)
$$u0(x) := -1 + \frac{x}{r} + c1 \cdot x^2 + d1 \cdot x^3 \qquad k0(x) := \frac{1}{r} + 2 \cdot c1 \cdot x + 3 \cdot d1 \cdot x^2$$

$$y0(x) := -\sqrt{2 \cdot r \cdot \varepsilon} \cdot \left(1 - \frac{\varepsilon}{2 \cdot r}\right) + \int_{\varepsilon}^{x} \frac{u0(x)}{\sqrt{1 - u0(x)^2}} \, dx$$

$$\mu2(xq,s2) := (xm - xq)^3 - (xm - s2)^3 \qquad v2(xq,s2) := (1 - xq)^3 - (1 - s2)^3 \qquad \lambda2(xq) := \left(\frac{xm - xq}{1 - xq}\right)^2$$

$$d2(xq,s2,\beta2) := -\frac{u0(xq) + k0(xq) \cdot (xm - xq) - (u0(xq) + k0(xq) \cdot (1 - xq) - \sin(\beta2)) \cdot \lambda2(xq)}{\mu2(xq,s2) - v2(xq,s2) \cdot \lambda2(xq)}$$

$$c2(xq,s2,\beta2) := -\frac{1}{(xm - xq)^2} \cdot (u0(xq) + k0(xq) \cdot (xm - xq) + d2(xq,s2,\beta2) \cdot \mu2(xq,s2))$$

D3(L2)
$$u2(x,xq,s2,\beta2) := u0(xq) + k0(xq) \cdot (x - xq) + c2(xq,s2,\beta2) \cdot (x - xq)^2 + d2(xq,s2,\beta2) \cdot (x - xq)^3$$

$$k2(x,xq,s2,\beta2) := k0(xq) + 2 \cdot c2(xq,s2,\beta2) \cdot (x - xq) + 3 \cdot d2(xq,s2,\beta2) \cdot (x - xq)^2$$

$$y2(x,xq,s2,\beta2) := y0(xq) + \int_{xq}^{x} \frac{u2(x,xq,s2,\beta2)}{\sqrt{1 - u2(x,xq,s2,\beta2)^2}} dx$$

D2(L4)
$$u4(x,xq,s2,\beta2) := u2(x,xq,s2,\beta2) - d2(xq,s2,\beta2) \cdot (x - s2)^3$$
$$k4(x,xq,s2,\beta2) := k2(x,xq,s2,\beta2) - 3 \cdot d2(xq,s2,\beta2) \cdot (x - s2)^2$$

$$y4(x,xq,s2,\beta2) := y2(s2,xq,s2,\beta2) + \int_{s2}^{x} \frac{u4(x,xq,s2,\beta2)}{\sqrt{1 - u4(x,xq,s2,\beta2)^2}} dx$$

$$H(xq,s2,\beta2) := s2 - s1 + \frac{u2(s2,xq,s2,\beta2) + us1}{\sqrt{1 - u2(s2,xq,s2,\beta2)^2} + \sqrt{1 - us1^2}} \cdot (y2(s2,xq,s2,\beta2) - ys1)$$

Decision of Equations $s2 := s1$ $\beta2 := 0$ $k := 4$ $x\mu := \frac{1}{2} \cdot (xM + xm)$ $y\mu := \frac{1}{2} \cdot (yM + ym)$

$$xq := r \cdot \left(1 - \cos\left(\text{atan}\left(\frac{k \cdot y\mu}{x\mu - r}\right)\right)\right)$$

Given $y4(xm,xq,s2,\beta2) - ym = 0$ $y4(1,xq,s2,\beta2) = 0$ $H(xq,s2,\beta2) = 0$

$\begin{pmatrix} xq \\ s2 \\ \beta2 \end{pmatrix} := \text{Find}(xq,s2,\beta2)$ $xq = 0.00184$ $s2 = 0.02106$ $\beta2 = 0.03962$

4. Main Functions

$Y1(x) := \begin{vmatrix} y1(x,s1,\beta1) & \text{if } 0 \leq x < s1 \\ y3(x,s1,\beta1) & \text{if } s1 \leq x < 1 \\ 0 & \text{if } x = 1 \end{vmatrix}$ $U1(x) := \begin{vmatrix} u1(x,s1,\beta1) & \text{if } 0 \leq x < s1 \\ u3(x,s1,\beta1) & \text{if } s1 \leq x \leq 1 \end{vmatrix}$

$K1(x) := \begin{vmatrix} k1(x,s1,\beta1) & \text{if } 0 \leq x < s1 \\ k3(x,s1,\beta1) & \text{if } s1 \leq x \leq 1 \end{vmatrix}$

$Y2(x) := \begin{vmatrix} y0(x) & \text{if } 0 \leq x < xq \\ y2(x,xq,s2,\beta2) & \text{if } xq \leq x \leq s2 \\ y4(x,xq,s2,\beta2) & \text{if } s2 \leq x < 1 \\ 0 & \text{if } x = 1 \end{vmatrix}$ $U2(x) := \begin{vmatrix} u0(x) & \text{if } 0 \leq x < xq \\ u2(x,xq,s2,\beta2) & \text{if } xq \leq x \leq s2 \\ u4(x,xq,s2,\beta2) & \text{if } s2 \leq x \leq 1 \end{vmatrix}$

$K2(x) := \begin{vmatrix} k0(x) & \text{if } 0 \leq x < xq \\ k2(x,xq,s2,\beta2) & \text{if } xq \leq x \leq s2 \\ k4(x,xq,s2,\beta2) & \text{if } s2 \leq x \leq 1 \end{vmatrix}$

$ys2 := y2(s2,xq,s2,\beta2)$ $us2 := u2(s2,xq,s2,\beta2)$ $yq := y0(xq)$ $kq := k0(xq)$

5. Circle Cs

$\rho := -\dfrac{ys2 - ys1}{\sqrt{1 - us2^2} + \sqrt{1 - us1^2}}$ $\rho = 0.0138$ $\xi os := s1 + \rho \cdot us1$ $\eta os := ys1 - \rho \cdot \sqrt{1 - us1^2}$

$\xi s(\theta) := \xi os + \rho \cdot \cos(\theta)$ $\eta s(\theta) := \eta os + \rho \cdot \sin(\theta)$

6. Camber line

$$H(c,d) := d - c + \frac{U2(d) + U1(c)}{\sqrt{1 - U2(d)^2} + \sqrt{1 - U1(c)^2}} \cdot (Y2(d) - Y1(c))$$

$d := 3 \cdot r$ $d(c) := \text{root}(H(c,d),d)$ $\rho c(c) := -\frac{Y2(d(c)) - Y1(c)}{\sqrt{1 - U2(d(c))^2} + \sqrt{1 - U1(c)^2}}$

$$xc(c) := \begin{vmatrix} r & \text{if } c=0 \\ c + \rho c(c) \cdot U1(c) & \text{if } 0<c<1 \\ 1 & \text{if } c=1 \end{vmatrix} \qquad yc(c) := \begin{vmatrix} 0 & \text{if } c=0 \\ Y1(c) - \rho c(c) \cdot \sqrt{1 - U1(c)^2} & \text{if } 0<c<1 \\ 0 & \text{if } c=1 \end{vmatrix}$$

7. Airfoil

$r = 0.01$ $xM = 0.35$ $yM = 0.1$ $xm = 0.3$ $ym = -0.01$

$x := 0, 0.002 .. 1$ $c := 0, 0.05 .. 1$

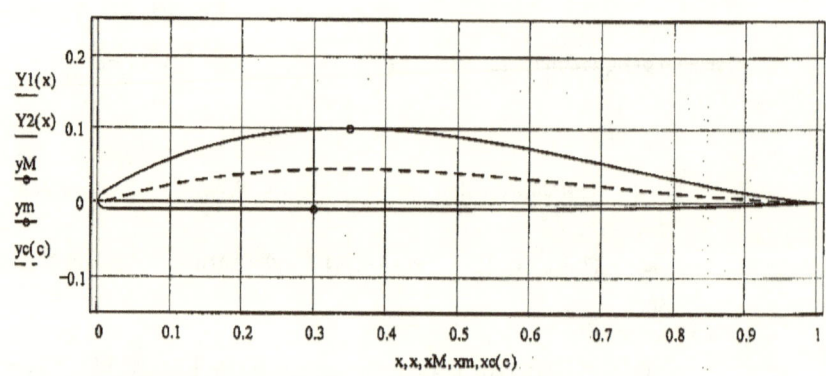

Fig. 1

8. Functions U1(x), U2(x), K1(x), K2(x)

$xq = 0.00184$ $kq = 124.336$ $x := 0, 0.0001 .. 0.05$

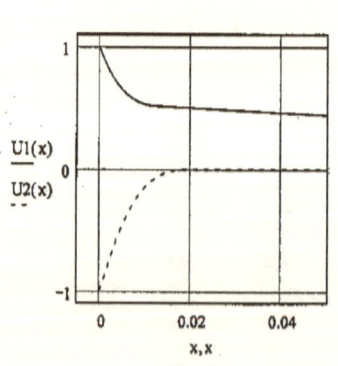

Fig. 2

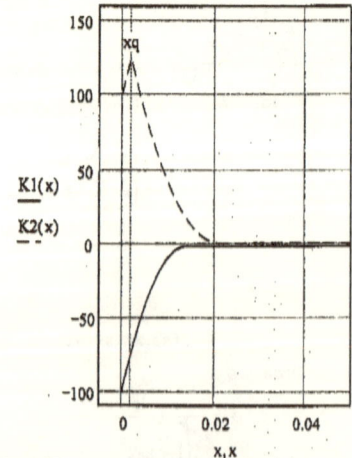

Fig. 3

$\theta := 0, \frac{\pi}{50} .. 2 \cdot \pi$ $x := 0, 0.0002 .. 0.07$ $c := 0, 0.01 .. 0.07$

9. Head of Airfoil

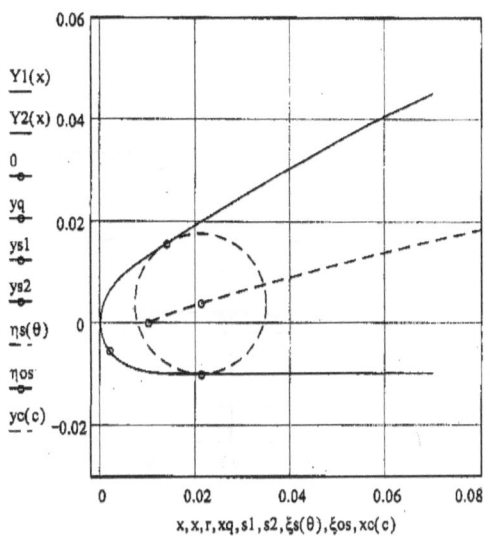

Fig. 4

10. Coordinates of Points

$$Yupper(x) := \begin{vmatrix} 0 & \text{if } |Y1(x)|<10^{-5} \\ Y1(x) & \text{otherwise} \end{vmatrix} \quad Ylower(x) := \begin{vmatrix} 0 & \text{if } |Y2(x)|<10^{-5} \\ Y2(x) & \text{otherwise} \end{vmatrix} \quad \begin{array}{l} x := 0, 0.05 .. 1 \\ c := 0, 0.05 .. 1 \end{array}$$

Airfoil			Camber line	
x	Yupper(x)	Ylower(x)	xc(c)	yc(c)
0	0	0	0.01	0
0.05	0.0356	-0.0101	0.0609	0.0141
0.1	0.0577	-0.01	0.1125	0.025
0.15	0.0742	-0.01	0.1617	0.0329
0.2	0.0862	-0.01	0.2094	0.0386
0.25	0.0941	-0.01	0.2564	0.0423
0.3	0.0986	-0.01	0.3031	0.0443
0.35	0.1	-0.01	0.35	0.045
0.4	0.0987	-0.0099	0.3973	0.0444
0.45	0.0951	-0.0098	0.4451	0.0427
0.5	0.0894	-0.0096	0.4935	0.0401
0.55	0.0821	-0.0094	0.5427	0.0366
0.6	0.0734	-0.009	0.5925	0.0325
0.65	0.0638	-0.0085	0.6428	0.028
0.7	0.0536	-0.0078	0.6937	0.0232
0.75	0.0431	-0.007	0.7448	0.0183
0.8	0.0327	-0.006	0.7961	0.0135
0.85	0.0229	-0.0049	0.8474	0.0091
0.9	0.0139	-0.0035	0.8985	0.0052
0.95	0.0062	-0.0019	0.9494	0.0021
1	0	0	1	0

Airfoil # 1

r = 0.01   xM = 0.35   yM = 0.14   xm = 0.4   ym = 0.03
x := 0, 0.002 .. 1   c := 0, 0.05 .. 1

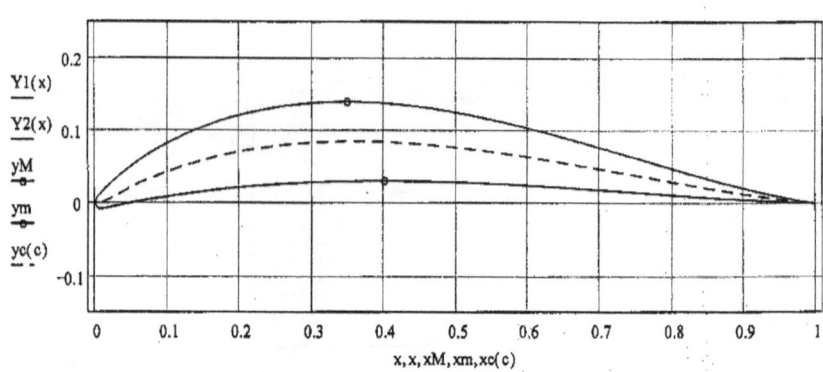

Coordinates of Points

	Airfoil		Camber line	
x	Yupper(x)	Ylower(x)	xc(c)	yc(c)
0	0	0	0.01	0
0.05	0.0498	$-2.3864 \cdot 10^{-4}$	0.0656	0.029
0.1	0.0818	0.0086	0.1178	0.049
0.15	0.105	0.0157	0.1664	0.063
0.2	0.1213	0.0212	0.213	0.0728
0.25	0.1321	0.0253	0.2587	0.0794
0.3	0.1381	0.028	0.3042	0.0832
0.35	0.14	0.0295	0.35	0.0848
0.4	0.1383	0.03	0.3963	0.0842
0.45	0.1334	0.0296	0.4434	0.0817
0.5	0.1257	0.0283	0.4914	0.0775
0.55	0.1157	0.0264	0.5403	0.0718
0.6	0.1038	0.0239	0.5901	0.0648
0.65	0.0905	0.0211	0.6406	0.0567
0.7	0.0763	0.0179	0.6918	0.048
0.75	0.0616	0.0146	0.7433	0.0388
0.8	0.0471	0.0112	0.795	0.0297
0.85	0.0331	0.008	0.8467	0.0209
0.9	0.0203	0.0049	0.8982	0.0128
0.95	0.0091	0.0022	0.9493	0.0057
1	0	0	1	0

Mathematical Design Of Wing Sections

Head of Airfoil # 1

x := 0, 0.0002 .. 0.07

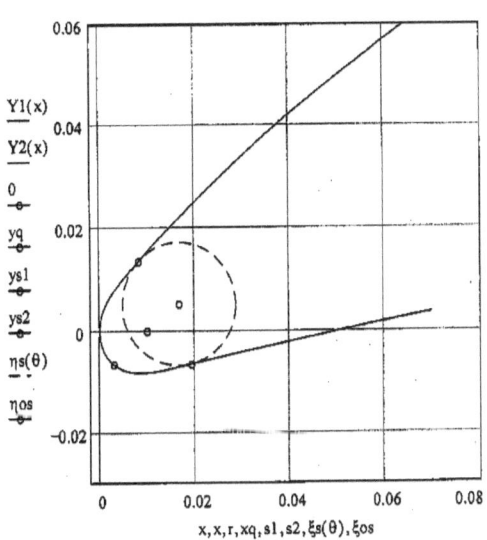

$xq = 0.00285$ $yq = -0.00659$ $kq = 155.748$

Functions U1(x), U2(x), K1(x), K2(x)

x := 0, 0.0001 .. 0.05

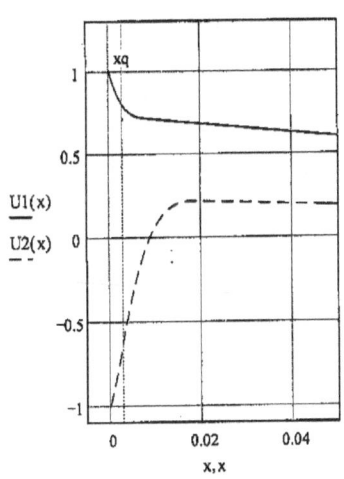
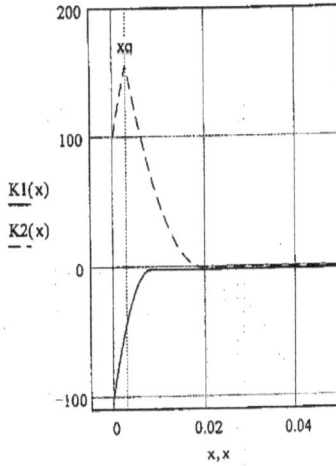

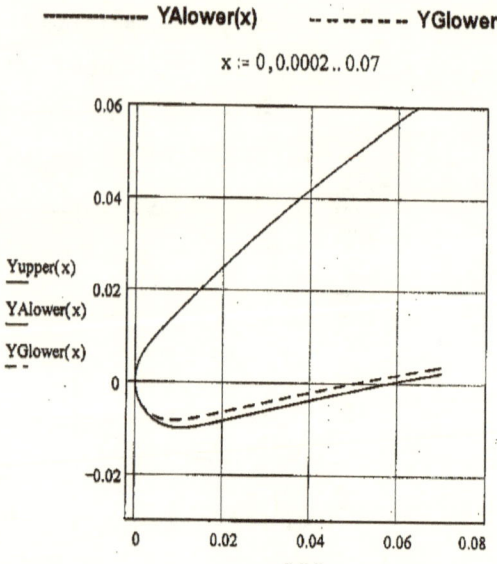

Coordinates of Points

$x := 0, 0.05 .. 1$

x	YAlower(x)	YGlower(x)
0	0	0
0.05	-0.0018	$-2.3864 \cdot 10^{-4}$
0.1	0.0076	0.0086
0.15	0.015	0.0157
0.2	0.0208	0.0212
0.25	0.025	0.0253
0.3	0.0279	0.028
0.35	0.0295	0.0295
0.4	0.03	0.03
0.45	0.0295	0.0296
0.5	0.0283	0.0283
0.55	0.0263	0.0264
0.6	0.0237	0.0239
0.65	0.0208	0.0211
0.7	0.0176	0.0179
0.75	0.0142	0.0146
0.8	0.0108	0.0112
0.85	0.0076	0.008
0.9	0.0046	0.0049
0.95	0.002	0.0022
1	0	0

Mathematical Design Of Wing Sections

Airfoil # 2

r = 0.01   xM = 0.35   yM = 0.12   xm = 0.4   ym = 0.01

x := 0, 0.002 .. 1   c := 0, 0.05 .. 1

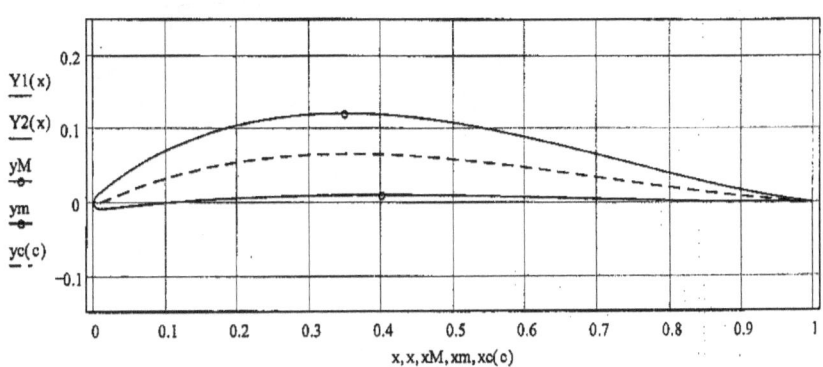

Coordinates of Points

x	Airfoil Yupper(x)	Ylower(x)	Camber line xc(c)	yc(c)
0	0	0	0.01	0
0.05	0.0423	-0.0052	0.0632	0.0212
0.1	0.0694	$-6.6986 \cdot 10^{-4}$	0.1152	0.0367
0.15	0.0894	0.0029	0.1641	0.0478
0.2	0.1036	0.0057	0.2113	0.0556
0.25	0.1131	0.0077	0.2576	0.0608
0.3	0.1183	0.009	0.3037	0.0638
0.35	0.12	0.0098	0.35	0.0649
0.4	0.1185	0.01	0.3968	0.0643
0.45	0.1142	0.0098	0.4442	0.0622
0.5	0.1075	0.0092	0.4924	0.0587
0.55	0.0988	0.0084	0.5414	0.054
0.6	0.0884	0.0073	0.5912	0.0484
0.65	0.0769	0.0061	0.6417	0.0421
0.7	0.0646	0.0048	0.6927	0.0353
0.75	0.052	0.0035	0.744	0.0282
0.8	0.0396	0.0023	0.7955	0.0213
0.85	0.0277	0.0013	0.847	0.0147
0.9	0.0169	$5.3803 \cdot 10^{-4}$	0.8984	0.0088
0.95	0.0075	$7.416 \cdot 10^{-5}$	0.9494	0.0038
1	0	0	1	0

Head of Airfoil # 2

$x := 0, 0.0002 .. 0.07$

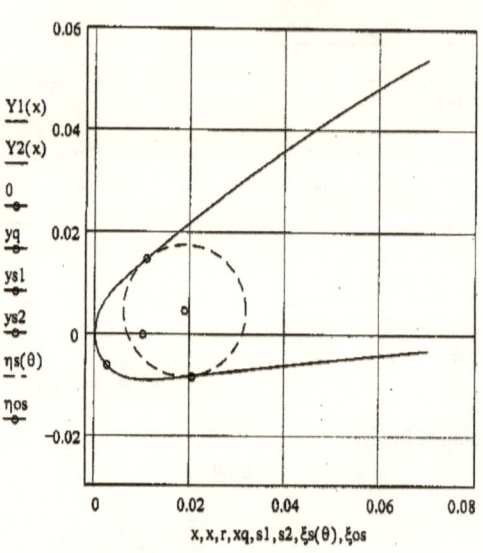

$xq = 0.00241$ $yq = -0.00626$ $kq = 138.672$

Functions U1(x), U2(x), K1(x), K2(x)

$x := 0, 0.0001 .. 0.05$

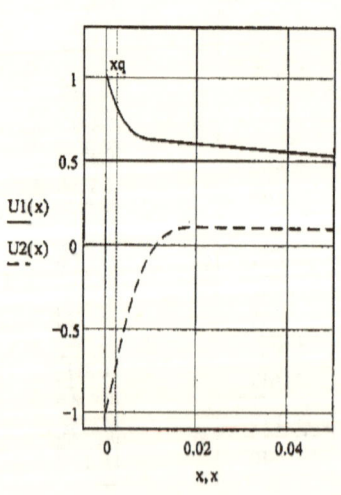 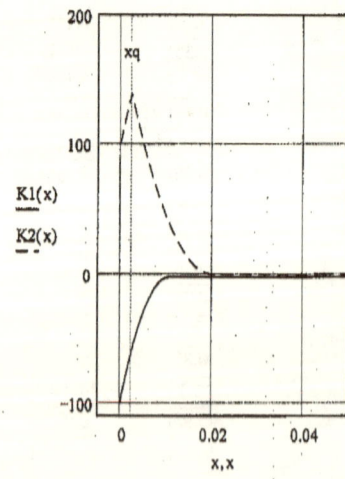

Mathematical Design Of Wing Sections

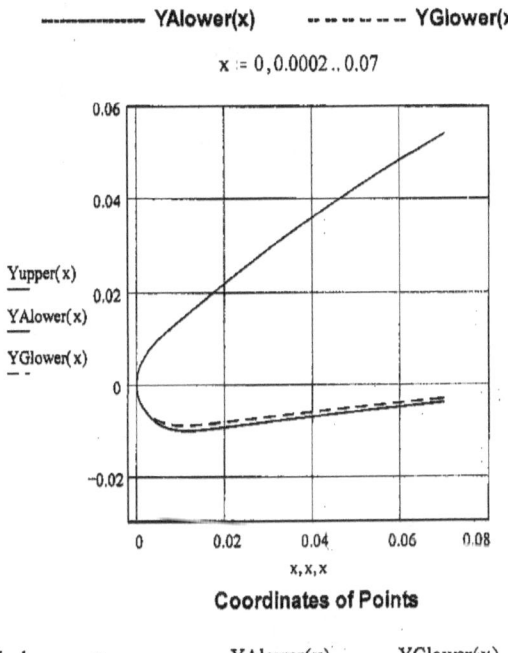

—————— YAlower(x)   — — — — YGlower(x)

x := 0, 0.0002 .. 0.07

Yupper(x)
YAlower(x)
YGlower(x)

Coordinates of Points

x := 0, 0.05 .. 1

x	YAlower(x)	YGlower(x)
0	0	0
0.05	-0.0061	-0.0052
0.1	-0.0013	$-6.6986 \cdot 10^{-4}$
0.15	0.0025	0.0029
0.2	0.0054	0.0057
0.25	0.0075	0.0077
0.3	0.009	0.009
0.35	0.0098	0.0098
0.4	0.01	0.01
0.45	0.0098	0.0098
0.5	0.0092	0.0092
0.55	0.0083	0.0084
0.6	0.0071	0.0073
0.65	0.0059	0.0061
0.7	0.0046	0.0048
0.75	0.0033	0.0035
0.8	0.0021	0.0023
0.85	0.0011	0.0013
0.9	$3.3768 \cdot 10^{-4}$	$5.3803 \cdot 10^{-4}$
0.95	$-4.7038 \cdot 10^{-5}$	$7.416 \cdot 10^{-5}$
1	0	0

Airfoil # 3

r = 0.01   xM = 0.35   yM = 0.1   xm = 0.4   ym = -0.01
x := 0, 0.002 .. 1   c := 0, 0.05 .. 1

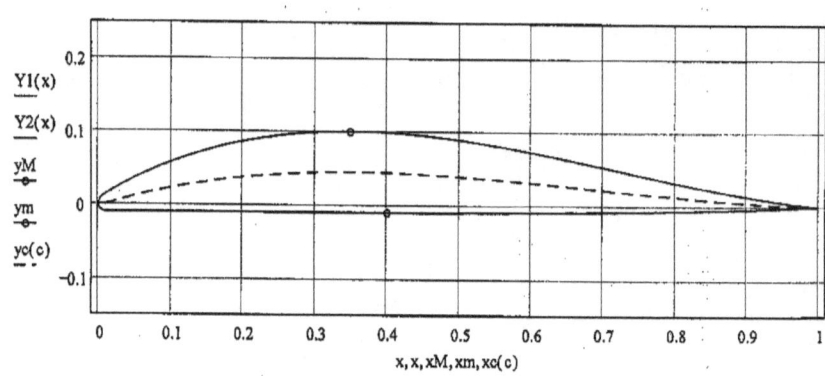

Coordinates of Points

Airfoil   x := 0, 0.05 .. 1   Camber line

x	Yupper(x)	Ylower(x)	xc(c)	yc(c)
0	0	0	0.01	0
0.05	0.0356	-0.01	0.0608	0.0141
0.1	0.0577	-0.0099	0.1125	0.0251
0.15	0.0742	-0.0098	0.1616	0.033
0.2	0.0862	-0.0098	0.2094	0.0386
0.25	0.0941	-0.0099	0.2564	0.0423
0.3	0.0986	-0.0099	0.3031	0.0444
0.35	0.1	-0.01	0.35	0.045
0.4	0.0987	-0.01	0.3973	0.0444
0.45	0.0951	-0.01	0.4451	0.0427
0.5	0.0894	-0.0099	0.4935	0.04
0.55	0.0821	-0.0097	0.5427	0.0365
0.6	0.0734	-0.0094	0.5924	0.0324
0.65	0.0638	-0.0089	0.6428	0.0278
0.7	0.0536	-0.0083	0.6936	0.0229
0.75	0.0431	-0.0075	0.7447	0.018
0.8	0.0327	-0.0065	0.796	0.0133
0.85	0.0229	-0.0053	0.8474	0.0089
0.9	0.0139	-0.0038	0.8985	0.0051
0.95	0.0062	-0.002	0.9494	0.0021
1	0	0	1	0

Head of Airfoil # 3

$x := 0, 0.0002 .. 0.07$

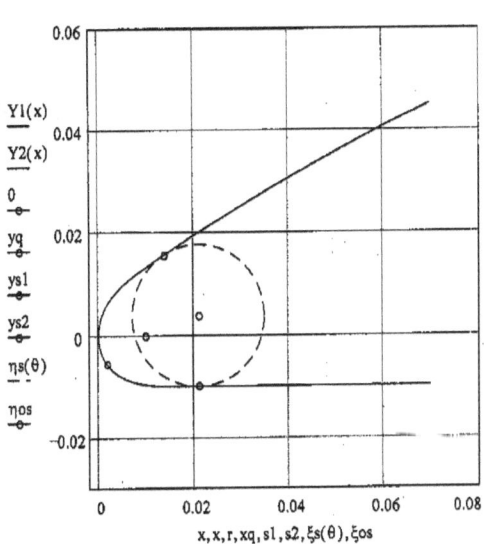

$xq = 0.00185$ $yq = -0.00565$ $kq = 124.444$

Functions U1(x), U2(x), K1(x), K2(x)

$x := 0, 0.0001 .. 0.05$

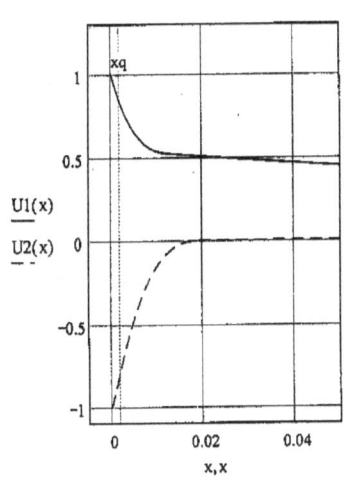
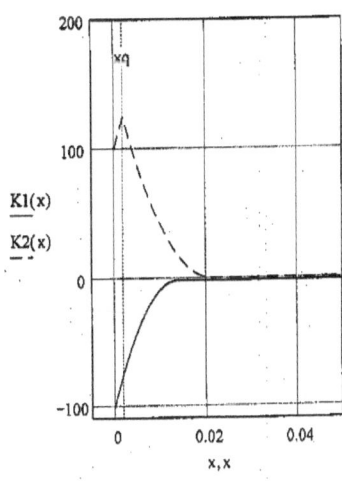

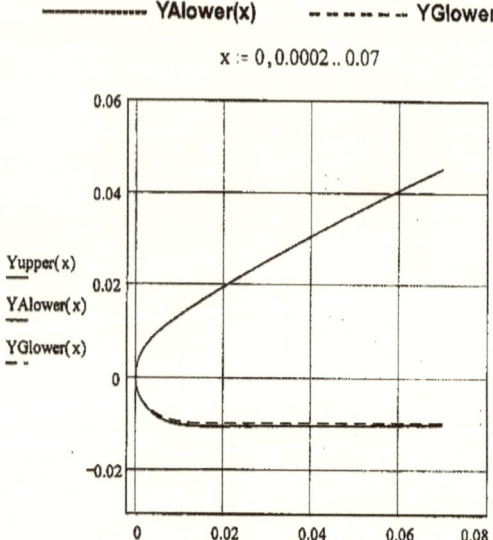

x := 0, 0.0002 .. 0.07

Coordinates of Points

x := 0, 0.05 .. 1

x	YAlower(x)	YGlower(x)
0	0	0
0.05	-0.0105	-0.01
0.1	-0.0102	-0.0099
0.15	-0.01	-0.0098
0.2	-0.01	-0.0098
0.25	-0.0099	-0.0099
0.3	-0.01	-0.0099
0.35	-0.01	-0.01
0.4	-0.01	-0.01
0.45	-0.01	-0.01
0.5	-0.0099	-0.0099
0.55	-0.0097	-0.0097
0.6	-0.0094	-0.0094
0.65	-0.009	-0.0089
0.7	-0.0084	-0.0083
0.75	-0.0076	-0.0075
0.8	-0.0066	-0.0065
0.85	-0.0054	-0.0053
0.9	-0.0039	-0.0038
0.95	-0.0021	-0.002
1	0	0

9) Чертеж носовой части профиля изображен на Fig.4, где обозначены точки точки Q, S_1, S_2, точка с координатами $(r,0)$ и центр окружности C_s.

10) Выполнена печать таблиц координат верхнего и нижнего контуров профиля, а также печать таблицы координат точек хорды.

Уместен вопрос: Отличаются ли профили, имеющие одинаковые значения параметров r, x_M, y_M, x_m, y_m, но моделируемые задачей А и задачей G? Чертежи контрольных расчетов, построенные для профилей #1, #2, #3, дают ответ на этот вопрос. Да, отличаются. На чертежах сплошная линия – нижний контур профиля, полученный при решении задачи А, а пунктирная линия – при решении задачи G.

Задача H. Профили крыльев, для которых заданы параметры: $r, R_t, \xi_{0t}, \eta_{0t}, x_M, x_m$.

H.1. Постановка и решение задачи H.

Воспользуемся решением задачи C в части моделирования верхнего контура Γ_1. Нижний контур Γ_2 в носовой части профиля образуем, продлив кривую $D_3(l_1)$ за точку 0. Часть этой кривой ниже оси 0x обозначим $D_3(l_0)$. В точке Q выполняем сращивание кривых $D_3(l_0)$ и $D_3(l_2)$, в этой точке кривизна профиля максимальна.

Схема моделирования H отражает сформулированные здесь положения.
Запишем граничные условия нижнего контура:

$x = 0$ $\qquad y_0(0) = 0, \quad u_0(0) = -1, \quad k_0 = \dfrac{1}{r}, \qquad$ (H.1), (H.2), (H.3),

$x = x_p$ $\qquad y_0(x_q) = y_2(x_q), \quad u_0(x_q) = u_2(x_q), \qquad$ (H.4), (H.5),

$\qquad\qquad k_0(x_q) = k_2(x_q), \qquad$ (H.6),

Схема моделирования H

1. Эскиз профиля крыла.
   Заданы параметры: $r, R_t, \xi_{0t}, \eta_{0t}, x_M, x_m$

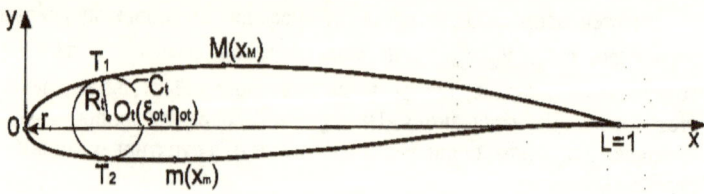

2. Линии профиля и точки сращивания

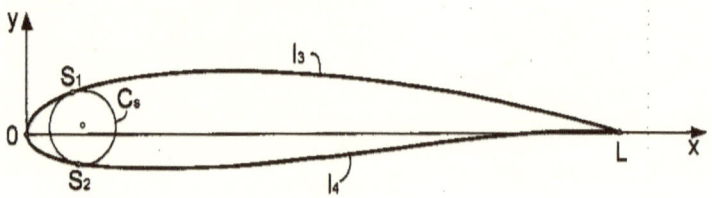

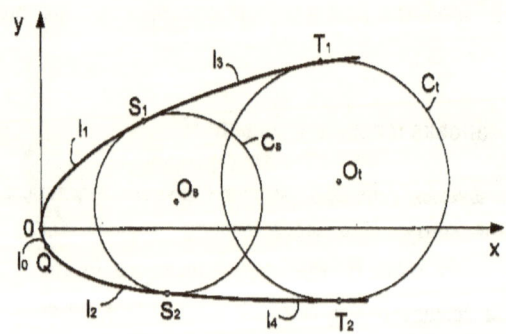

3. Составные кривые:

   верхний контур - $D_3(l_1) \oplus D_2(l_3)$

   нижний контур - $D_3(l_0) \oplus D_3(l_2) \oplus D_2(l_4)$

4. Порядок сращивания кривых в точках:

   $O(2), P(2), S_1(3), S_2(3), L(0)$

$x = s_2$ $\quad y_2(s_2) = y_4(s_2), \quad u_2(s_2) = u_4(s_2),$ (Н.7), (Н.8),

$\quad\quad\quad\quad k_2(s_2) = k_4(s_2), \quad g_2(s_2) = g_4(s_2),$ (Н.9), (С.10),

$x = t_2 \quad yT_2(t_2) = \eta_{0t} - \sqrt{R_t^2 - (\xi_{0t} - t_2)^2}, \quad u_4(t_2) = -\dfrac{\xi_{0t} - t_2}{R_t},$ (Н.11), (Н.12),

$x = x_m \quad\quad\quad\quad u_4(x_m) = 0,$ (Н.13),

$x = 1 \quad\quad\quad\quad y_4(1) = 0,$ (Н.14)

Решение задачи.

Функции кривых верхнего контура:

$$D_3(l_1): \quad y_1(x) = \sqrt{2 \cdot r \cdot \varepsilon}\left(1 - \dfrac{\varepsilon}{2 \cdot r}\right) + \int_{\varepsilon}^{x} \dfrac{u_1(x)}{\sqrt{1 - u_1(x)^2}} dx, \quad x \in [0, s_1],$$

$$u_1(x) = 1 - \dfrac{x}{r} + c_1 x^2 + d_1 x^3, \quad k_1(x) = -\dfrac{1}{r} + 2 \cdot c_1 x + 3 \cdot d_1 x^2.$$

$$D_2(l_3): \quad y_3(x) = y_1(s_1) + \int_{s_1}^{x} \dfrac{u_3(x)}{\sqrt{1 - u_3(x)^2}} dx, \quad x \in [s_1, 1],$$

$$u_3(x) = u_1(x) - d_1(x - s_1)^3, \quad k_3(x) = k_1(x) - 3 \cdot d_1(x - s_1)^2,$$

где формулы для вычисления коэффициентов c_1, d_1, а также уравнения, позволяющие найти абсциссы s_1 и t_1, приведены в решении задачи С.

Функции кривых нижнего контура

$$D_3(l_0): \quad y_0(x) = -\sqrt{2 \cdot r \cdot \varepsilon}\left(1 - \dfrac{\varepsilon}{2 \cdot r}\right) + \int_{\varepsilon}^{x} \dfrac{u_0(x)}{\sqrt{1 - u_0(x)^2}} dx, \quad x \in [0, x_q],$$

$$u_0(x) = -1 + \dfrac{x}{r} + c_1 x^2 + d_1 x^3, \quad k_0(x) = \dfrac{1}{r} + 2 \cdot c_1 x + 3 \cdot d_1 x^2,$$

где учтены условия (Н.1) - (Н.3), x_q - абсцисса точки Q, неизвестна.

$$D_3(l_2): \quad y_2(x) = y_0(x_q) + \int_{x_q}^{x} \dfrac{u_2(x)}{\sqrt{1 - u_2(x)^2}} dx, \quad x \in [x_q, s_2],$$

$$u_2(x) = u_0(x_q) + k_0(x_q) \cdot (x - x_q) + c_2(x - x_q)^2 + d_2(x - x_q)^3,$$

$$k_2(x) = k_0(x_q) + 2 \cdot c_2(x - x_q) + 3 \cdot d_2(x - x_q)^2,$$

где учтены условия (Н.4) - (Н.6).

$$D_2(l_4): \qquad y_4(x) = y_2(s_2) + \int_{s_2}^{x} \frac{u_4(x)}{\sqrt{1-u_4(x)^2}} dx, \qquad x \in [s_2, 1],$$

$$u_4(x) = u_2(x) - d_2(x - s_2)^3, \qquad k_4(x) = k_2(x) - 3 \cdot d_2(x - s_2)^2,$$

где учтены условия (H.7) – (H.10).
Условия (H.12) и (H.13) дают уравнения

$$\begin{cases} u_0(x_q) + k_0(x_q)(t_2 - x_q) + c_2(t_2 - x_q)^2 + d_2\left[(t_2 - x_q)^3 - (t_2 - s_2)^3\right] = \dfrac{\xi_{0t} - t_2}{R_t}, \\ u_0(x_q) + k_0(x_q)(x_m - x_q) + c_2(x_m - x_q)^2 + d_2\left[(x_m - x_q)^3 - (x_m - s_2)^3\right] = 0, \end{cases}$$

которые позволяют получить формулы

$$d_2 = d_2(x_q, s_2, t_2) =$$

$$= -\frac{u_0(x_q) + k_0(x_q)(t_2 - x_q) + \dfrac{\xi_{0t} - t_2}{R_t} + \left(u_0(x_q) + k_0(x_q)(x_m - x_q)\right)\lambda_2(x_q, t_2)}{v_2(x_q, s_2, t_2) - \mu_2(x_q, s_2)\lambda_2(x_q, t_2)},$$

$$c_2 = c_2(x_q, s_2, t_2) = -\frac{1}{(x_m - x_q)^2}\left(u_0(x_q) + k_0(x_q)(x_m - x_q) + d_2(x_q, s_2, t_2)\mu_2(x_q, s_2)\right)$$

где

$$\mu_2(x_q, s_2) = (x_m - x_q)^3 - (x_m - s_2)^3, \qquad v_2(x_p, s_2, t_2) = (t_2 - x_q)^3 - (t_2 - s_2)^3,$$

$$\lambda_2(x_q, t_2) = \left(\frac{t_2 - x_q}{x_m - x_q}\right)^2.$$

Неизвестные x_q, s_2, t_2 находим из уравнений

$$y_4(t_2, x_q, s_2, t_2) - yT_2(t_2) = 0, \qquad y_4(1, x_q, s_2, t_2) = 0,$$
$$H(x_q, s_2, t_2) = 0,$$

где

$$H(x_q, s_2, t_2) = s_2 - s_1 + \frac{u_2(s_2, x_q, s_2, t_2) + us_1}{\sqrt{1 - u_2(s_2, x_q, s_2, t_2)^2} + \sqrt{1 - us_1^2}}\left(y_2(s_2, x_q, s_2, t_2) - ys_1\right),$$

$$ys_1 = y_1(s_1, s_1, t_1), \qquad us_1 = u_1(s_1, s_1, t_1).$$

Главные функции профиля крыла:

$$Y_1(x) = \begin{vmatrix} y_1(x, s_1, t_1), x \in [0, s_1) \\ y_3(x, s_1, t_1), x \in [s_1, 1] \end{vmatrix},$$

$$U_1(x) = u_1(x,s_1,t_1) - d_1(s_1,t_1)(x-s_1)^3 \chi_1(x,s_1),$$
$$K_1(x) = k_1(x,s_1,t_1) - 3 \cdot d_1(s_1,t_1)(x-s_1)^2 \chi_1(x,s_1)$$

$$Y_2(x) = \begin{vmatrix} y_0(x), x \in [0, x_q), \\ y_2(x,x_q,s_2,t_2), x \in [x_q, s_2), \\ y_4(x,x_q,s_2,t_2), x \in [s_2, 1] \end{vmatrix}$$

$$U_2(x) = \begin{vmatrix} u_0(x), x \in [0, x_q), \\ u_2(x,x_q,s_2,t_2) - d_2(x_q,s_2,t_2)(x-s_2)^3 \chi_2(x,s_2), x \in [x_q, 1] \end{vmatrix}$$

$$K_2(x) = \begin{vmatrix} k_0(x), x \in [0, x_q), \\ k_2(x,x_q,s_2,t_2) - 3 \cdot d_2(x_q,s_2,t_2)(x-s_2)^2 \chi_2(x,s_2), x \in [x_q, 1] \end{vmatrix}$$

Н.2. Программа Н

Программа Н предназначена для расчета профилей крыльев, для которых заданы параметры: $r, R_t, \xi_{0t}, \eta_{0t}, x_M, x_m$.

С помощью этой программы выполнены три контрольных расчета профикей крыльев: #1, #2, #3. Каждый контрольный расчет содержит:
- чертеж профиля, на котором показаны окружность C_t, ее центр и точки касания T_1 и T_2 этой окружности с профилем крыла. На чертеже построена хорда профиля и отмечены абсциссы x_M, x_m;
- таблицы координат точек верхнего, нижнего контуров профиля и координаты точек хорды;
- чертеж головной части профиля, где отмечены точки $Q, S_1, S_2, (r,0), O_s$, построены окружность C_s и хорда профиля;
- графики главных функций $U_1(x), U_2(x), K_1(x), K_2(x)$, где на графике $K_2(x)$ показана точка, соответствующая максимальному значению кривизны в точке Q.

PROGRAM H

1. Parameters: $r := 0.01$ $Rt := 0.04$ $\xi ot := 0.15$ $\eta ot := 0.03$ $xM := 0.325$ $xm := 0.35$

2. Upper Surface $\mu1(s1) := xM^3 - (xM - s1)^3$ $v1(s1,t1) := t1^3 - (t1 - s1)^3$ $\lambda1(t1) := \left(\dfrac{t1}{xM}\right)^2$

$$d1(s1,t1) := -\dfrac{1 - \dfrac{t1}{r} - \dfrac{\xi ot - t1}{Rt} - \left(1 - \dfrac{xM}{r}\right)\cdot\lambda1(t1)}{v1(s1,t1) - \mu1(s1)\cdot\lambda1(t1)} \qquad c1(s1,t1) := -\dfrac{1}{xM^2}\cdot\left(1 - \dfrac{xM}{r} + d1(s1,t1)\cdot\mu1(s1)\right)$$

D3(L1) $\qquad u1(x,s1,t1) := 1 - \dfrac{x}{r} + c1(s1,t1)\cdot x^2 + d1(s1,t1)\cdot x^3$

$$k1(x,s1,t1) := -\dfrac{1}{r} + 2\cdot c1(s1,t1)\cdot x + 3\cdot d1(s1,t1)\cdot x^2$$

$\varepsilon := 10^{-4} \qquad y1(x,s1,t1) := \sqrt{2\cdot r\cdot\varepsilon}\cdot\left(1 - \dfrac{\varepsilon}{2\cdot r}\right) + \displaystyle\int_{\varepsilon}^{x} \dfrac{u1(x,s1,t1)}{\sqrt{1 - u1(x,s1,t1)^2}}\, dx$

D2(L3) $\qquad u3(x,s1,t1) := u1(x,s1,t1) - d1(s1,t1)\cdot(x - s1)^3$

$$k3(x,s1,t1) := k1(x,s1,t1) - 3\cdot d1(s1,t1)\cdot(x - s1)^2$$

$$y3(x,s1,t1) := y1(s1,s1,t1) + \displaystyle\int_{s1}^{x} \dfrac{u3(x,s1,t1)}{\sqrt{1 - u3(x,s1,t1)^2}}\, dx$$

$$yT1(t1) := \eta ot + \sqrt{Rt^2 - (\xi ot - t1)^2} \qquad s1 := 2.8\cdot r \qquad t1 := \xi ot - 0.002$$

Decition of Equations

Given $y3(t1,s1,t1) - yT1(t1) = 0 \qquad y3(1,s1,t1) = 0 \qquad \begin{pmatrix}s1\\t1\end{pmatrix} := \text{Find}(s1,t1)$

$$s1 = 0.01401 \qquad t1 = 0.13928$$

Main Functions $\chi1(x,s1) := \begin{vmatrix} 0 \text{ if } x < s1 \\ 1 \text{ otherwise} \end{vmatrix} \qquad \chi2(x,s2) := \begin{vmatrix} 0 \text{ if } x < s2 \\ 1 \text{ otherwise} \end{vmatrix}$

$Y1(x) := \begin{vmatrix} y1(x,s1,t1) \text{ if } 0 \le x \le s1 \\ y3(x,s1,t1) \text{ if } s1 \le x < 1 \\ 0 \text{ if } x = 1 \end{vmatrix} \qquad U1(x) := u1(x,s1,t1) - d1(s1,t1)\cdot(x - s1)^3\cdot\chi1(x,s1)$

$\qquad K1(x) := k1(x,s1,t1) - 3\cdot d1(s1,t1)\cdot(x - s1)^2\cdot\chi1(x,s1)$

$yM := Y1(xM) \qquad yM = 0.092 \qquad \beta1 := \text{asin}(U1(1)) \qquad \beta1 = -0.02$

$ys1 := Y1(s1) \qquad ys1 = 0.0156 \qquad us1 := U1(s1) \qquad us1 = 0.513 \qquad yt1 := yT1(t1) \qquad yt1 = 0.0685$

3. Lower Surface $\qquad c1 := c1(s1,t1) \qquad d1 := d1(s1,t1)$

D3(L0) $\qquad u0(x) := -1 + \dfrac{x}{r} + c1\cdot x^2 + d1\cdot x^3 \qquad k0(x) := \dfrac{1}{r} + 2\cdot c1\cdot x + 3\cdot d1\cdot x^2$

$$y0(x) := -\sqrt{2\cdot r\cdot\varepsilon}\cdot\left(1 - \dfrac{\varepsilon}{2\cdot r}\right) + \displaystyle\int_{\varepsilon}^{x} \dfrac{u0(x)}{\sqrt{1 - u0(x)^2}}\, dx$$

$$\mu2(xq,s2) := (xm - xq)^3 - (xm - s2)^3 \quad v2(xq,s2,t2) := (t2 - xq)^3 - (t2 - s2)^3 \quad \lambda2(xq,t2) := \left(\frac{t2 - xq}{xm - xq}\right)^2$$

$$d2(xq,s2,t2) := -\frac{u0(xq) + k0(xq)\cdot(t2 - xq) + \frac{\xi ot - t2}{Rt} - (u0(xq) + k0(xq)\cdot(xm - xq))\cdot\lambda2(xq,t2)}{v2(xq,s2,t2) - \mu2(xq,s2)\cdot\lambda2(xq,t2)}$$

$$c2(xq,s2,t2) := -\frac{1}{(xm - xq)^2}\cdot(u0(xq) + k0(xq)\cdot(xm - xq) + d2(xq,s2,t2)\cdot\mu2(xq,s2))$$

D3(L2)

$$u2(x,xq,s2,t2) := u0(xq) + k0(xq)\cdot(x - xq) + c2(xq,s2,t2)\cdot(x - xq)^2 + d2(xq,s2,t2)\cdot(x - xq)^3$$

$$k2(x,xq,s2,t2) := k0(xq) + 2\cdot c2(xq,s2,t2)\cdot(x - xq) + 3\cdot d2(xq,s2,t2)\cdot(x - xq)^2$$

$$y2(x,xq,s2,t2) := y0(xq) + \int_{xq}^{x} \frac{u2(x,xq,s2,t2)}{\sqrt{1 - u2(x,xq,s2,t2)^2}}\,dx$$

D2(L4)

$$u4(x,xq,s2,t2) := u2(x,xq,s2,t2) - d2(xq,s2,t2)\cdot(x - s2)^3$$

$$k4(x,xq,s2,t2) := k2(x,xq,s2,t2) - 3\cdot d2(xq,s2,t2)\cdot(x - s2)^2$$

$$y4(x,xq,s2,t2) := y2(s2,xq,s2,t2) + \int_{s2}^{x} \frac{u4(x,xq,s2,t2)}{\sqrt{1 - u4(x,xq,s2,t2)^2}}\,dx$$

$$yT2(t2) := \eta ot - \sqrt{Rt^2 - (\xi ot - t2)^2}$$

$$H(xq,s2,t2) := s2 - s1 + \frac{u2(s2,xq,s2,t2) + us1}{\sqrt{1 - u2(s2,xq,s2,t2)^2} + \sqrt{1 - us1^2}}\cdot(y2(s2,xq,s2,t2) - ys1)$$

Decision of Equations

$$k := 2 \quad xq := r\cdot\left(1 - \cos\left(\text{atan}\left(\frac{k\cdot\eta ot}{\xi ot - r}\right)\right)\right) \quad s2 := 2\cdot r \quad t2 := \xi ot - 0.005$$

Given $\quad y4(t2,xq,s2,t2) - yT2(t2) = 0 \quad y4(1,xq,s2,t2) = 0 \quad H(xq,s2,t2) = 0 \quad \begin{pmatrix} xq \\ s2 \\ t2 \end{pmatrix} := \text{Find}(xq,s2,t2)$

$xq = 0.00177 \qquad yq := y0(xq) \qquad s2 = 0.02115 \qquad t2 = 0.14999$

$\qquad\qquad\qquad\qquad yt2 := yT2(t2) \qquad yt2 = -0.01$

Main Functions

$$Y2(x) := \begin{cases} y0(x) & \text{if } 0 \le x < xq \\ y2(x,xq,s2,t2) & \text{if } xq \le x < s2 \\ y4(x,xq,s2,t2) & \text{if } s2 \le x < 1 \\ 0 & \text{if } x = 1 \end{cases}$$

$$U2(x) := \begin{cases} u0(x) & \text{if } 0 \le x < xq \\ u2(x,xq,s2,t2) - d2(xq,s2,t2)\cdot(x - s2)^3\cdot\chi2(x,s2) & \text{otherwise} \end{cases}$$

$$K2(x) := \begin{vmatrix} k0(x) & \text{if } 0 \le x \le xq \\ k2(x,xq,s2,t2) - 3 \cdot d2(xq,s2,t2) \cdot (x-s2)^2 \cdot \chi2(x,s2) & \text{otherwise} \end{vmatrix}$$

ym := Y2(xm)   ym = −0.01   β2 := asin(U2(1))   β2 = 0.0416

ys2 := Y2(s2)   ys2 = −0.01   us2 := U2(s2)   us2 = 0.003

xq = 0.00177   yq := Y2(xq)   yq = −0.00555   kq := K2(xq)   kq = 124.704

4. Circles

Cs: $\rho := -\dfrac{Y2(s2) - Y1(s1)}{\sqrt{1 - U2(s2)^2} + \sqrt{1 - U1(s1)^2}}$ $\xi os := s1 + \rho \cdot U1(s1)$ $\eta os := Y1(s1) - \rho \cdot \sqrt{1 - U1(s1)^2}$

$\xi s(\theta) := \xi os + \rho \cdot \cos(\theta)$ $\eta s(\theta) := \eta os + \rho \cdot \sin(\theta)$

Ct: $\xi t(\theta) := \xi ot + Rt \cdot \cos(\theta)$ $\eta t(\theta) := \eta ot + Rt \cdot \sin(\theta)$

5. Camber line

$H(c,d) := d - c + \dfrac{U2(d) + U1(c)}{\sqrt{1 - U2(d)^2} + \sqrt{1 - U1(c)^2}} \cdot (Y2(d) - Y1(c))$

$d := 3 \cdot r$ $d(c) := root(H(c,d), d)$ $\rho c(c) := -\dfrac{Y2(d(c)) - Y1(c)}{\sqrt{1 - U2(d(c))^2} + \sqrt{1 - U1(c)^2}}$

$xc(c) := \begin{vmatrix} r & \text{if } c = 0 \\ c + \rho c(c) \cdot U1(c) & \text{if } 0 < c < 1 \\ 1 & \text{if } c = 1 \end{vmatrix}$ $yc(c) := \begin{vmatrix} 0 & \text{if } c = 0 \\ Y1(c) - \rho c(c) \cdot \sqrt{1 - U1(c)^2} & \text{if } 0 < c < 1 \\ 0 & \text{if } c = 1 \end{vmatrix}$

6. Airfoil

r = 0.01   Rt = 0.04 ξot = 0.15 ηot = 0.03   xM = 0.325   xm = 0.35

x := 0, 0.002 .. 1   c := 0, 0.05 .. 1 $\theta := 0, \dfrac{\pi}{50} .. 2\pi$

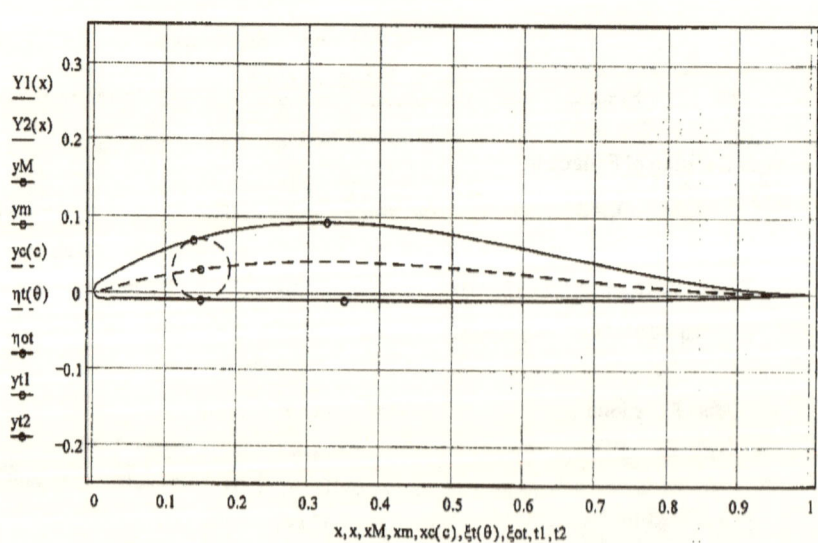

Fig. 1

x := 0, 0.0002 .. 0.07   c := 0, 0.005 .. 0.07

7. Head of Airfoil

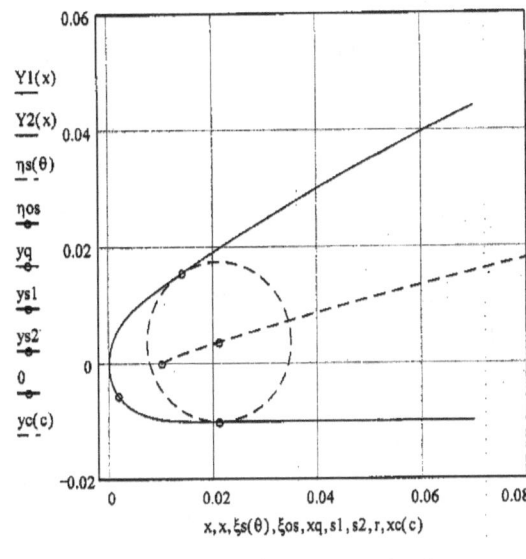

Fig. 2

8. Coordinates of Points

$$Y_{upper}(x) := \begin{vmatrix} 0 \text{ if } |Y1(x)| < 10^{-5} \\ Y1(x) \text{ otherwise} \end{vmatrix} \quad Y_{lower}(x) := \begin{vmatrix} 0 \text{ if } |Y2(x)| < 10^{-5} \\ Y2(x) \text{ otherwise} \end{vmatrix} \quad \begin{array}{l} x := 0, 0.05 .. 1 \\ c := 0, 0.05 .. 1 \end{array}$$

	Airfoil		Camber line	
x	Yupper(x)	Ylower(x)	xc(c)	yc(c)
0	0	0	0.01	0
0.05	0.035	-0.0101	0.0604	0.0137
0.1	0.056	-0.01	0.1115	0.024
0.15	0.0714	-0.01	0.1603	0.0314
0.2	0.082	-0.01	0.2078	0.0363
0.25	0.0886	-0.0101	0.2547	0.0394
0.3	0.0917	-0.0101	0.3015	0.0408
0.35	0.0917	-0.0101	0.3486	0.0408
0.4	0.0891	-0.0101	0.3962	0.0396
0.45	0.0842	-0.01	0.4445	0.0373
0.5	0.0775	-0.0099	0.4935	0.0341
0.55	0.0693	-0.0096	0.5431	0.0301
0.6	0.0601	-0.0092	0.5934	0.0257
0.65	0.0502	-0.0087	0.6441	0.021
0.7	0.0402	-0.0081	0.6952	0.0163
0.75	0.0304	-0.0073	0.7464	0.0117
0.8	0.0213	-0.0063	0.7976	0.0076
0.85	0.0133	-0.0051	0.8487	0.0042
0.9	0.0068	-0.0036	0.8994	0.0016
0.95	0.0023	-0.0019	0.9499	$1.5559 \cdot 10^{-4}$
1	0	0	1	0

Airfoil # 1

Parameters: r = 0.015   Rt = 0.05   ξot = 0.15   ηot = 0.02   xM = 0.325   xm = 0.35
x := 0, 0.002 .. 1   c := 0, 0.05 .. 1

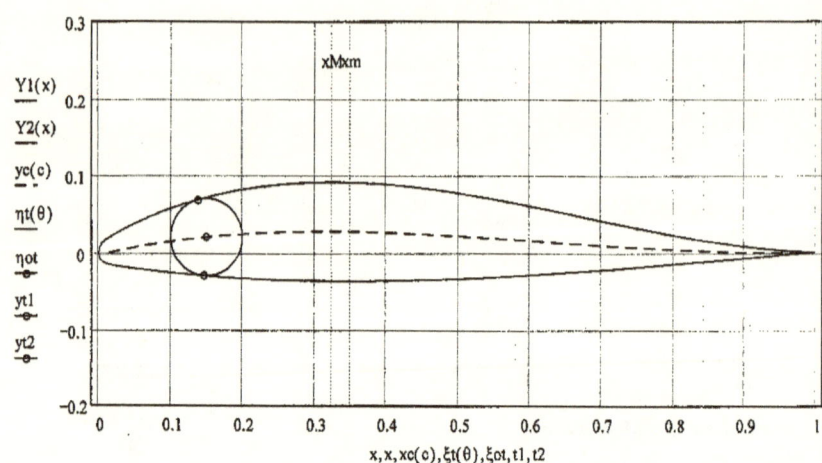

Fig. 1

x := 0, 0.05 .. 1   c := 0, 0.05 .. 1

Coordinates of Points — **Airfoil** — **Camber line**

x	Yupper(x)	Ylower(x)	xc(c)	yc(c)
0	0	0	0.015	0
0.05	0.0371	-0.0205	0.0629	0.009
0.1	0.057	-0.0259	0.114	0.0161
0.15	0.0716	-0.0301	0.1624	0.0211
0.2	0.0818	-0.0333	0.2093	0.0244
0.25	0.0881	-0.0355	0.2556	0.0264
0.3	0.091	-0.0367	0.3018	0.0272
0.35	0.091	-0.0371	0.3483	0.027
0.4	0.0885	-0.0367	0.3954	0.026
0.45	0.0838	-0.0357	0.4433	0.0242
0.5	0.0773	-0.034	0.4919	0.0218
0.55	0.0694	-0.0318	0.5414	0.019
0.6	0.0605	-0.0291	0.5917	0.0159
0.65	0.0509	-0.026	0.6425	0.0126
0.7	0.0411	-0.0226	0.6938	0.0094
0.75	0.0315	-0.019	0.7453	0.0063
0.8	0.0225	-0.0152	0.7968	0.0037
0.85	0.0144	-0.0113	0.8481	0.0015
0.9	0.0077	-0.0075	0.8991	$1.3494 \cdot 10^{-4}$
0.95	0.0028	-0.0037	0.9497	$-4.2798 \cdot 10^{-4}$
1	0	0	1	0

Head of Airfoil # 1

Coordinates of Points Q, S1, S2

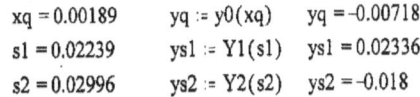

$xq = 0.00189$ $yq := y0(xq)$ $yq = -0.00718$
$s1 = 0.02239$ $ys1 := Y1(s1)$ $ys1 = 0.02336$
$s2 = 0.02996$ $ys2 := Y2(s2)$ $ys2 = -0.018$

$x := 0, 0.0002 .. 0.07$ $c := 0, 0.002 .. 0.07$

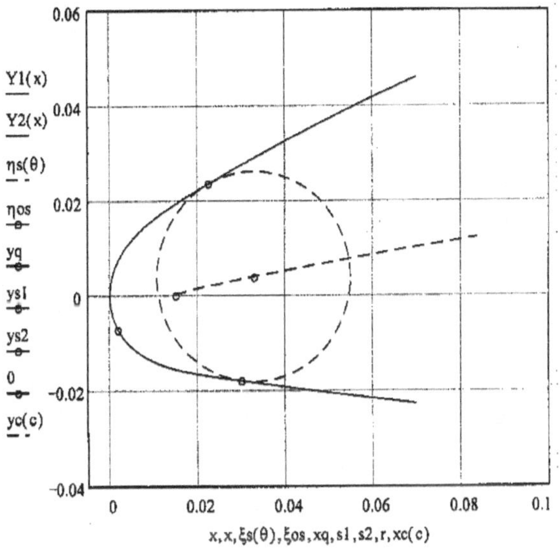

Fig. 2

Functions U1(x), U2(x), K1(x), K2(x) $x := 0, 0.0001 .. 0.04$

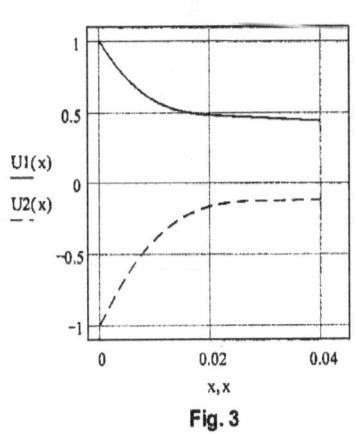

Fig. 3

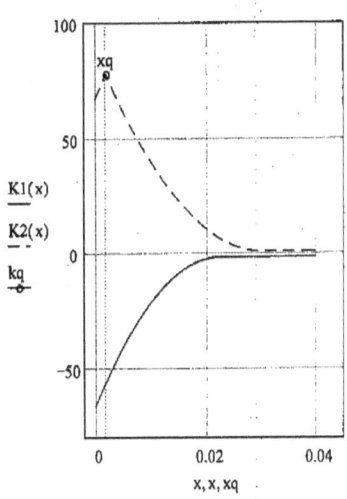

Fig. 4

Airfoil # 2

Parameters: r = 0.015   Rt = 0.05   ξot = 0.175   ηot = 0.02   xM = 0.325   xm = 0.35

x := 0, 0.002 .. 1   c := 0, 0.05 .. 1

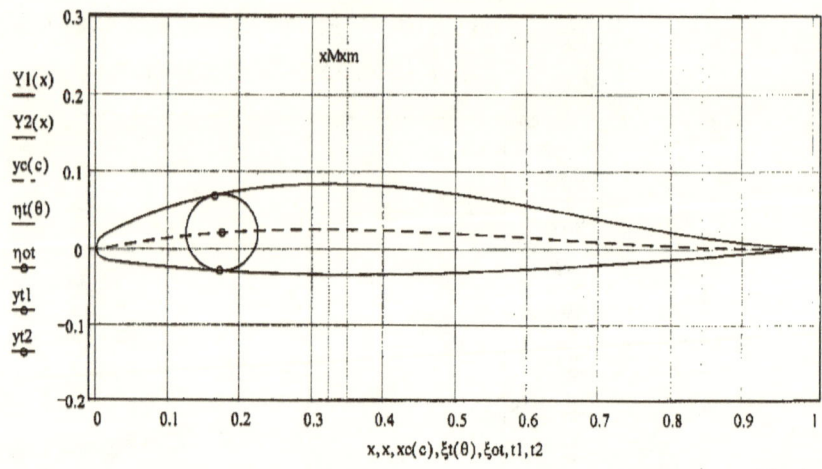

x := 0, 0.05 .. 1   c := 0, 0.05 .. 1

Fig. 1

Coordinates of Points   **Airfoil**   **Camber line**

x	Yupper(x)	Ylower(x)	xc(c)	yc(c)
0	0	0	0.015	0
0.05	0.0348	-0.0201	0.061	0.0079
0.1	0.0526	-0.0249	0.1118	0.0144
0.15	0.0658	-0.0286	0.1604	0.0189
0.2	0.075	-0.0314	0.2078	0.022
0.25	0.0808	-0.0333	0.2547	0.0238
0.3	0.0834	-0.0344	0.3015	0.0245
0.35	0.0834	-0.0347	0.3486	0.0244
0.4	0.0811	-0.0344	0.3961	0.0234
0.45	0.0769	-0.0334	0.4443	0.0218
0.5	0.071	-0.0319	0.4932	0.0197
0.55	0.0638	-0.0299	0.5428	0.0171
0.6	0.0557	-0.0275	0.593	0.0142
0.65	0.0469	-0.0247	0.6437	0.0112
0.7	0.038	-0.0216	0.6947	0.0083
0.75	0.0292	-0.0182	0.7459	0.0056
0.8	0.0209	-0.0147	0.7972	0.0032
0.85	0.0135	-0.011	0.8483	0.0013
0.9	0.0073	-0.0073	0.8992	$6.2814 \cdot 10^{-6}$
0.95	0.0027	-0.0036	0.9498	$-4.56 \cdot 10^{-4}$
1	0	0	1	0

MATHEMATICAL DESIGN OF WING SECTIONS   145

Head of Airfoil # 2

Coordinates of Points Q, S1, S2

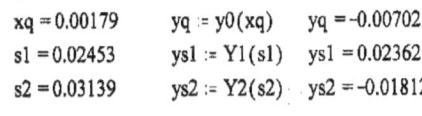

$xq = 0.00179 \quad yq := y0(xq) \quad yq = -0.00702$
$s1 = 0.02453 \quad ys1 := Y1(s1) \quad ys1 = 0.02362$
$s2 = 0.03139 \quad ys2 := Y2(s2) \quad ys2 = -0.01812$

$x := 0, 0.0002 .. 0.07 \quad c := 0, 0.002 .. 0.07$

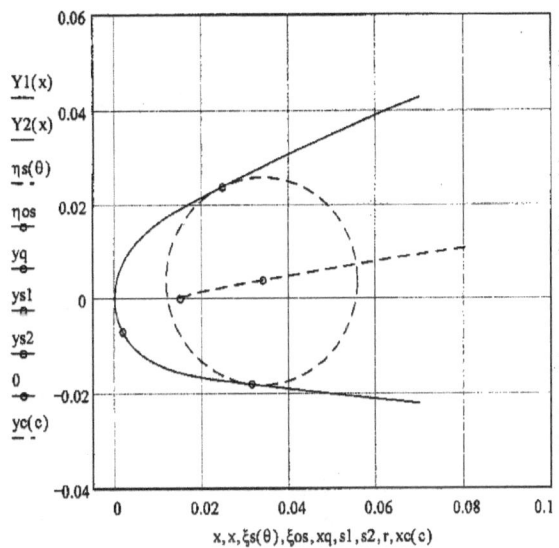

Fig. 2

Functions U1(x), U2(x), K1(x), K2(x) $x := 0, 0.0001 .. 0.04$

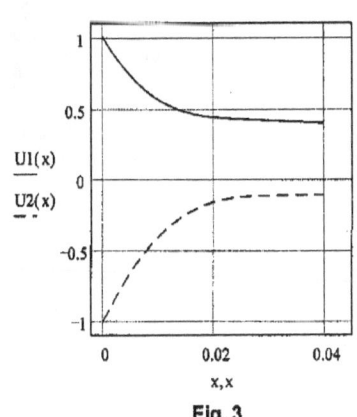

Fig. 3

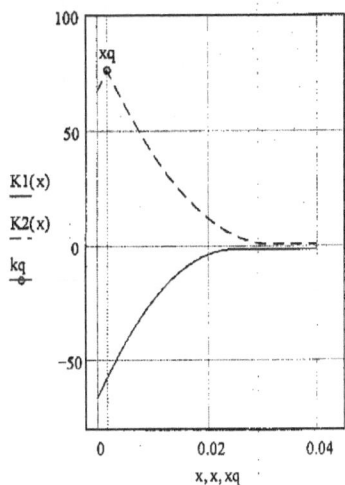

Fig. 4

Airfoil # 3

Parameters: r = 0.015   Rt = 0.05   ξot = 0.2   ηot = 0.02   xM = 0.325   xm = 0.35

x := 0, 0.002 .. 1   c := 0, 0.05 .. 1

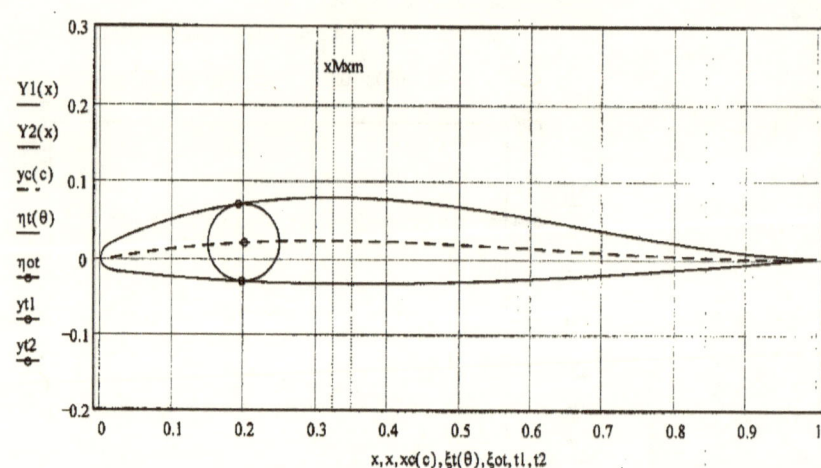

x := 0, 0.05 .. 1   c := 0, 0.05 .. 1

Fig. 1

Coordinates of Points

	Airfoil		Camber line	
x	Yupper(x)	Ylower(x)	xc(c)	yc(c)
0	0	0	0.015	0
0.05	0.0333	-0.0199	0.0598	0.0072
0.1	0.0497	-0.0242	0.1104	0.0132
0.15	0.062	-0.0275	0.1592	0.0175
0.2	0.0705	-0.03	0.2069	0.0203
0.25	0.0758	-0.0318	0.2541	0.0221
0.3	0.0783	-0.0328	0.3013	0.0228
0.35	0.0783	-0.0331	0.3488	0.0226
0.4	0.0762	-0.0328	0.3966	0.0217
0.45	0.0722	-0.0319	0.445	0.0202
0.5	0.0667	-0.0305	0.494	0.0182
0.55	0.06	-0.0287	0.5436	0.0158
0.6	0.0524	-0.0264	0.5938	0.0131
0.65	0.0443	-0.0238	0.6444	0.0103
0.7	0.0359	-0.0209	0.6953	0.0076
0.75	0.0277	-0.0177	0.7464	0.005
0.8	0.0199	-0.0143	0.7975	0.0028
0.85	0.0129	-0.0108	0.8485	0.0011
0.9	0.0071	-0.0072	0.8993	$-7.0789 \cdot 10^{-5}$
0.95	0.0027	-0.0036	0.9498	$-4.6913 \cdot 10^{-4}$
1	0	0	1	0

Head of Airfoil # 1

Coordinates of Points Q, S1, S2

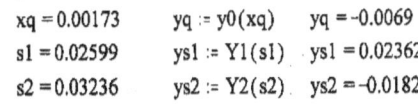

$xq = 0.00173$ $yq := y0(xq)$ $yq = -0.0069$
$s1 = 0.02599$ $ys1 := Y1(s1)$ $ys1 = 0.02362$
$s2 = 0.03236$ $ys2 := Y2(s2)$ $ys2 = -0.0182$

$x := 0, 0.0002 .. 0.07$ $c := 0, 0.002 .. 0.07$

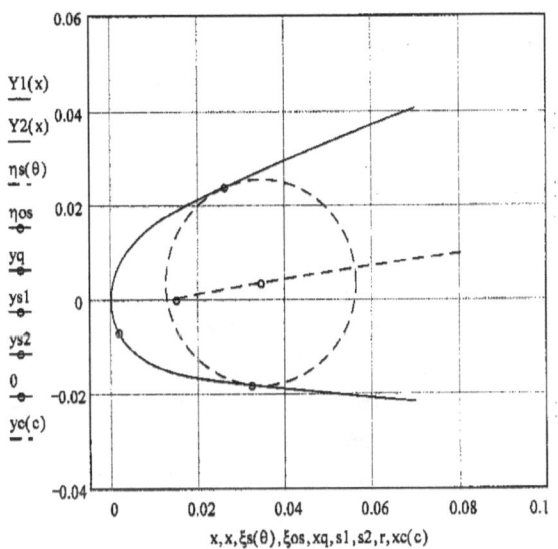

Fig. 2

Functions U1(x), U2(x), K1(x), K2(x) $x := 0, 0.0001 .. 0.04$

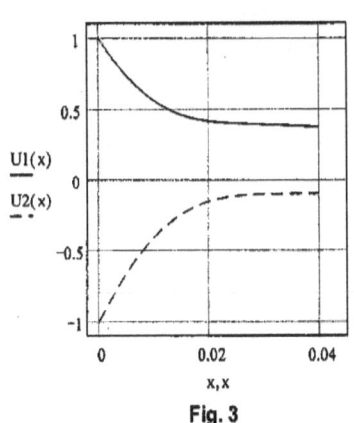

Fig. 3

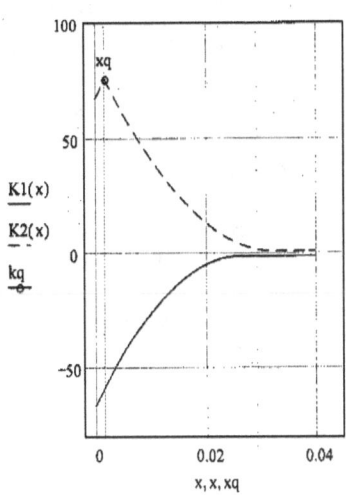

Fig. 4

Заключение

Итак, уважаемый читатель, мы завершили интереснейший путь познания секретов математического проектирования профилей крыльев. Конечно же за этой книгой последуют другие, где будут решены более совершенные задачи, реализующие новые идеи, и этот процесс бесконечен.

Что самое главное в этой книге? Ответ очевиден: Создан математический метод, позволяющий генерировать профили крыльев, для которых заданы лишь несколько параметров.

Перечислим основные этапы реализации метода.

1. *Эскиз профиля крыла* отражает все особенности формы профиля и включает параметры, раскрывая их геометрический смысл.

2. *Схема моделирования* содержит:

   Линии профиля – отдельные участки верхнего/нижнего контура профиля. Эти линии назначаются так, чтобы их моделирование могло быть выполнено D_n-кривыми степени $n \leq 3$.

   Составные кривые – геометрическая сумма D_n-кривых. Верхний и нижний контуры профиля моделируются составными кривыми.

   Точки сращивания ограничивают D_n-кривые. В каждой точке назначается порядок сращивания с соседней D_n-кривой. Порядок сращивания $m \leq 3$.

3. *Граничные условия* - совокупность требований, сформулированные математически, к которым относятся: условия, зависящие от задаваемых параметров; условия в точках сращивания; интегральные условия. Число граничных условий равно числу неизвестных D_n-кривых.

4. *Решение задачи* – нахождение всех неизвестных путем решения уравнений, полученных из граничных условий.

5. *Изготовление технической документации* включает: построение чертежа профиля крыла и его фрагментов, построение хорды профиля, печать таблиц координат точек профиля и хорды.

В книге решены восемь задач. По мнению автора все задачи могут быть рекомендованы к практическому внедрению, однако, для этой цели целесообразно переписать программы задач на языке более высокого уровня.

На этом заканчиваю свое повествование.

Желаю удачи в изучении методов математического проектирования!

Список литературы

1. Бронштейн И.Н., Семендяев К. А., Справочник по математике, Москва, "Наука", 1968.
2. Гурский Д. А., Вычисления в MathCAD, Минск, ООО "Новое знание", 2003.
3. Смирнов В.И. Курс высшей математики, Москва, "Наука", 1974.
4. Foux L.D., Pratt M.J., Computational geometry for design and manufacture, John Wiley & Sons, New York.
5. Ira H.Abbott, Albert E.von Doenhoff, Theory of wing sections. Dover publications Inc, New York.
6. Boris Dolomanov, Mathematical modeling of wing sections. Xlibris, USA, 2012.

Систематические расчеты

Содержание

1. Профили, расчитанные по праграме A — 152
2. Профили, расчитанные по праграме B — 173
3. Профили, расчитанные по праграме C — 194
4. Профили, расчитанные по праграме D — 215
5. Профили, расчитанные по праграме E — 236
6. Профили, расчитанные по праграме F — 257

В программах и систематических расчетах принята терминология:

Upper Surface – верхняя поверхность секции крыла;
Lower Surface – нижняя поверхность секции крыла;
Airfoil – профиль секции крыла;
Head of Airfoil – головная часть профиля;
Tail of Airfoil – хвостовая часть профиля;
Camber line – хорда профиля;
NACA Camber – контур профиля NACA;
D-Camber – контур профиля, моделируемый D_n - кривыми;
Bend – погибь хорды, максимальное значение ординаты хорды;
Duct – насадка пропеллера;

В расчетах представлены:
1). Параметры профиля.
2). Чертеж профиля и хорды.
3). Таблица координат точек профиля, где

x, Y_{upper} - верхний контур профиля;

x, Y_{lower} - нижний контур профиля.

4). Таблица координат точек хорды $x_c(c), y_c(c)$.

1. Профили рассчитанные по программе A

Таблица 2

Профили	r	x_M	y_M	x_m	y_m
1	0.02	0.35	0.1	0.3	-0.05
2				0.35	
3				0.4	
4	0.015	0.35	0.1	0.3	-0.05
5				0.35	
6				0.4	
7	0.015	0.35	0.1	0.3	-0.025
8				0.35	
9				0.4	
10	0.01	0.35	0.1	0.35	0
11				0.375	
12				0.4	
13	0.01	0.35	0.1	0.35	0.025
14				0.375	
15				0.4	
16	0.005	0.35	0.1	0.35	0.025
17				0.375	
18				0.4	
19	0.005	0.35	0.1	0.35	0.05
20				0.375	

Airfoil # 1

Parameters: r = 0.02   xM = 0.35   yM = 0.1   xm = 0.3   ym = -0.05

x := 0, 0.002 .. 1   c := 0, 0.05 .. 1

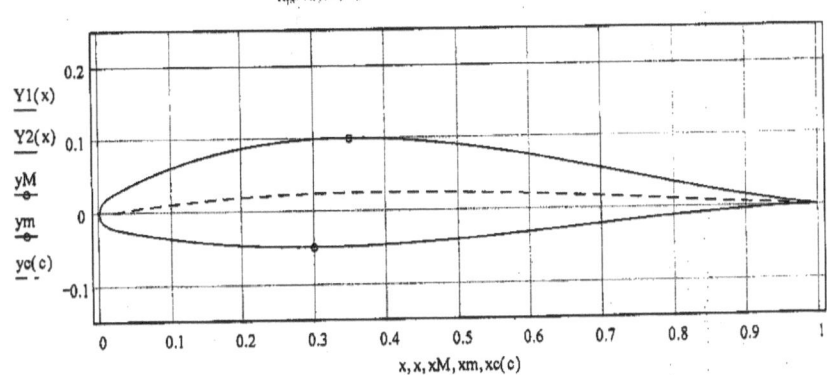

Coordinates of Points: x := 0, 0.05 .. 1

Airfoil

x	Yupper(x)	Ylower(x)
0	0	0
0.05	0.0404	-0.0286
0.1	0.0607	-0.0368
0.15	0.076	-0.0429
0.2	0.0871	-0.047
0.25	0.0945	-0.0493
0.3	0.0987	-0.05
0.35	0.1	-0.0493
0.4	0.0988	-0.0475
0.45	0.0953	-0.0446
0.5	0.09	-0.0409
0.55	0.083	-0.0366
0.6	0.0747	-0.0318
0.65	0.0654	-0.0267
0.7	0.0554	-0.0216
0.75	0.0451	-0.0166
0.8	0.0347	-0.0119
0.85	0.0247	-0.0077
0.9	0.0154	-0.0042
0.95	0.007	-0.0016
1	0	0

Camber line

xc(c)	yc(c)
0.02	0
0.0656	0.0065
0.117	0.0124
0.1655	0.0169
0.2123	0.0203
0.2582	0.0227
0.304	0.0244
0.35	0.0253
0.3965	0.0256
0.4438	0.0254
0.4919	0.0246
0.5408	0.0233
0.5906	0.0215
0.6411	0.0194
0.6922	0.017
0.7436	0.0143
0.7953	0.0115
0.8469	0.0086
0.8983	0.0056
0.9493	0.0028
1	0

Airfoil # 2

Parameters: r = 0.02   xM = 0.35   yM = 0.1   xm = 0.35   ym = -0.05

x := 0, 0.002 .. 1   c := 0, 0.05 .. 1

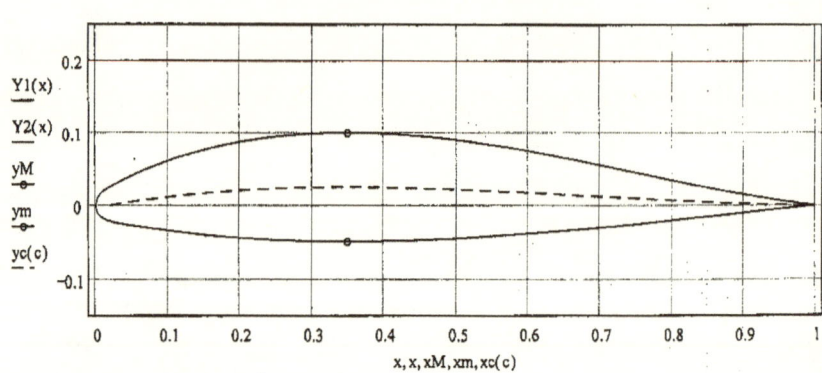

Coordinates of Points: x := 0, 0.05 .. 1

	Airfoil		Camber line	
x	Yupper(x)	Ylower(x)	xc(c)	yc(c)
0	0	0	0.02	0
0.05	0.0404	-0.0275	0.0653	0.0072
0.1	0.0607	-0.0348	0.1166	0.0135
0.15	0.076	-0.0406	0.1652	0.0181
0.2	0.0871	-0.0449	0.2121	0.0213
0.25	0.0945	-0.0478	0.2582	0.0234
0.3	0.0987	-0.0495	0.304	0.0246
0.35	0.1	-0.05	0.35	0.025
0.4	0.0988	-0.0495	0.3965	0.0247
0.45	0.0953	-0.0481	0.4436	0.0237
0.5	0.09	-0.0458	0.4916	0.0222
0.55	0.083	-0.0428	0.5403	0.0202
0.6	0.0747	-0.0392	0.5899	0.0179
0.65	0.0654	-0.035	0.6403	0.0153
0.7	0.0554	-0.0304	0.6913	0.0126
0.75	0.0451	-0.0256	0.7427	0.0099
0.8	0.0347	-0.0205	0.7944	0.0072
0.85	0.0247	-0.0152	0.8461	0.0048
0.9	0.0154	-0.01	0.8977	0.0027
0.95	0.007	-0.0049	0.9491	0.0011
1	0	0	1	0

Airfoil # 3

Parameters: r = 0.02   xM = 0.35   yM = 0.1   xm = 0.4   ym = -0.05

x := 0, 0.002 .. 1   c := 0, 0.05 .. 1

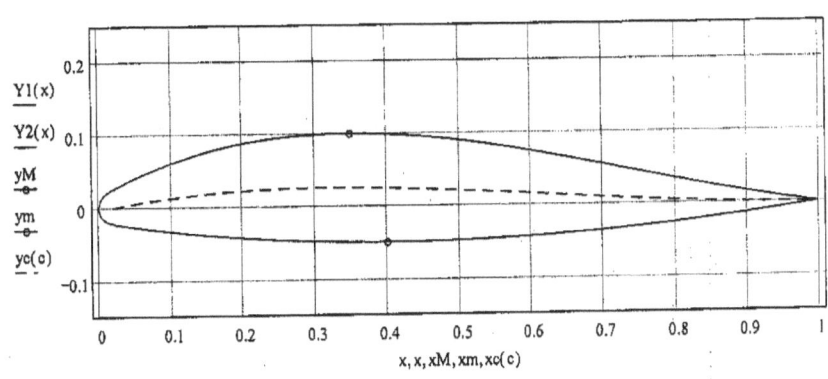

Coordinates of Points: x := 0, 0.05 .. 1

x	Yupper(x)	Ylower(x)	xc(c)	yc(c)
0	0	0	0.02	0
0.05	0.0404	-0.0266	0.0651	0.0077
0.1	0.0607	-0.0331	0.1163	0.0144
0.15	0.076	-0.0384	0.1649	0.0192
0.2	0.0871	-0.0427	0.2119	0.0224
0.25	0.0945	-0.046	0.2581	0.0243
0.3	0.0987	-0.0482	0.304	0.0252
0.35	0.1	-0.0496	0.35	0.0252
0.4	0.0988	-0.05	0.3965	0.0244
0.45	0.0953	-0.0496	0.4436	0.023
0.5	0.09	-0.0483	0.4914	0.021
0.55	0.083	-0.0463	0.5401	0.0185
0.6	0.0747	-0.0436	0.5896	0.0157
0.65	0.0654	-0.0402	0.6398	0.0128
0.7	0.0554	-0.0361	0.6907	0.0098
0.75	0.0451	-0.0314	0.7421	0.007
0.8	0.0347	-0.0261	0.7938	0.0044
0.85	0.0247	-0.0203	0.8456	0.0023
0.9	0.0154	-0.0139	0.8974	$7.4038 \cdot 10^{-4}$
0.95	0.007	-0.0072	0.9489	$-5.9434 \cdot 10^{-5}$
1	0	0	1	0

Airfoil # 4

Parameters: r = 0.015   xM = 0.35   yM = 0.1   xm = 0.3   ym = -0.05

x := 0, 0.002 .. 1   c := 0, 0.05 .. 1

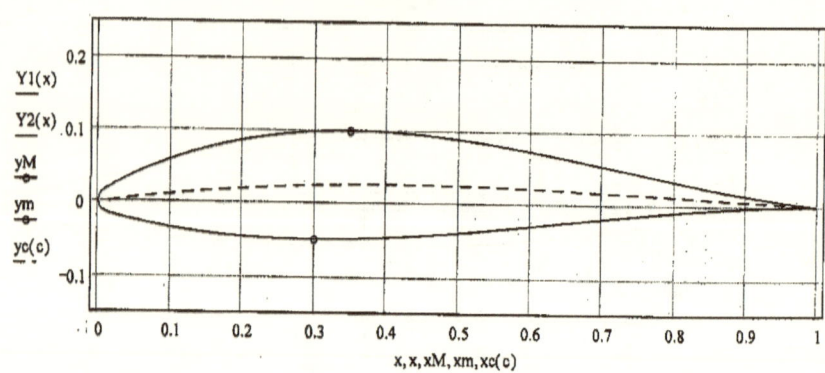

Coordinates of Points:

x := 0, 0.05 .. 1

Airfoil			Camber line	
x	Yupper(x)	Ylower(x)	xc(c)	yc(c)
0	0	0	0.015	0
0.05	0.038	-0.0253	0.065	0.0068
0.1	0.0591	-0.0349	0.1171	0.0126
0.15	0.0751	-0.0419	0.1658	0.017
0.2	0.0866	-0.0465	0.2126	0.0203
0.25	0.0943	-0.0492	0.2585	0.0227
0.3	0.0986	-0.05	0.3041	0.0244
0.35	0.1	-0.0493	0.35	0.0254
0.4	0.0987	-0.0472	0.3964	0.0258
0.45	0.0952	-0.0439	0.4436	0.0256
0.5	0.0897	-0.0398	0.4917	0.025
0.55	0.0825	-0.0351	0.5407	0.0238
0.6	0.074	-0.0298	0.5906	0.0222
0.65	0.0646	-0.0244	0.6412	0.0202
0.7	0.0544	-0.019	0.6924	0.0178
0.75	0.044	-0.0139	0.744	0.0152
0.8	0.0337	-0.0092	0.7956	0.0123
0.85	0.0238	-0.0053	0.8472	0.0093
0.9	0.0146	-0.0023	0.8985	0.0062
0.95	0.0066	$-4.4344 \cdot 10^{-4}$	0.9495	0.0031
1	0	0	1	0

Airfoil # 5

Parameters: r = 0.015   xM = 0.35   yM = 0.1   xm = 0.35   ym = -0.05

x := 0, 0.002 .. 1   c := 0, 0.05 .. 1

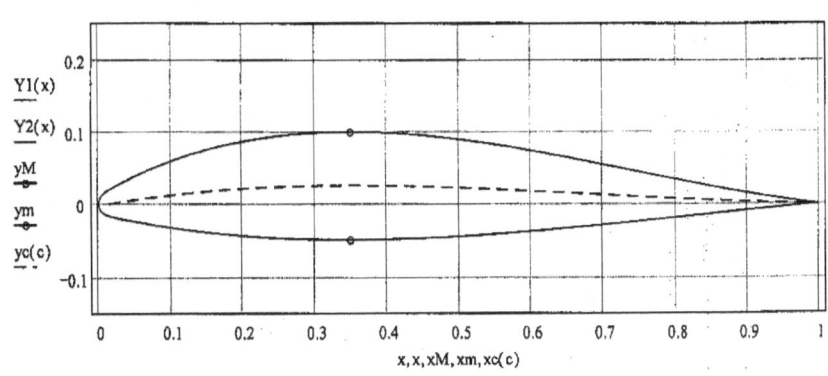

Coordinates of Points: x := 0, 0.05 .. 1

	Airfoil		Camber line	
x	Yupper(x)	Ylower(x)	xc(c)	yc(c)
0	0	0	0.015	0
0.05	0.038	-0.024	0.0647	0.0076
0.1	0.0591	-0.0325	0.1167	0.0138
0.15	0.0751	-0.0392	0.1655	0.0183
0.2	0.0866	-0.0441	0.2124	0.0214
0.25	0.0943	-0.0475	0.2584	0.0235
0.3	0.0986	-0.0494	0.3041	0.0246
0.35	0.1	-0.05	0.35	0.025
0.4	0.0987	-0.0494	0.3964	0.0247
0.45	0.0952	-0.0478	0.4434	0.0237
0.5	0.0897	-0.0453	0.4914	0.0223
0.55	0.0825	-0.0421	0.5402	0.0203
0.6	0.074	-0.0382	0.5899	0.0181
0.65	0.0646	-0.0338	0.6403	0.0155
0.7	0.0544	-0.029	0.6914	0.0129
0.75	0.044	-0.0239	0.7429	0.0101
0.8	0.0337	-0.0188	0.7947	0.0075
0.85	0.0238	-0.0137	0.8464	0.0051
0.9	0.0146	-0.0088	0.898	0.0029
0.95	0.0066	-0.0042	0.9492	0.0012
1	0	0	1	0

Airfoil # 6

Parameters: r = 0.015   xM = 0.35   yM = 0.1   xm = 0.4   ym = –0.05

x := 0, 0.002 .. 1   c := 0, 0.05 .. 1

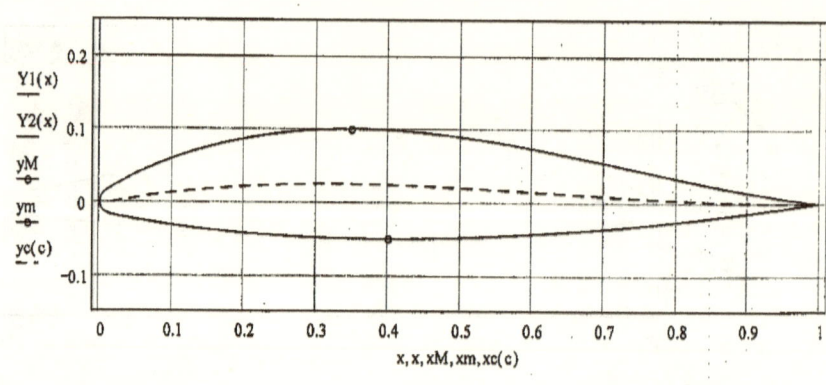

Coordinates of Points:

x := 0, 0.05 .. 1

Airfoil | Camber line

x	Yupper(x)	Ylower(x)	xc(c)	yc(c)
0	0	0	0.015	0
0.05	0.038	-0.0228	0.0643	0.0082
0.1	0.0591	-0.0305	0.1163	0.0149
0.15	0.0751	-0.0367	0.1651	0.0195
0.2	0.0866	-0.0417	0.2122	0.0226
0.25	0.0943	-0.0454	0.2583	0.0245
0.3	0.0986	-0.048	0.3041	0.0253
0.35	0.1	-0.0495	0.35	0.0253
0.4	0.0987	-0.05	0.3964	0.0244
0.45	0.0952	-0.0495	0.4434	0.0229
0.5	0.0897	-0.0482	0.4912	0.0209
0.55	0.0825	-0.046	0.5399	0.0184
0.6	0.074	-0.0431	0.5894	0.0157
0.65	0.0646	-0.0395	0.6398	0.0127
0.7	0.0544	-0.0352	0.6908	0.0098
0.75	0.044	-0.0304	0.7423	0.0069
0.8	0.0337	-0.025	0.794	0.0044
0.85	0.0238	-0.0193	0.8459	0.0023
0.9	0.0146	-0.0131	0.8976	$7.483 \cdot 10^{-4}$
0.95	0.0066	-0.0067	0.949	$-4.8497 \cdot 10^{-5}$
1	0	0	1	0

Airfoil # 7

Parameters: r = 0.015   xM = 0.35   yM = 0.1   xm = 0.3   ym = -0.025

x := 0, 0.002 .. 1   c := 0, 0.05 .. 1

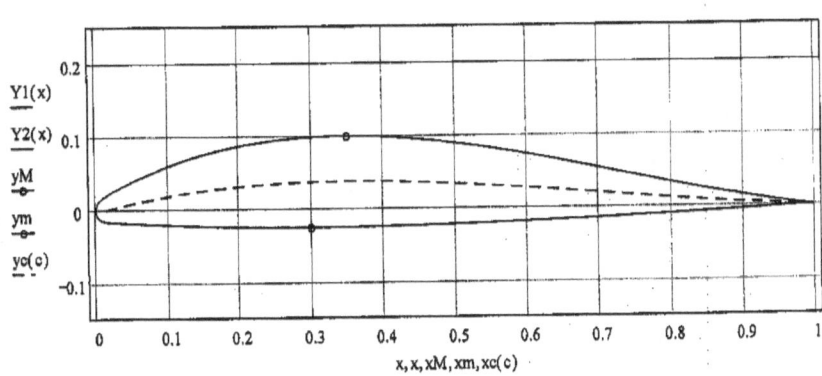

Coordinates of Points: x := 0, 0.05 .. 1

	Airfoil		Camber line	
x	Yupper(x)	Ylower(x)	xc(c)	yc(c)
0	0	0	0.015	0
0.05	0.038	-0.0184	0.063	0.0109
0.1	0.0591	-0.0209	0.1144	0.0201
0.15	0.0751	-0.0228	0.1631	0.0268
0.2	0.0866	-0.024	0.2105	0.0317
0.25	0.0943	-0.0248	0.2571	0.0349
0.3	0.0986	-0.025	0.3034	0.0369
0.35	0.1	-0.0248	0.35	0.0376
0.4	0.0987	-0.0242	0.397	0.0373
0.45	0.0952	-0.0232	0.4446	0.0361
0.5	0.0897	-0.0218	0.4929	0.0341
0.55	0.0825	-0.0202	0.5419	0.0313
0.6	0.074	-0.0184	0.5917	0.0281
0.65	0.0646	-0.0163	0.6421	0.0244
0.7	0.0544	-0.0141	0.693	0.0204
0.75	0.044	-0.0118	0.7442	0.0163
0.8	0.0337	-0.0094	0.7956	0.0123
0.85	0.0238	-0.007	0.8471	0.0085
0.9	0.0146	-0.0046	0.8983	0.005
0.95	0.0066	-0.0022	0.9494	0.0022
1	0	0	1	0

Airfoil # 8

Parameters: r = 0.015   xM = 0.35   yM = 0.1   xm = 0.35   ym = -0.025

x := 0, 0.002 .. 1   c := 0, 0.05 .. 1

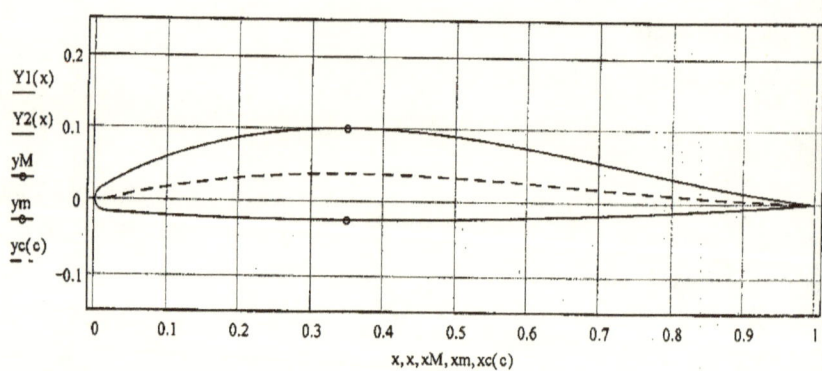

Coordinates of Points: x := 0, 0.05 .. 1

	Airfoil			Camber line
x	Yupper(x)	Ylower(x)	xc(c)	yc(c)
0	0	0	0.015	0
0.05	0.038	-0.0181	0.0629	0.0111
0.1	0.0591	-0.0203	0.1142	0.0204
0.15	0.0751	-0.022	0.163	0.0272
0.2	0.0866	-0.0233	0.2104	0.032
0.25	0.0943	-0.0243	0.257	0.0352
0.3	0.0986	-0.0248	0.3034	0.0369
0.35	0.1	-0.025	0.35	0.0375
0.4	0.0987	-0.0248	0.397	0.037
0.45	0.0952	-0.0243	0.4445	0.0355
0.5	0.0897	-0.0235	0.4928	0.0333
0.55	0.0825	-0.0223	0.5418	0.0303
0.6	0.074	-0.0208	0.5915	0.0269
0.65	0.0646	-0.0191	0.6418	0.023
0.7	0.0544	-0.0171	0.6927	0.0189
0.75	0.044	-0.0148	0.7439	0.0148
0.8	0.0337	-0.0123	0.7953	0.0108
0.85	0.0238	-0.0095	0.8468	0.0072
0.9	0.0146	-0.0065	0.8982	0.0041
0.95	0.0066	-0.0034	0.9493	0.0016
1	0	0	1	0

Airfoil # 9

Parameters: r = 0.015 xM = 0.35 yM = 0.1 xm = 0.4 ym = −0.025

x := 0, 0.002 .. 1   c := 0, 0.05 .. 1

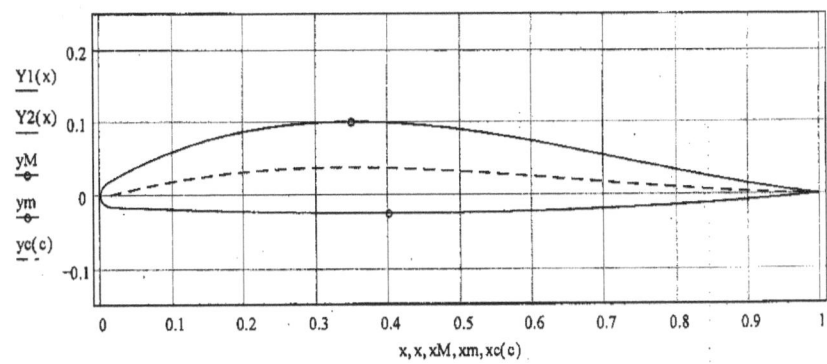

Coordinates of Points: x := 0, 0.05 .. 1

	Airfoil		Camber line	
x	Yupper(x)	Ylower(x)	xc(c)	yc(c)
0	0	0	0.015	0
0.05	0.038	-0.0178	0.0628	0.0113
0.1	0.0591	-0.0196	0.1141	0.0208
0.15	0.0751	-0.0212	0.1629	0.0276
0.2	0.0866	-0.0226	0.2103	0.0324
0.25	0.0943	-0.0236	0.257	0.0355
0.3	0.0986	-0.0244	0.3034	0.0372
0.35	0.1	-0.0248	0.35	0.0376
0.4	0.0987	-0.025	0.397	0.0369
0.45	0.0952	-0.0248	0.4445	0.0353
0.5	0.0897	-0.0244	0.4927	0.0329
0.55	0.0825	-0.0235	0.5417	0.0297
0.6	0.074	-0.0224	0.5913	0.0261
0.65	0.0646	-0.0209	0.6416	0.0221
0.7	0.0544	-0.019	0.6925	0.0179
0.75	0.044	-0.0168	0.7437	0.0138
0.8	0.0337	-0.0142	0.7951	0.0098
0.85	0.0238	-0.0113	0.8467	0.0063
0.9	0.0146	-0.0079	0.8981	0.0034
0.95	0.0066	-0.0042	0.9492	0.0012
1	0	0	1	0

Airfoil # 10

Parameters: r = 0.01   xM = 0.35   yM = 0.1   xm = 0.35   ym = 0

x := 0, 0.002 .. 1   c := 0, 0.05 .. 1

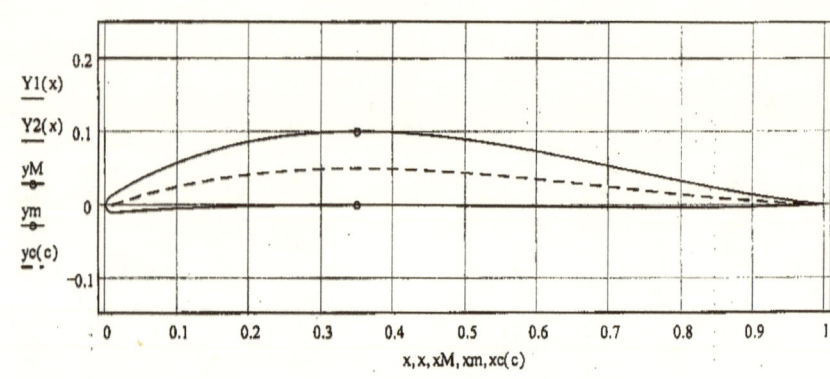

x, x, xM, xm, xc(c)

Coordinates of Points: x := 0, 0.05 .. 1

	Airfoil			Camber line
x	Yupper(x)	Ylower(x)	xc(c)	yc(c)
0	0	0	0.01	0
0.05	0.0356	-0.0081	0.0602	0.0153
0.1	0.0577	-0.0053	0.1115	0.0275
0.15	0.0742	-0.0032	0.1607	0.0364
0.2	0.0862	-0.0017	0.2085	0.0428
0.25	0.0941	$-7.0885 \cdot 10^{-4}$	0.2558	0.0469
0.3	0.0986	$-1.6539 \cdot 10^{-4}$	0.3028	0.0493
0.35	0.1	0	0.35	0.05
0.4	0.0987	$-1.4177 \cdot 10^{-4}$	0.3975	0.0493
0.45	0.0951	$-5.1982 \cdot 10^{-4}$	0.4455	0.0474
0.5	0.0894	-0.0011	0.4941	0.0444
0.55	0.0821	-0.0017	0.5433	0.0405
0.6	0.0734	-0.0024	0.5931	0.0359
0.65	0.0638	-0.003	0.6434	0.0308
0.7	0.0536	-0.0035	0.6941	0.0254
0.75	0.0431	-0.0038	0.7451	0.0199
0.8	0.0327	-0.0038	0.7963	0.0146
0.85	0.0229	-0.0035	0.8475	0.0098
0.9	0.0139	-0.0029	0.8986	0.0056
0.95	0.0062	-0.0017	0.9495	0.0022
1	0	0	1	0

Airfoil # 11

Parameters: r = 0.01   xM = 0.35   yM = 0.1   xm = 0.375   ym = 0

$$x := 0, 0.002 .. 1 \qquad c := 0, 0.05 .. 1$$

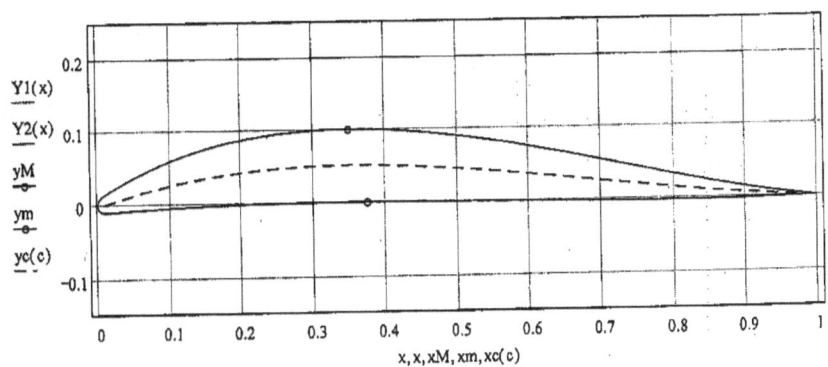

Coordinates of Points:

$$x := 0, 0.05 .. 1$$

Airfoil

x	Yupper(x)	Ylower(x)
0	0	0
0.05	0.0356	-0.0082
0.1	0.0577	-0.0056
0.15	0.0742	-0.0035
0.2	0.0862	-0.002
0.25	0.0941	$-9.6098 \cdot 10^{-4}$
0.3	0.0986	$-3.2288 \cdot 10^{-4}$
0.35	0.1	$-3.3312 \cdot 10^{-5}$
0.4	0.0987	$-3.075 \cdot 10^{-5}$
0.45	0.0951	$-2.5369 \cdot 10^{-4}$
0.5	0.0894	$-6.4064 \cdot 10^{-4}$
0.55	0.0821	-0.0011
0.6	0.0734	-0.0017
0.65	0.0638	-0.0022
0.7	0.0536	-0.0026
0.75	0.0431	-0.0029
0.8	0.0327	-0.003
0.85	0.0229	-0.0028
0.9	0.0139	-0.0023
0.95	0.0062	-0.0014
1	0	0

Camber line

xc(c)	yc(c)
0.01	0
0.0603	0.0152
0.1116	0.0274
0.1607	0.0363
0.2086	0.0426
0.2558	0.0468
0.3028	0.0492
0.35	0.05
0.3975	0.0494
0.4455	0.0475
0.4941	0.0446
0.5433	0.0408
0.5931	0.0362
0.6435	0.0312
0.6942	0.0258
0.7452	0.0203
0.7964	0.0151
0.8476	0.0101
0.8986	0.0059
0.9495	0.0024
1	0

Airfoil # 12

Parameters: r = 0.01   xM = 0.35   yM = 0.1   xm = 0.4   ym = 0

x := 0, 0.002 .. 1   c := 0, 0.05 .. 1

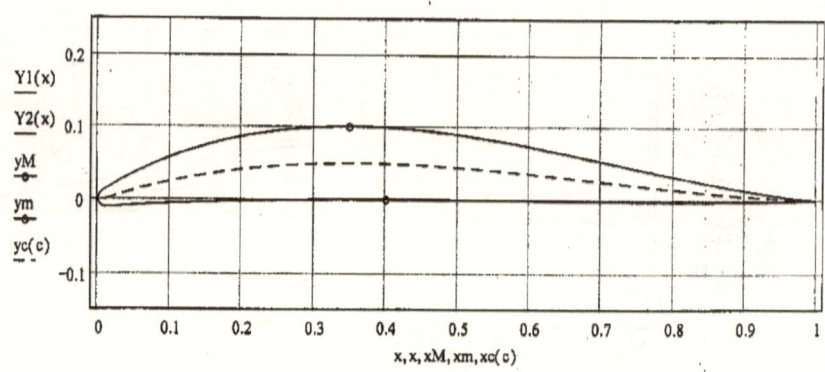

Coordinates of Points:

x := 0, 0.05 .. 1

Airfoil			Camber line	
x	Yupper(x)	Ylower(x)	xc(c)	yc(c)
0	0	0	0.01	0
0.05	0.0356	-0.0084	0.0603	0.0152
0.1	0.0577	-0.0058	0.1116	0.0273
0.15	0.0742	-0.0038	0.1608	0.0361
0.2	0.0862	-0.0023	0.2086	0.0425
0.25	0.0941	-0.0012	0.2558	0.0467
0.3	0.0986	$-5.0274 \cdot 10^{-4}$	0.3028	0.0491
0.35	0.1	$-1.1671 \cdot 10^{-4}$	0.35	0.0499
0.4	0.0987	0	0.3975	0.0494
0.45	0.0951		0.4455	0.0476
0.5	0.0894	$-9.8751 \cdot 10^{-5}$	0.4942	0.0447
0.55	0.0821	$-3.591 \cdot 10^{-4}$	0.5434	0.041
0.6	0.0734	$-7.2718 \cdot 10^{-4}$	0.5932	0.0365
0.65	0.0638	-0.0011	0.6435	0.0315
0.7	0.0536	-0.0016	0.6943	0.0261
0.75	0.0431	-0.0019	0.7453	0.0207
0.8	0.0327	-0.0022	0.7965	0.0154
0.85	0.0229	-0.0023	0.8476	0.0104
0.9	0.0139	-0.0022	0.8987	0.0061
0.95	0.0062	-0.0018	0.9495	0.0026
1	0	-0.0011	1	0
		0		

Airfoil # 13

Parameters: r = 0.01   xM = 0.35   yM = 0.1   xm = 0.35   ym = 0.025

x := 0, 0.002 .. 1   c := 0, 0.05 .. 1

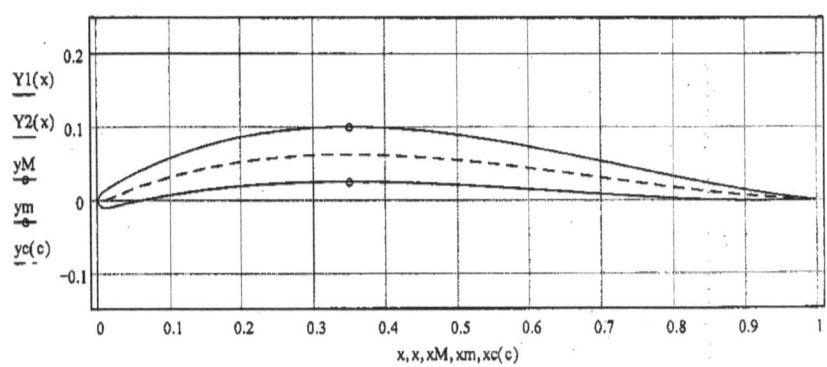

Coordinates of Points: x := 0, 0.05 .. 1

	Airfoil			Camber line
x	Yupper(x)	Ylower(x)	xc(c)	yc(c)
0	0	0	0.01	0
0.05	0.0356	-0.0021	0.0585	0.0188
0.1	0.0577	0.0071	0.109	0.0341
0.15	0.0742	0.014	0.1582	0.0453
0.2	0.0862	0.0191	0.2065	0.0533
0.25	0.0941	0.0225	0.2544	0.0586
0.3	0.0986	0.0244	0.3021	0.0616
0.35	0.1	0.025	0.35	0.0625
0.4	0.0987	0.0245	0.3981	0.0616
0.45	0.0951	0.023	0.4466	0.0592
0.5	0.0894	0.0208	0.4955	0.0554
0.55	0.0821	0.0181	0.5449	0.0505
0.6	0.0734	0.015	0.5947	0.0447
0.65	0.0638	0.0117	0.6449	0.0382
0.7	0.0536	0.0085	0.6954	0.0314
0.75	0.0431	0.0055	0.7461	0.0246
0.8	0.0327	0.0028	0.797	0.018
0.85	0.0229	$7.6044 \cdot 10^{-4}$	0.8479	0.0119
0.9	0.0139	$-5.1839 \cdot 10^{-4}$	0.8988	0.0067
0.95	0.0062	$-8.3467 \cdot 10^{-4}$	0.9495	0.0027
1	0	0	1	0

Airfoil # 14

Parameters: r = 0.01   xM = 0.35   yM = 0.1   xm = 0.375   ym = 0.025

x := 0, 0.002 .. 1   c := 0, 0.05 .. 1

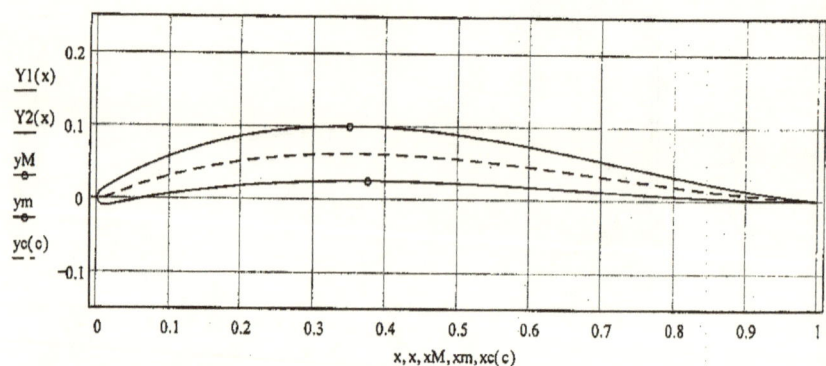

x, x, xM, xm, xc(c)

Coordinates of Points: x := 0, 0.05 .. 1

Airfoil			Camber line	
x	Yupper(x)	Ylower(x)	xc(c)	yc(c)
0	0	0	0.01	0
0.05	0.0356	-0.0026	0.0586	0.0185
0.1	0.0577	0.0061	0.1092	0.0336
0.15	0.0742	0.0129	0.1583	0.0447
0.2	0.0862	0.018	0.2066	0.0527
0.25	0.0941	0.0216	0.2544	0.0581
0.3	0.0986	0.0238	0.3021	0.0613
0.35	0.1	0.0249	0.35	0.0624
0.4	0.0987	0.0249	0.3981	0.0618
0.45	0.0951	0.024	0.4467	0.0597
0.5	0.0894	0.0224	0.4956	0.0561
0.55	0.0821	0.0202	0.5451	0.0515
0.6	0.0734	0.0176	0.5949	0.0459
0.65	0.0638	0.0147	0.6452	0.0397
0.7	0.0536	0.0117	0.6957	0.033
0.75	0.0431	0.0088	0.7465	0.0262
0.8	0.0327	0.006	0.7973	0.0196
0.85	0.0229	0.0036	0.8482	0.0134
0.9	0.0139	0.0017	0.899	0.0078
0.95	0.0062	$4.3596 \cdot 10^{-4}$	0.9496	0.0033
1	0	0	1	0

Airfoil # 15

Parameters: r = 0.01   xM = 0.35   yM = 0.1   xm = 0.4   ym = 0.025

x := 0, 0.002 .. 1   c := 0, 0.05 .. 1

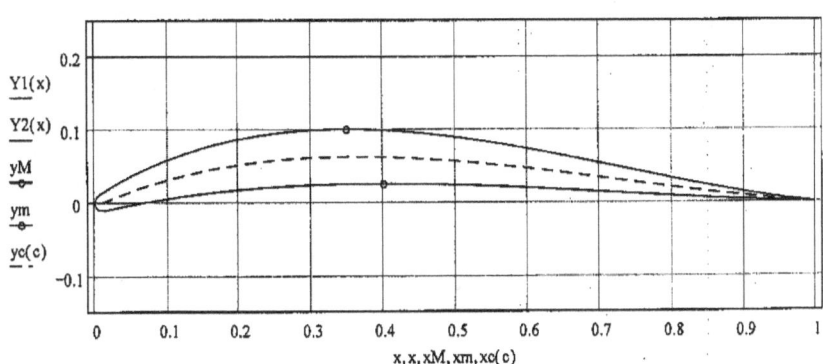

Coordinates of Points: x := 0, 0.05 .. 1

	Airfoil		Camber line	
x	Yupper(x)	Ylower(x)	xc(c)	yc(c)
0	0	0	0.01	0
0.05	0.0356	-0.0031	0.0588	0.0182
0.1	0.0577	0.0052	0.1094	0.0331
0.15	0.0742	0.0118	0.1585	0.0442
0.2	0.0862	0.0169	0.2067	0.0522
0.25	0.0941	0.0206	0.2545	0.0577
0.3	0.0986	0.0231	0.3022	0.0609
0.35	0.1	0.0246	0.35	0.0623
0.4	0.0987	0.025	0.3981	0.0619
0.45	0.0951	0.0246	0.4467	0.0599
0.5	0.0894	0.0235	0.4957	0.0567
0.55	0.0821	0.0217	0.5452	0.0522
0.6	0.0734	0.0196	0.5951	0.0469
0.65	0.0638	0.017	0.6454	0.0408
0.7	0.0536	0.0142	0.696	0.0342
0.75	0.0431	0.0114	0.7467	0.0275
0.8	0.0327	0.0085	0.7976	0.0208
0.85	0.0229	0.0059	0.8484	0.0145
0.9	0.0139	0.0035	0.8991	0.0087
0.95	0.0062	0.0015	0.9497	0.0038
1	0	0	1	0

Airfoil # 16

Parameters: r = 0.005   xM = 0.35   yM = 0.1   xm = 0.35   ym = 0.025

x := 0, 0.002 .. 1   c := 0, 0.05 .. 1

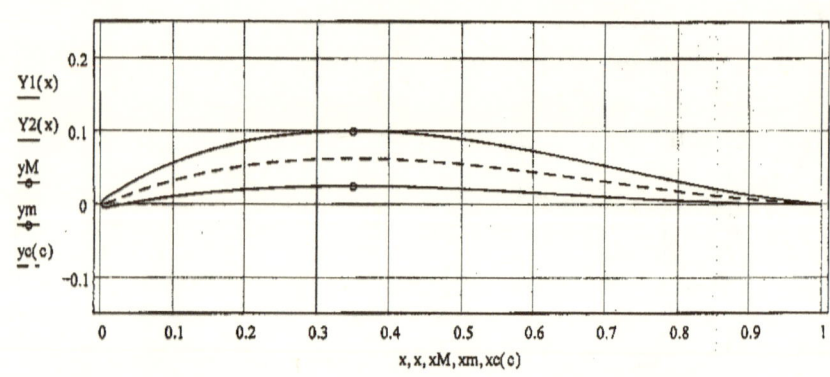

Coordinates of Points:

x := 0, 0.05 .. 1

	Airfoil		Camber line	
x	Yupper(x)	Ylower(x)	xc(c)	yc(c)
0	0	0	0.005	0
0.05	0.0334	0.0028	0.0572	0.0197
0.1	0.0563	0.0102	0.1086	0.0347
0.15	0.0734	0.016	0.1581	0.0457
0.2	0.0858	0.0201	0.2065	0.0535
0.25	0.094	0.0229	0.2545	0.0587
0.3	0.0986	0.0245	0.3022	0.0616
0.35	0.1	0.025	0.35	0.0625
0.4	0.0987	0.0246	0.3981	0.0617
0.45	0.095	0.0233	0.4466	0.0593
0.5	0.0892	0.0215	0.4955	0.0556
0.55	0.0817	0.0191	0.5449	0.0508
0.6	0.0729	0.0164	0.5948	0.045
0.65	0.0631	0.0135	0.6451	0.0387
0.7	0.0527	0.0106	0.6956	0.032
0.75	0.0421	0.0077	0.7464	0.0252
0.8	0.0318	0.0051	0.7973	0.0186
0.85	0.022	0.0029	0.8482	0.0126
0.9	0.0132	0.0012	0.899	0.0072
0.95	0.0057	$1.7185 \cdot 10^{-4}$	0.9496	0.003
1	0	0	1	0

Airfoil # 17

Parameters: r = 0.005   xM = 0.35   yM = 0.1   xm = 0.375   ym = 0.025

x := 0, 0.002 .. 1   c := 0, 0.05 .. 1

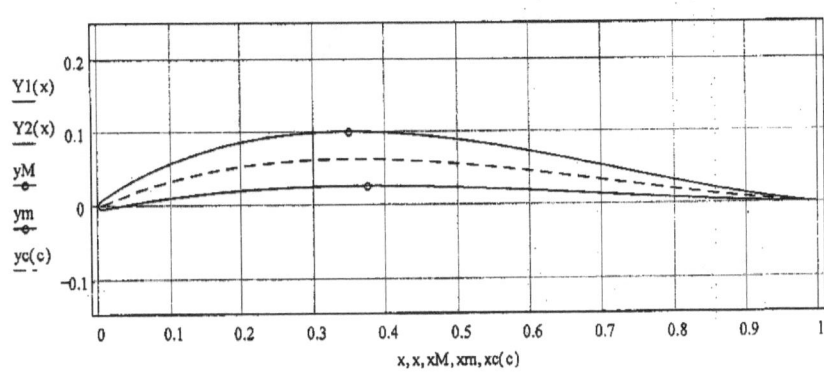

Coordinates of Points: x := 0, 0.05 .. 1

x	Airfoil Yupper(x)	Ylower(x)	xc(c)	Camber line yc(c)
0	0	0	0.005	0
0.05	0.0334	0.0023	0.0574	0.0194
0.1	0.0563	0.0094	0.1087	0.0343
0.15	0.0734	0.015	0.1582	0.0452
0.2	0.0858	0.0192	0.2066	0.0531
0.25	0.094	0.0222	0.2545	0.0583
0.3	0.0986	0.024	0.3022	0.0614
0.35	0.1	0.0249	0.35	0.0624
0.4	0.0987	0.0249	0.3981	0.0618
0.45	0.095	0.0242	0.4466	0.0597
0.5	0.0892	0.0228	0.4956	0.0562
0.55	0.0817	0.0209	0.5451	0.0516
0.6	0.0729	0.0186	0.595	0.0461
0.65	0.0631	0.016	0.6453	0.0399
0.7	0.0527	0.0132	0.6959	0.0333
0.75	0.0421	0.0105	0.7467	0.0266
0.8	0.0318	0.0077	0.7976	0.0199
0.85	0.022	0.0052	0.8485	0.0137
0.9	0.0132	0.003	0.8992	0.0082
0.95	0.0057	0.0012	0.9497	0.0035
1	0	0	1	0

Airfoil # 18

Parameters: r = 0.005   xM = 0.35   yM = 0.1   xm = 0.4   ym = 0.025

x := 0, 0.002 .. 1   c := 0, 0.05 .. 1

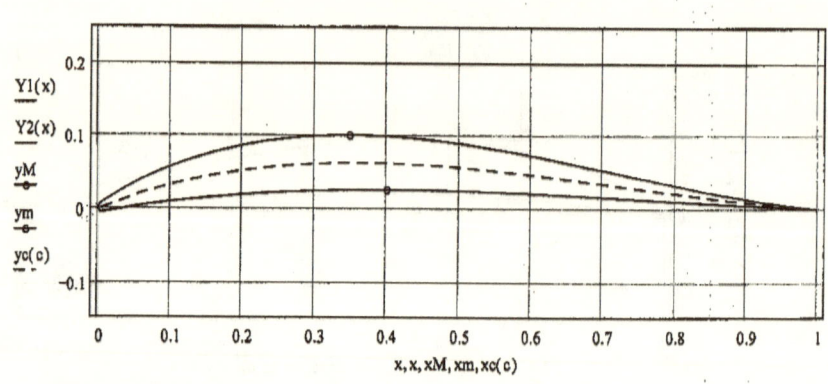

Coordinates of Points:

x := 0, 0.05 .. 1

	Airfoil			Camber line	
x	Yupper(x)	Ylower(x)		xc(c)	yc(c)
0	0	0		0.005	0
0.05	0.0334	0.0018		0.0575	0.0191
0.1	0.0563	0.0086		0.1089	0.0339
0.15	0.0734	0.014		0.1584	0.0448
0.2	0.0858	0.0182		0.2067	0.0526
0.25	0.094	0.0213		0.2546	0.0579
0.3	0.0986	0.0234		0.3022	0.0611
0.35	0.1	0.0246		0.35	0.0623
0.4	0.0987	0.025		0.3981	0.0619
0.45	0.095	0.0247		0.4466	0.0599
0.5	0.0892	0.0237		0.4956	0.0566
0.55	0.0817	0.0222		0.5452	0.0522
0.6	0.0729	0.0202		0.5951	0.0469
0.65	0.0631	0.0179		0.6455	0.0408
0.7	0.0527	0.0154		0.6961	0.0344
0.75	0.0421	0.0127		0.7469	0.0277
0.8	0.0318	0.0099		0.7978	0.021
0.85	0.022	0.0071		0.8486	0.0147
0.9	0.0132	0.0045		0.8993	0.0089
0.95	0.0057	0.0021		0.9498	0.0039
1	0	0		1	0

Airfoil # 19

Parameters: r = 0.005   xM = 0.35   yM = 0.1   xm = 0.35   ym = 0.05

x := 0, 0.002 .. 1   c := 0, 0.05 .. 1

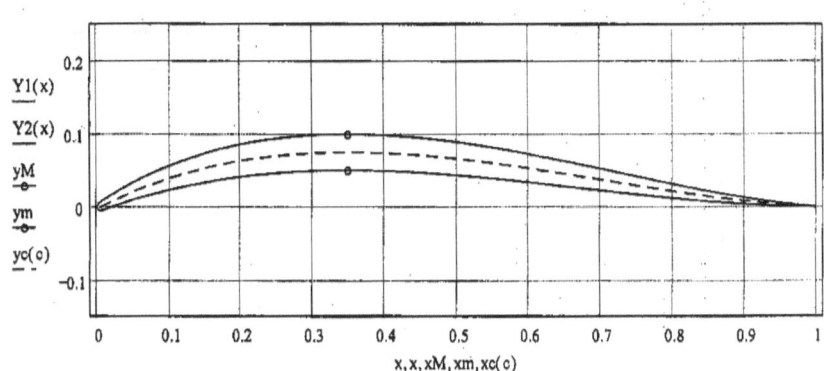

Coordinates of Points: x := 0, 0.05 .. 1

	Airfoil		Camber line	
x	Yupper(x)	Ylower(x)	xc(c)	yc(c)
0	0	0	0.005	0
0.05	0.0334	0.0097	0.0553	0.0232
0.1	0.0563	0.0233	0.106	0.0413
0.15	0.0734	0.0337	0.1555	0.0545
0.2	0.0858	0.0412	0.2044	0.064
0.25	0.094	0.0463	0.253	0.0703
0.3	0.0986	0.0491	0.3015	0.0739
0.35	0.1	0.05	0.35	0.075
0.4	0.0987	0.0492	0.3987	0.074
0.45	0.095	0.047	0.4477	0.0711
0.5	0.0892	0.0435	0.497	0.0666
0.55	0.0817	0.0392	0.5466	0.0608
0.6	0.0729	0.0341	0.5964	0.0539
0.65	0.0631	0.0287	0.6466	0.0463
0.7	0.0527	0.023	0.6969	0.0382
0.75	0.0421	0.0175	0.7475	0.0301
0.8	0.0318	0.0123	0.7981	0.0222
0.85	0.022	0.0077	0.8487	0.015
0.9	0.0132	0.0039	0.8992	0.0086
0.95	0.0057	0.0013	0.9497	0.0035
1	0	0	1	0

Airfoil # 20

Parameters: r = 0.005   xM = 0.35   yM = 0.1   xm = 0.375   ym = 0.05

x := 0, 0.002 .. 1   c := 0, 0.05 .. 1

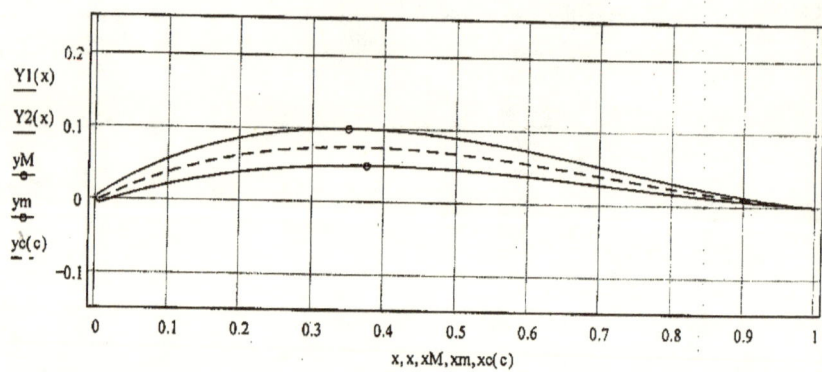

Coordinates of Points:

x := 0, 0.05 .. 1

	Airfoil			Camber line	
x	Yupper(x)	Ylower(x)		xc(c)	yc(c)
0	0	0		0.005	0
0.05	0.0334	0.0087		0.0556	0.0226
0.1	0.0563	0.0216		0.1063	0.0405
0.15	0.0734	0.0318		0.1558	0.0537
0.2	0.0858	0.0394		0.2046	0.0632
0.25	0.094	0.0448		0.2531	0.0696
0.3	0.0986	0.0482		0.3015	0.0734
0.35	0.1	0.0498		0.35	0.0749
0.4	0.0987	0.0498		0.3987	0.0743
0.45	0.095	0.0484		0.4478	0.0718
0.5	0.0892	0.0459		0.4971	0.0677
0.55	0.0817	0.0424		0.5468	0.0623
0.6	0.0729	0.038		0.5968	0.0558
0.65	0.0631	0.0332		0.647	0.0485
0.7	0.0527	0.0279		0.6974	0.0406
0.75	0.0421	0.0225		0.748	0.0325
0.8	0.0318	0.0171		0.7985	0.0246
0.85	0.022	0.0119		0.8491	0.0171
0.9	0.0132	0.0072		0.8995	0.0103
0.95	0.0057	0.0032		0.9498	0.0045
1	0	0		1	0

2. Профили, рассчитанные по программе В

Таблица 3

Профили	r	x_M	y_M	x_m	y_m	β_1	β_2
1	0.015	0.35	0.1	0.3	-0.01	-0.1	0.1
2						0	0.2
3						0.1	0.3
4	0.01	0.35	0.1	0.3	-0.01	-0.1	0.1
5						0	0.2
6						0.1	0.3
7	0.015	0.33	0.1	0.3	-0.01	-0.1	0.1
8						0	0.2
9						0.1	0.3
10	0.01	0.33	0.1	0.3	-0.01	-0.1	0.1
11						0	0.2
12						0.1	0.3
13	0.015	0.31	0.1	0.3	-0.01	-0.1	0.1
14						0	0.2
15						0.1	0.3
16	0.01	0.31	0.1	0.3	-0.01	-0.1	0.1
17						0	0.2
18						0.1	0.3
19	0.01	0.33	0.07	0.3	-0.01	-0.1	0
20						0	0.1

Airfoil # 1

Parameters: r = 0.015   xM = 0.35   yM = 0.1   xm = 0.3   ym = -0.01
β1 = -0.1   β2 = 0.1

x := 0, 0.002 .. 1   c := 0, 0.05 .. 1

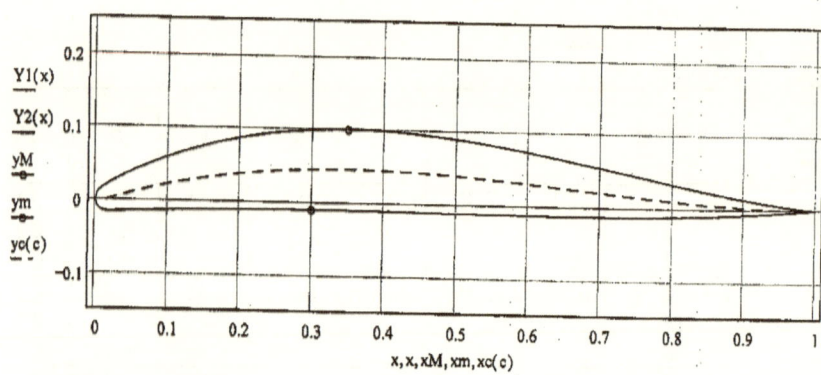

Coordinates of Points:

x := 0, 0.05 .. 1

Airfoil

x	Yupper(x)	Ylower(x)
0	0	0
0.05	0.0378	-0.0147
0.1	0.0589	-0.0129
0.15	0.0749	-0.0116
0.2	0.0865	-0.0107
0.25	0.0942	-0.0102
0.3	0.0986	-0.01
0.35	0.1	-0.0101
0.4	0.0987	-0.0105
0.45	0.0951	-0.011
0.5	0.0895	-0.0116
0.55	0.0822	-0.0122
0.6	0.0735	-0.0127
0.65	0.0638	-0.013
0.7	0.0535	-0.0131
0.75	0.043	-0.0127
0.8	0.0325	-0.0117
0.85	0.0226	-0.0101
0.9	0.0137	-0.0077
0.95	0.006	-0.0044
1	0	0

Camber line

xc(c)	yc(c)
0.015	0
0.0618	0.0131
0.1127	0.0243
0.1616	0.0326
0.2092	0.0384
0.2562	0.0422
0.3031	0.0444
0.35	0.0449
0.3973	0.0442
0.4451	0.0422
0.4934	0.0392
0.5425	0.0353
0.5921	0.0308
0.6424	0.0258
0.6931	0.0206
0.7442	0.0154
0.7955	0.0106
0.8469	0.0063
0.8982	0.003
0.9493	$7.5926 \cdot 10^{-4}$
1	0

Airfoil # 2

Parameters: r = 0.015   xM = 0.35   yM = 0.1   xm = 0.3   ym = -0.01
β1 = 0   β2 = 0.2

x := 0, 0.002 .. 1   c := 0, 0.05 .. 1

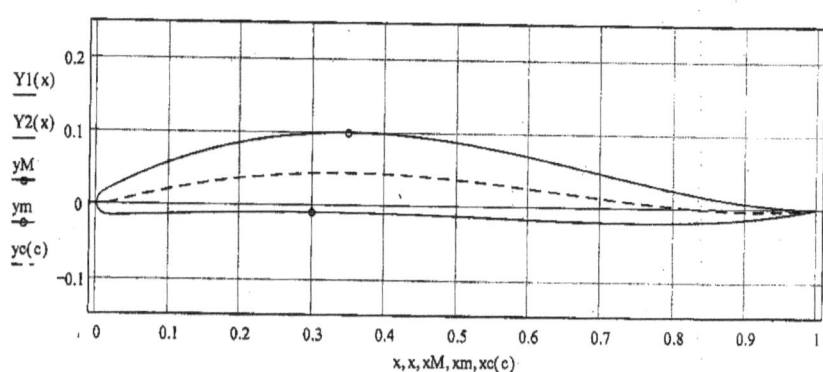

Coordinates of Points:

x := 0, 0.05 .. 1

	Airfoil			Camber line
x	Yupper(x)	Ylower(x)	xc(c)	yc(c)
0	0	0	0.015	0
0.05	0.0368	-0.0152	0.0614	0.0122
0.1	0.0575	-0.0136	0.1126	0.0233
0.15	0.0736	-0.0121	0.1617	0.0317
0.2	0.0856	-0.011	0.2096	0.0379
0.25	0.0938	-0.0102	0.2566	0.042
0.3	0.0985	-0.01	0.3033	0.0443
0.35	0.1	-0.0102	0.35	0.0449
0.4	0.0986	-0.011	0.397	0.0439
0.45	0.0945	-0.0121	0.4444	0.0414
0.5	0.0882	-0.0136	0.4925	0.0377
0.55	0.0798	-0.0154	0.5413	0.0328
0.6	0.0699	-0.0171	0.591	0.027
0.65	0.0589	-0.0187	0.6413	0.0207
0.7	0.0473	-0.0199	0.6923	0.0142
0.75	0.0356	-0.0204	0.7437	0.008
0.8	0.0246	-0.0199	0.7954	0.0026
0.85	0.0149	-0.018	0.8471	-0.0015
0.9	0.0071	-0.0144	0.8986	-0.0036
0.95	0.0019	-0.0086	0.9496	-0.0033
1	0	0	1	0

Airfoil # 3

Parameters: r = 0.015   xM = 0.35   yM = 0.1   xm = 0.3   ym = -0.01
β1 = 0.1   β2 = 0.3

x := 0, 0.002 .. 1   c := 0, 0.05 .. 1

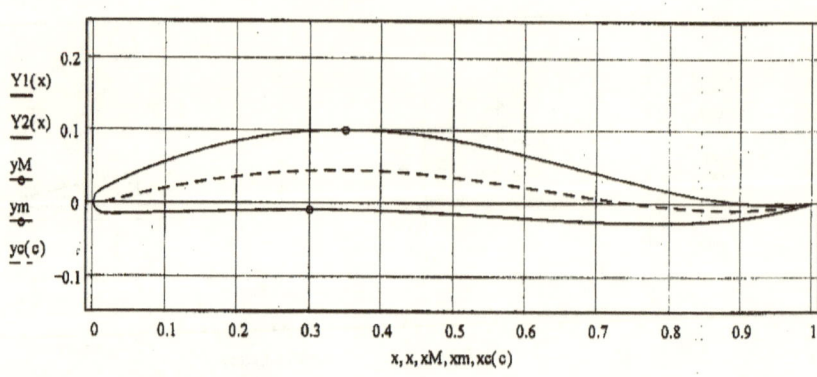

Coordinates of Points: x := 0, 0.05 .. 1

	Airfoil			Camber line
x	Yupper(x)	Ylower(x)	xc(c)	yc(c)
0	0	0	0.015	0
0.05	0.0358	-0.0157	0.061	0.0114
0.1	0.0561	-0.0143	0.1124	0.0223
0.15	0.0724	-0.0127	0.1619	0.0309
0.2	0.0848	-0.0113	0.2099	0.0374
0.25	0.0934	-0.0103	0.257	0.0418
0.3	0.0984	-0.01	0.3036	0.0442
0.35	0.1	-0.0104	0.35	0.0448
0.4	0.0984	-0.0115	0.3966	0.0436
0.45	0.094	-0.0133	0.4438	0.0407
0.5	0.0868	-0.0157	0.4916	0.0362
0.55	0.0775	-0.0185	0.5402	0.0303
0.6	0.0663	-0.0215	0.5898	0.0234
0.65	0.0539	-0.0243	0.6402	0.0157
0.7	0.041	-0.0267	0.6914	0.0079
0.75	0.0283	-0.0281	0.7432	$5.8888 \cdot 10^{-4}$
0.8	0.0168	-0.0281	0.7952	-0.0054
0.85	0.0072	-0.026	0.8473	-0.0093
0.9	$5.9578 \cdot 10^{-4}$	-0.0211	0.8989	-0.0103
0.95	-0.0022	-0.0128	0.9499	-0.0074
1	0	0	1	0

Mathematical Design Of Wing Sections

Airfoil # 4

Parameters: r = 0.01   xM = 0.35   yM = 0.1   xm = 0.3   ym = -0.01
β1 = -0.1   β2 = 0.1

x := 0, 0.002 .. 1   c := 0, 0.05 .. 1

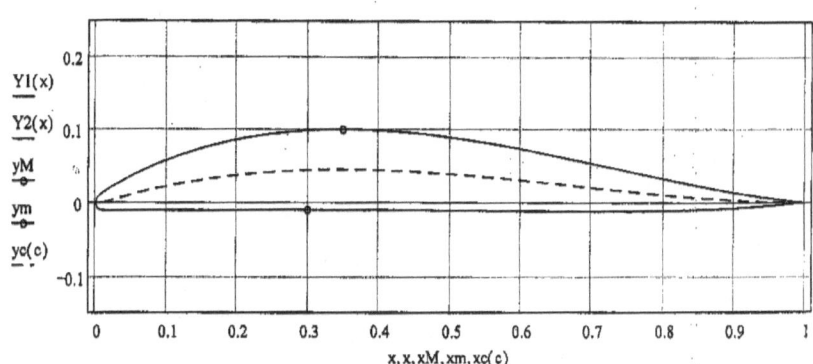

Coordinates of Points:

x := 0, 0.05 .. 1

Airfoil — Camber line

x	Yupper(x)	Ylower(x)	xc(c)	yc(c)
0	0	0	0.01	0
0.05	0.0356	-0.0108	0.061	0.0137
0.1	0.0576	-0.0107	0.1126	0.0247
0.15	0.0742	-0.0104	0.1617	0.0327
0.2	0.0861	-0.0102	0.2094	0.0384
0.25	0.0941	-0.0101	0.2564	0.0422
0.3	0.0986	-0.01	0.3031	0.0443
0.35	0.1	-0.0101	0.35	0.045
0.4	0.0987	-0.0103	0.3972	0.0443
0.45	0.095	-0.0106	0.445	0.0424
0.5	0.0894	-0.0109	0.4934	0.0395
0.55	0.082	-0.0113	0.5425	0.0357
0.6	0.0733	-0.0117	0.5922	0.0312
0.65	0.0636	-0.012	0.6425	0.0262
0.7	0.0533	-0.0121	0.6932	0.0209
0.75	0.0427	-0.0118	0.7443	0.0157
0.8	0.0323	-0.011	0.7956	0.0108
0.85	0.0225	-0.0097	0.847	0.0065
0.9	0.0136	-0.0075	0.8983	0.0031
0.95	0.006	-0.0043	0.9493	$8.09 \cdot 10^{-4}$
1	0	0	1	0

Airfoil # 5

Parameters: r = 0.01   xM = 0.35   yM = 0.1   xm = 0.3   ym = -0.01
β1 = 0   β2 = 0.2

x := 0, 0.002 .. 1   c := 0, 0.05 .. 1

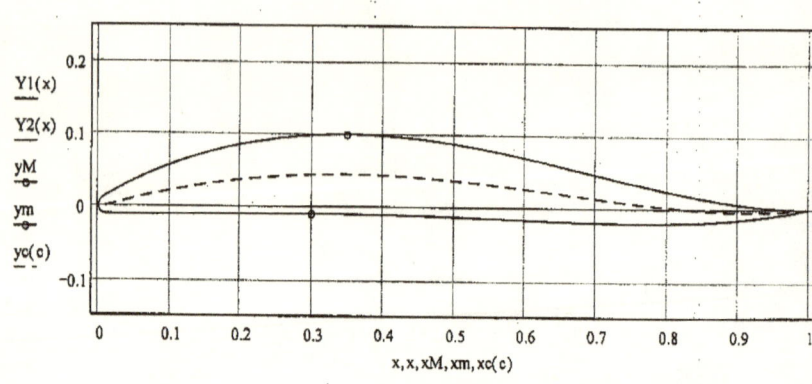

Coordinates of Points:

x := 0, 0.05 .. 1

Airfoil

x	Yupper(x)	Ylower(x)
0	0	0
0.05	0.0345	-0.0113
0.1	0.0561	-0.0114
0.15	0.0729	-0.011
0.2	0.0852	-0.0105
0.25	0.0937	-0.0102
0.3	0.0985	-0.01
0.35	0.1	-0.0102
0.4	0.0986	-0.0107
0.45	0.0945	-0.0117
0.5	0.088	-0.013
0.55	0.0796	-0.0145
0.6	0.0696	-0.0161
0.65	0.0586	-0.0177
0.7	0.047	-0.0189
0.75	0.0354	-0.0195
0.8	0.0244	-0.0192
0.85	0.0148	-0.0175
0.9	0.007	-0.0141
0.95	0.0019	-0.0085
1	0	0

Camber line

xc(c)	yc(c)
0.01	0
0.0606	0.0128
0.1124	0.0236
0.1619	0.0318
0.2098	0.0379
0.2568	0.042
0.3034	0.0443
0.35	0.0449
0.3969	0.044
0.4444	0.0416
0.4925	0.0379
0.5414	0.0331
0.591	0.0274
0.6414	0.0211
0.6924	0.0146
0.7438	0.0083
0.7955	0.0028
0.8472	-0.0013
0.8986	-0.0035
0.9496	-0.0033
1	0

Airfoil # 6

Parameters: r = 0.01   xM = 0.35   yM = 0.1   xm = 0.3   ym = −0.01
β1 = 0.1   β2 = 0.3

x := 0, 0.002 .. 1   c := 0, 0.05 .. 1

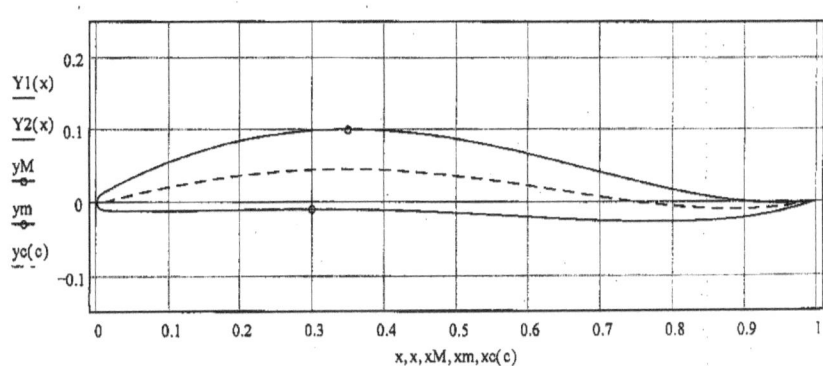

Coordinates of Points: x := 0, 0.05 .. 1

Airfoil

x	Yupper(x)	Ylower(x)
0	0	0
0.05	0.0333	−0.0119
0.1	0.0547	−0.012
0.15	0.0716	−0.0116
0.2	0.0844	−0.0108
0.25	0.0932	−0.0102
0.3	0.0983	−0.01
0.35	0.1	−0.0103
0.4	0.0984	−0.0112
0.45	0.0939	−0.0128
0.5	0.0867	−0.015
0.55	0.0772	−0.0176
0.6	0.066	−0.0205
0.65	0.0536	−0.0233
0.7	0.0407	−0.0257
0.75	0.0281	−0.0272
0.8	0.0166	−0.0274
0.85	0.0071	−0.0255
0.9	$5.1516 \cdot 10^{-4}$	−0.0209
0.95	−0.0022	−0.0127
1	0	0

Camber line

xc(c)	yc(c)
0.01	0
0.0602	0.0118
0.1123	0.0225
0.162	0.031
0.2101	0.0374
0.2572	0.0418
0.3036	0.0442
0.35	0.0449
0.3966	0.0437
0.4437	0.0409
0.4916	0.0364
0.5403	0.0306
0.5899	0.0237
0.6404	0.016
0.6916	0.0082
0.7434	$8.8631 \cdot 10^{-4}$
0.7954	−0.0052
0.8473	−0.0092
0.899	−0.0101
0.95	−0.0073
1	0

Airfoil # 7

Parameters: r = 0.015   xM = 0.33   yM = 0.1   xm = 0.3   ym = -0.01
                 β1 = -0.1   β2 = 0.1

$x := 0, 0.002 .. 1$ $c := 0, 0.05 .. 1$

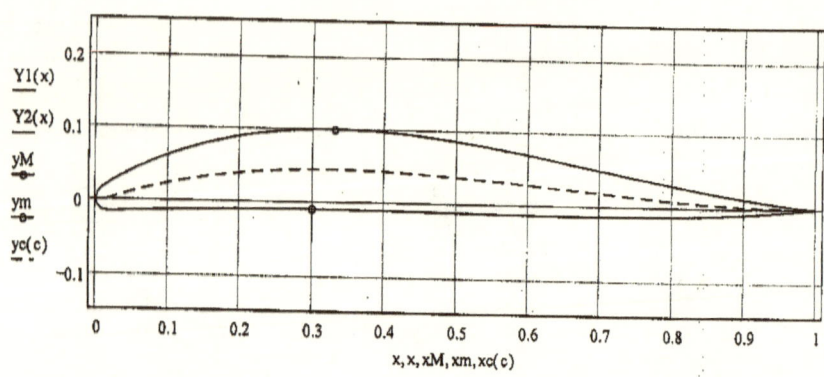

Coordinates of Points:

$x := 0, 0.05 .. 1$

Airfoil   **Camber line**

x	Yupper(x)	Ylower(x)	xc(c)	yc(c)
0	0	0	0.015	0
0.05	0.0398	-0.0146	0.0631	0.0145
0.1	0.062	-0.0128	0.1136	0.026
0.15	0.0781	-0.0115	0.1618	0.0342
0.2	0.0892	-0.0106	0.2088	0.0397
0.25	0.0961	-0.0102	0.2554	0.0431
0.3	0.0995	-0.01	0.3019	0.0448
0.35	0.0998	-0.0101	0.3488	0.0448
0.4	0.0975	-0.0105	0.3962	0.0436
0.45	0.0929	-0.011	0.4443	0.0411
0.5	0.0865	-0.0116	0.493	0.0378
0.55	0.0787	-0.0122	0.5424	0.0336
0.6	0.0698	-0.0127	0.5924	0.0289
0.65	0.0602	-0.013	0.6428	0.0239
0.7	0.0501	-0.013	0.6937	0.0189
0.75	0.0401	-0.0126	0.7448	0.014
0.8	0.0304	-0.0117	0.796	0.0095
0.85	0.0212	-0.0101	0.8473	0.0056
0.9	0.0129	-0.0077	0.8984	0.0026
0.95	0.0058	-0.0044	0.9493	$6.5291 \cdot 10^{-4}$
1	0	0	1	0

Airfoil # 8

Parameters: r = 0.015   xM = 0.33   yM = 0.1   xm = 0.3   ym = -0.01
                              β1 = 0   β2 = 0.2

x := 0, 0.002 .. 1   c := 0, 0.05 .. 1

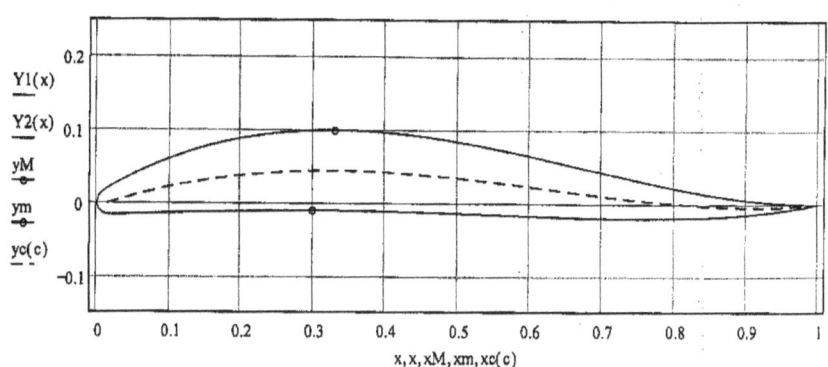

Coordinates of Points: x := 0, 0.05 .. 1

x	Airfoil Yupper(x)	Ylower(x)	Camber line xc(c)	yc(c)
0	0	0	0.015	0
0.05	0.0389	-0.0151	0.0627	0.0136
0.1	0.0609	-0.0135	0.1135	0.0251
0.15	0.0771	-0.0121	0.162	0.0335
0.2	0.0886	-0.011	0.2091	0.0393
0.25	0.0958	-0.0102	0.2557	0.043
0.3	0.0994	-0.01	0.3021	0.0447
0.35	0.0998	-0.0102	0.3487	0.0448
0.4	0.0972	-0.011	0.3958	0.0432
0.45	0.0921	-0.0121	0.4436	0.0403
0.5	0.0849	-0.0136	0.4921	0.0361
0.55	0.076	-0.0153	0.5413	0.0309
0.5	0.0658	-0.0171	0.5913	0.025
0.65	0.0548	-0.0187	0.6419	0.0187
0.7	0.0436	-0.0198	0.693	0.0123
0.75	0.0325	-0.0204	0.7444	0.0064
0.8	0.0223	-0.0199	0.796	0.0014
0.85	0.0133	-0.018	0.8475	-0.0023
0.9	0.0063	-0.0144	0.8988	-0.004
0.95	0.0017	-0.0086	0.9497	-0.0034
1	0	0	1	0

Airfoil # 9

Parameters: $r = 0.015$ $xM = 0.33$ $yM = 0.1$ $xm = 0.3$ $ym = -0.01$
$\beta 1 = 0.1$ $\beta 2 = 0.3$

$x := 0, 0.002 .. 1$ $c := 0, 0.05 .. 1$

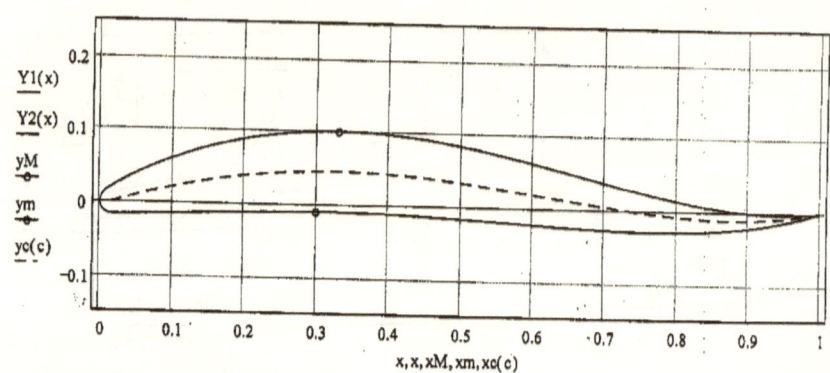

Coordinates of Points:

$x := 0, 0.05 .. 1$

	Airfoil			Camber line	
x	Yupper(x)	Ylower(x)		xc(c)	yc(c)
0	0	0		0.015	0
0.05	0.0381	-0.0156		0.0624	0.0129
0.1	0.0597	-0.0142		0.1134	0.0242
0.15	0.0762	-0.0126		0.1622	0.0328
0.2	0.088	-0.0113		0.2095	0.0389
0.25	0.0956	-0.0103		0.256	0.0428
0.3	0.0994	-0.01		0.3022	0.0447
0.35	0.0997	-0.0104		0.3486	0.0447
0.4	0.0969	-0.0115		0.3954	0.0429
0.45	0.0913	-0.0132		0.4429	0.0395
0.5	0.0833	-0.0156		0.4911	0.0345
0.55	0.0733	-0.0184		0.5403	0.0283
0.6	0.0618	-0.0214		0.5902	0.0211
0.65	0.0495	-0.0243		0.6409	0.0134
0.7	0.037	-0.0267		0.6923	0.0058
0.75	0.0249	-0.0281		0.744	-0.0012
0.8	0.0142	-0.028		0.7959	-0.0067
0.85	0.0055	-0.0259		0.8477	-0.0102
0.9	$-2.6697 \cdot 10^{-4}$	-0.0211		0.8991	-0.0107
0.95	-0.0024	-0.0128		0.95	-0.0075
1		0		1	0

Airfoil # 10

Parameters: r = 0.01   xM = 0.33   yM = 0.1   xm = 0.3   ym = -0.01
β1 = -0.1   β2 = 0.1

x := 0, 0.002 .. 1   c := 0, 0.05 .. 1

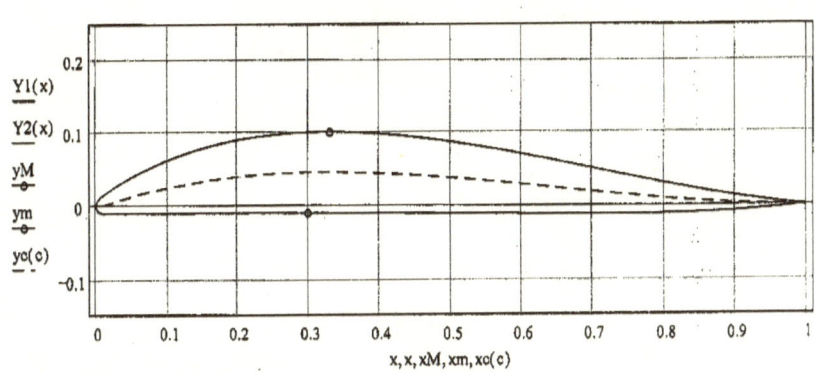

Coordinates of Points: x := 0, 0.05 .. 1

Airfoil			Camber line	
x	Yupper(x)	Ylower(x)	xc(c)	yc(c)
0	0	0	0.01	0
0.05	0.0379	-0.0107	0.0622	0.0151
0.1	0.0609	-0.0106	0.1135	0.0264
0.15	0.0775	-0.0104	0.1619	0.0344
0.2	0.0889	-0.0102	0.209	0.0398
0.25	0.096	-0.0101	0.2555	0.0431
0.3	0.0995	-0.01	0.302	0.0448
0.35	0.0998	-0.0101	0.3488	0.0449
0.4	0.0974	-0.0102	0.3962	0.0437
0.45	0.0928	-0.0105	0.4442	0.0413
0.5	0.0864	-0.0109	0.493	0.038
0.55	0.0785	-0.0113	0.5424	0.0339
0.6	0.0695	-0.0117	0.5925	0.0293
0.65	0.0599	-0.012	0.643	0.0243
0.7	0.0499	-0.012	0.6938	0.0192
0.75	0.0398	-0.0118	0.7449	0.0143
0.8	0.0301	-0.011	0.7961	0.0097
0.85	0.0211	-0.0096	0.8473	0.0058
0.9	0.0128	-0.0075	0.8984	0.0027
0.95	0.0058	-0.0043	0.9493	$7.0276 \cdot 10^{-4}$
1	0	0	1	0

Airfoil # 11

Parameters: r = 0.01 xM ≈ 0.33 yM = 0.1 xm ≈ 0.3 ym = -0.01
β1 = 0   β2 = 0.2

x := 0, 0.002 .. 1   c := 0, 0.05 .. 1

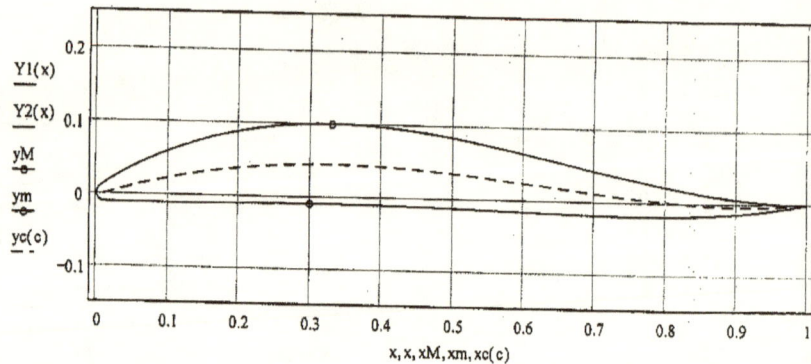

Coordinates of Points:

x := 0, 0.05 .. 1

Airfoil			Camber line	
x	Yupper(x)	Ylower(x)	xc(c)	yc(c)
0	0	0	0.01	0
0.05	0.0369	-0.0113	0.0619	0.0142
0.1	0.0597	-0.0113	0.1134	0.0255
0.15	0.0765	-0.011	0.1621	0.0337
0.2	0.0883	-0.0105	0.2093	0.0394
0.25	0.0958	-0.0102	0.2558	0.043
0.3	0.0994	-0.01	0.3021	0.0447
0.35	0.0998	-0.0102	0.3487	0.0448
0.4	0.0972	-0.0107	0.3958	0.0433
0.45	0.092	-0.0117	0.4435	0.0405
0.5	0.0847	-0.0129	0.4921	0.0363
0.55	0.0758	-0.0145	0.5414	0.0312
0.6	0.0655	-0.0161	0.5914	0.0253
0.65	0.0545	-0.0176	0.642	0.019
0.7	0.0432	-0.0189	0.6931	0.0126
0.75	0.0322	-0.0195	0.7445	0.0067
0.8	0.022	-0.0192	0.7961	0.0016
0.85	0.0132	-0.0175	0.8475	-0.0021
0.9	0.0062	-0.0141	0.8988	-0.0039
0.95	0.0016	-0.0085	0.9497	-0.0034
1	0	0	1	0

Airfoil # 12

Parameters: r = 0.01   xM = 0.33   yM = 0.1   xm = 0.3   ym = -0.01
                     $\beta 1 = 0.1$ $\beta 2 = 0.3$

                 x := 0, 0.002 .. 1   c := 0, 0.05 .. 1

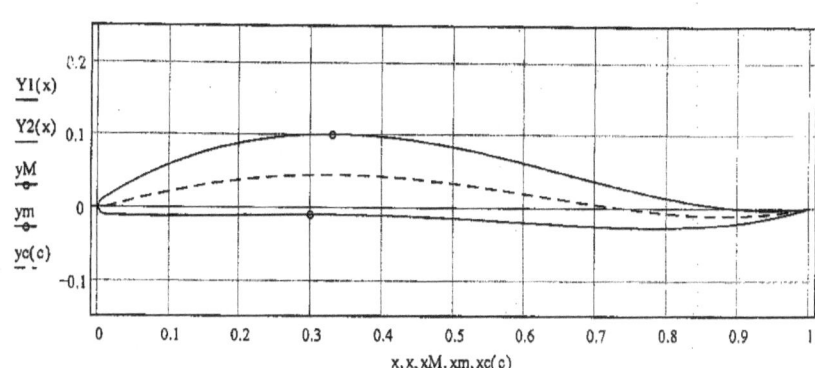

Coordinates of Points: x := 0, 0.05 .. 1

Airfoil   Camber line

x	Yupper(x)	Ylower(x)	xc(c)	yc(c)
0	0	0	0.01	0
0.05	0.0359	-0.0118	0.0616	0.0134
0.1	0.0585	-0.012	0.1133	0.0246
0.15	0.0755	-0.0115	0.1623	0.033
0.2	0.0877	-0.0108	0.2097	0.039
0.25	0.0955	-0.0102	0.2561	0.0428
0.3	0.0994	-0.01	0.3023	0.0447
0.35	0.0997	-0.0103	0.3486	0.0447
0.4	0.0969	-0.0112	0.3953	0.043
0.45	0.0912	-0.0128	0.4428	0.0396
0.5	0.0831	-0.015	0.4911	0.0347
0.55	0.0731	-0.0176	0.5403	0.0286
0.6	0.0615	-0.0205	0.5903	0.0214
0.65	0.0492	-0.0233	0.6411	0.0138
0.7	0.0366	-0.0257	0.6924	0.0061
0.75	0.0247	-0.0272	0.7441	$-8.8699 \cdot 10^{-4}$
0.8	0.014	-0.0273	0.796	-0.0065
0.85	0.0054	-0.0255	0.8478	-0.01
0.9	$-3.51 \cdot 10^{-4}$	-0.0209	0.8992	-0.0106
0.95	-0.0024	-0.0127	0.95	-0.0074
1	0	0	1	0

Airfoil # 13

Parameters: r = 0.015   xM = 0.31   yM = 0.1   xm = 0.3   ym = -0.01
β1 = -0.1   β2 = 0.1

x := 0, 0.002 .. 1   c := 0, 0.05 .. 1

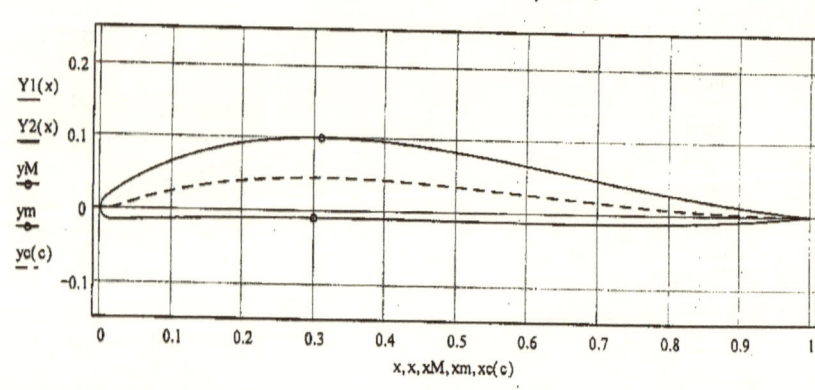

Y1(x)
Y2(x)
yM
ym
yc(c)

x, x, xM, xm, xc(c)

Coordinates of Points:

x := 0, 0.05 .. 1

Airfoil

x	Yupper(x)	Ylower(x)
0	0	0
0.05	0.042	-0.0145
0.1	0.0651	-0.0128
0.15	0.0812	-0.0115
0.2	0.0917	-0.0106
0.25	0.0977	-0.0101
0.3	0.0999	-0.01
0.35	0.0991	-0.0101
0.4	0.0957	-0.0105
0.45	0.0902	-0.011
0.5	0.083	-0.0116
0.55	0.0747	-0.0122
0.6	0.0656	-0.0127
0.65	0.056	-0.013
0.7	0.0464	-0.013
0.75	0.037	-0.0126
0.8	0.028	-0.0117
0.85	0.0196	-0.0101
0.9	0.0121	-0.0077
0.95	0.0055	-0.0044
1	0	0

Camber line

xc(c)	yc(c)
0.015	0
0.0643	0.0159
0.1144	0.0277
0.1619	0.0357
0.2082	0.0409
0.2543	0.0439
0.3007	0.045
0.3476	0.0445
0.3952	0.0427
0.4436	0.0398
0.4927	0.0361
0.5424	0.0316
0.5927	0.0268
0.6434	0.0219
0.6944	0.017
0.7454	0.0124
0.7966	0.0082
0.8476	0.0048
0.8986	0.0022
0.9494	$5.3679 \cdot 10^{-4}$
1	0

MATHEMATICAL DESIGN OF WING SECTIONS

Airfoil # 14

Parameters: r = 0.015   xM = 0.31   yM = 0.1   xm = 0.3   ym = −0.01
β1 = 0   β2 = 0.2

x := 0, 0.002 .. 1   c := 0, 0.05 .. 1

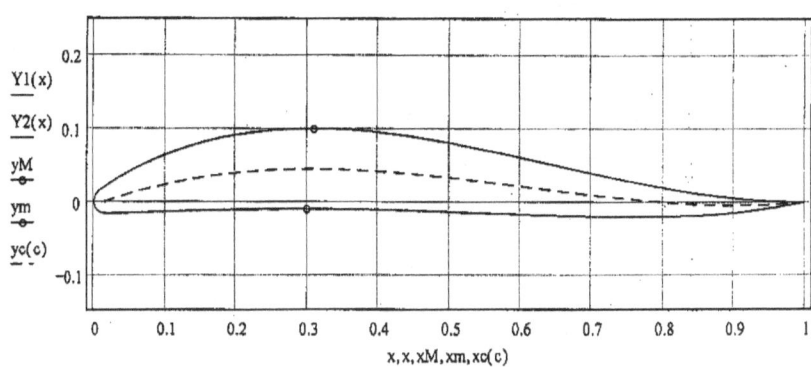

Coordinates of Points: x := 0, 0.05 .. 1

	Airfoil		Camber line	
x	Yupper(x)	Ylower(x)	xc(c)	yc(c)
0	0	0	0.015	0
0.05	0.0412	−0.015	0.064	0.0151
0.1	0.0642	−0.0134	0.1144	0.0269
0.15	0.0804	−0.012	0.1621	0.0351
0.2	0.0912	−0.0109	0.2085	0.0406
0.25	0.0975	−0.0102	0.2546	0.0438
0.3	0.0999	−0.01	0.3007	0.045
0.35	0.099	−0.0102	0.3474	0.0444
0.4	0.0953	−0.011	0.3947	0.0423
0.45	0.0891	−0.0121	0.4428	0.0389
0.5	0.0811	−0.0136	0.4917	0.0343
0.55	0.0716	−0.0153	0.5414	0.0288
0.6	0.0612	−0.017	0.5917	0.0227
0.65	0.0504	−0.0186	0.6426	0.0164
0.7	0.0395	−0.0198	0.6937	0.0102
0.75	0.0291	−0.0203	0.7451	0.0046
0.8	0.0197	−0.0198	0.7965	$4.4899 \cdot 10^{-5}$
0.85	0.0117	−0.018	0.8479	−0.0031
0.9	0.0054	−0.0144	0.899	−0.0044
0.95	0.0014	−0.0086	0.9497	−0.0036
1	0	0	1	0

Airfoil # 15

Parameters: r = 0.015 xM = 0.31 yM = 0.1 xm = 0.3 ym = −0.01
β1 = 0.1 β2 = 0.3

x := 0, 0.002 .. 1   c := 0, 0.05 .. 1

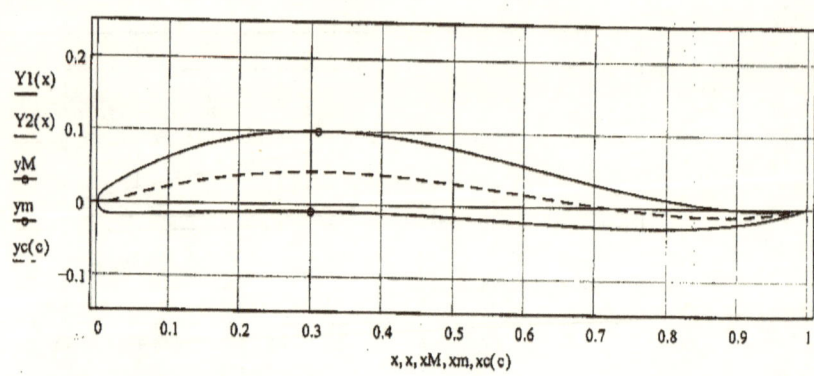

Coordinates of Points:

x := 0, 0.05 .. 1

	Airfoil		Camber line	
x	Yupper(x)	Ylower(x)	xc(c)	yc(c)
0	0	0	0.015	0
0.05	0.0404	−0.0154	0.0638	0.0144
0.1	0.0632	−0.0141	0.1144	0.0262
0.15	0.0797	−0.0126	0.1623	0.0346
0.2	0.0908	−0.0113	0.2088	0.0403
0.25	0.0974	−0.0103	0.2548	0.0437
0.3	0.0999	−0.01	0.3008	0.045
0.35	0.0989	−0.0104	0.3471	0.0443
0.4	0.0948	−0.0114	0.3942	0.042
0.45	0.0881	−0.0132	0.4421	0.0379
0.5	0.0792	−0.0156	0.4908	0.0325
0.55	0.0686	−0.0184	0.5404	0.0259
0.6	0.0569	−0.0214	0.5908	0.0186
0.65	0.0447	−0.0243	0.6417	0.011
0.7	0.0326	−0.0266	0.6931	0.0035
0.75	0.0213	−0.028	0.7448	−0.0031
0.8	0.0114	−0.028	0.7965	−0.0082
0.85	0.0037	−0.0259	0.8481	−0.0111
0.9	−0.0012	−0.0211	0.8993	−0.0111
0.95	−0.0027	−0.0128	0.95	−0.0077
1	0	0	1	0

Airfoil # 16

Parameters: r = 0.01   xM = 0.31   yM = 0.1   xm = 0.3   ym = −0.01
β1 = −0.1   β2 = 0.1

x := 0, 0.002 .. 1   c := 0, 0.05 .. 1

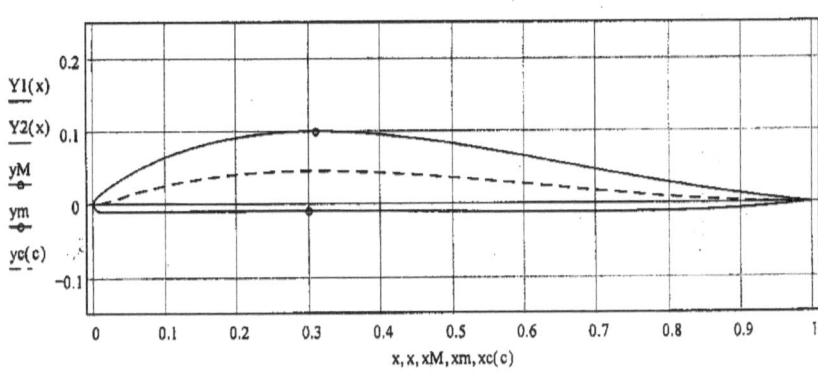

Coordinates of Points: x := 0, 0.05 .. 1

	Airfoil		Camber line	
x	Yupper(x)	Ylower(x)	xc(c)	yc(c)
0	0	0	0.01	0
0.05	0.0402	−0.0107	0.0635	0.0166
0.1	0.0642	−0.0106	0.1143	0.0282
0.15	0.0807	−0.0104	0.162	0.036
0.2	0.0915	−0.0102	0.2084	0.041
0.25	0.0976	−0.0101	0.2544	0.0439
0.3	0.0999	−0.01	0.3007	0.045
0.35	0.0991	−0.0101	0.3475	0.0445
0.4	0.0956	−0.0102	0.3951	0.0428
0.45	0.09	−0.0105	0.4435	0.04
0.5	0.0828	−0.0109	0.4927	0.0363
0.55	0.0744	−0.0113	0.5425	0.0319
0.6	0.0653	−0.0117	0.5928	0.0271
0.65	0.0557	−0.012	0.6435	0.0222
0.7	0.0461	−0.012	0.6945	0.0173
0.75	0.0367	−0.0117	0.7456	0.0126
0.8	0.0277	−0.011	0.7967	0.0085
0.85	0.0195	−0.0096	0.8477	0.005
0.9	0.012	−0.0075	0.8986	0.0023
0.95	0.0055	−0.0043	0.9494	$5.8734 \cdot 10^{-4}$
1	0	0	1	0

Airfoil # 17

Parameters: r ≈ 0.01   xM = 0.31   yM = 0.1   xm = 0.3   ym ≈ -0.01
β1 = 0   β2 = 0.2

x := 0, 0.002 .. 1   c := 0, 0.05 .. 1

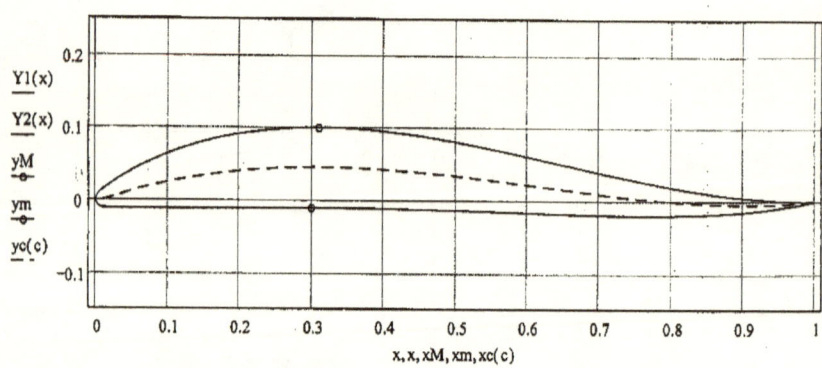

Coordinates of Points:

x := 0, 0.05 .. 1

	Airfoil			Camber line
x	Yupper(x)	Ylower(x)	xc(c)	yc(c)
0	0	0	0.01	0
0.05	0.0394	-0.0112	0.0632	0.0158
0.1	0.0632	-0.0113	0.1143	0.0274
0.15	0.0799	-0.011	0.1623	0.0354
0.2	0.0911	-0.0105	0.2087	0.0407
0.25	0.0975	-0.0101	0.2547	0.0438
0.3	0.0999	-0.01	0.3007	0.045
0.35	0.099	-0.0102	0.3473	0.0445
0.4	0.0952	-0.0107	0.3946	0.0424
0.45	0.089	-0.0117	0.4428	0.039
0.5	0.0809	-0.0129	0.4917	0.0345
0.55	0.0714	-0.0144	0.5415	0.029
0.6	0.0609	-0.0161	0.5918	0.023
0.65	0.05	-0.0176	0.6427	0.0167
0.7	0.0391	-0.0188	0.6939	0.0105
0.75	0.0288	-0.0195	0.7453	0.0049
0.8	0.0194	-0.0192	0.7967	$2.6196 \cdot 10^{-4}$
0.85	0.0115	-0.0175	0.8479	-0.003
0.9	0.0054	-0.0141	0.899	-0.0044
0.95	0.0014	-0.0085	0.9497	-0.0035
1	0	0	1	0

MATHEMATICAL DESIGN OF WING SECTIONS

Airfoil # 18

Parameters: r = 0.01   xM = 0.31   yM = 0.1   xm = 0.3   ym = -0.01
              β1 = 0.1   β2 = 0.3

x := 0, 0.002 .. 1   c := 0, 0.05 .. 1

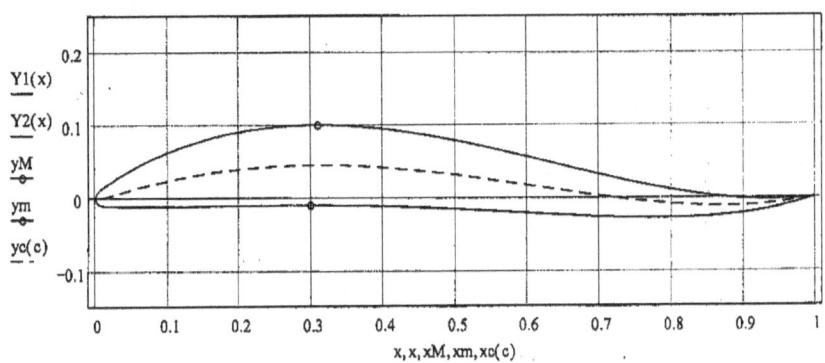

Coordinates of Points: x := 0, 0.05 .. 1

	Airfoil		Camber line	
x	Yupper(x)	Ylower(x)	xc(c)	yc(c)
0	0	0	0.01	0
0.05	0.0385	-0.0117	0.063	0.015
0.1	0.0622	-0.0119	0.1143	0.0266
0.15	0.0792	-0.0115	0.1625	0.0348
0.2	0.0906	-0.0108	0.209	0.0404
0.25	0.0973	-0.0102	0.2549	0.0437
0.3	0.0999	-0.01	0.3008	0.045
0.35	0.0989	-0.0103	0.3471	0.0444
0.4	0.0948	-0.0112	0.3941	0.042
0.45	0.088	-0.0128	0.442	0.0381
0.5	0.079	-0.0149	0.4908	0.0327
0.55	0.0683	-0.0176	0.5405	0.0262
0.6	0.0565	-0.0204	0.5909	0.0189
0.65	0.0443	-0.0233	0.6419	0.0113
0.7	0.0322	-0.0257	0.6933	0.0038
0.75	0.021	-0.0272	0.745	-0.0028
0.8	0.0112	-0.0273	0.7966	-0.0079
0.85	0.0036	-0.0255	0.8482	-0.0109
0.9	-0.0013	-0.0209	0.8994	-0.011
0.95	-0.0027	-0.0127	0.9501	-0.0076
1	0	0	1	0

Airfoil # 19

Parameters: r = 0.01   xM = 0.33   yM = 0.07   xm = 0.3   ym = -0.01
β1 = -0.1   β2 = 0

x := 0, 0.002 .. 1   c := 0, 0.05 .. 1

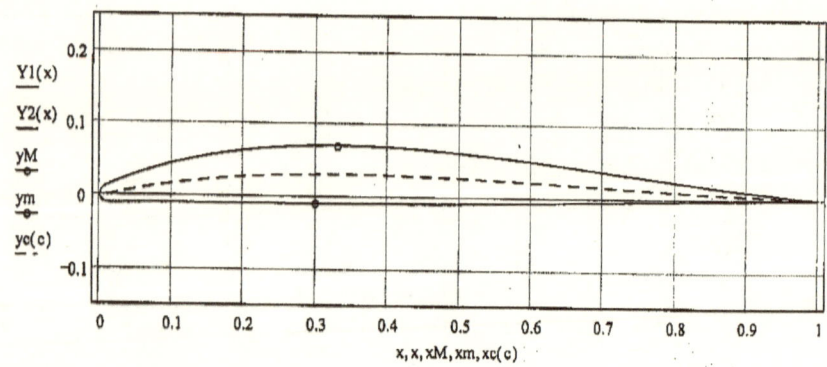

Coordinates of Points:

x := 0, 0.05 .. 1

Airfoil

x	Yupper(x)	Ylower(x)
0	0	0
0.05	0.0283	-0.0105
0.1	0.0435	-0.0101
0.15	0.0547	-0.0099
0.2	0.0625	-0.0099
0.25	0.0673	-0.01
0.3	0.0696	-0.01
0.35	0.0699	-0.01
0.4	0.0683	-0.0098
0.45	0.0652	-0.0095
0.5	0.0609	-0.009
0.55	0.0558	-0.0083
0.6	0.0499	-0.0074
0.65	0.0435	-0.0064
0.7	0.0369	-0.0053
0.75	0.0302	-0.0041
0.8	0.0235	-0.0029
0.85	0.0171	-0.0018
0.9	0.011	$-8.9052 \cdot 10^{-4}$
0.95	0.0053	$-2.4452 \cdot 10^{-4}$
1	0	0

Camber line

xc(c)	yc(c)
0.01	0
0.0566	0.0095
0.1069	0.0172
0.156	0.0227
0.2045	0.0264
0.2527	0.0287
0.301	0.0298
0.3494	0.03
0.3982	0.0293
0.4472	0.0279
0.4967	0.0261
0.5464	0.0238
0.5965	0.0213
0.6468	0.0186
0.6972	0.0159
0.7477	0.0131
0.7983	0.0104
0.8488	0.0077
0.8993	0.0051
0.9497	0.0025
1	0

MATHEMATICAL DESIGN OF WING SECTIONS

Airfoil # 20

Parameters: r = 0.01   xM = 0.33   yM = 0.07   xm = 0.3   ym = -0.01
                $\beta 1 = 0$ $\beta 2 = 0.1$

              x := 0, 0.002 .. 1   c := 0, 0.05 .. 1

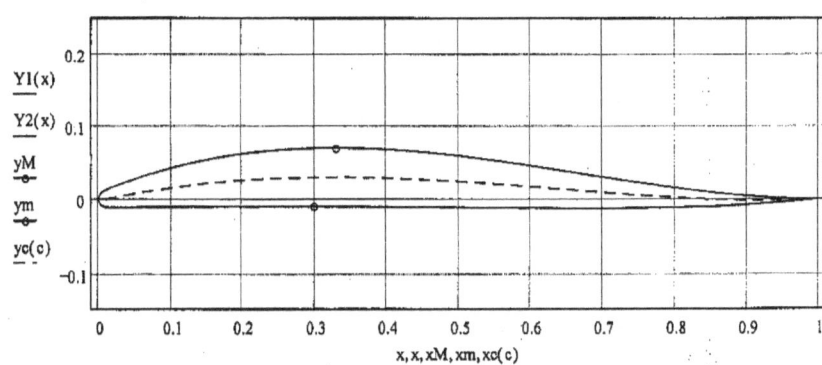

Coordinates of Points: x := 0, 0.05 .. 1

	Airfoil		Camber line	
x	Yupper(x)	Ylower(x)	xc(c)	yc(c)
0	0	0	0.01	0
0.05	0.0275	-0.0111	0.0564	0.0087
0.1	0.0425	-0.0108	0.1069	0.0163
0.15	0.0538	-0.0105	0.1561	0.022
0.2	0.0619	-0.0102	0.2047	0.026
0.25	0.067	-0.0101	0.2529	0.0286
0.3	0.0696	-0.01	0.3011	0.0298
0.35	0.0698	-0.0101	0.3493	0.0299
0.4	0.068	-0.0103	0.3978	0.0289
0.45	0.0644	-0.0106	0.4467	0.027
0.5	0.0593	-0.011	0.496	0.0243
0.55	0.0531	-0.0114	0.5457	0.021
0.6	0.0459	-0.0118	0.5957	0.0172
0.65	0.0383	-0.0121	0.6461	0.0133
0.7	0.0304	-0.0121	0.6967	0.0093
0.75	0.0227	-0.0118	0.7474	0.0055
0.8	0.0156	-0.0111	0.7982	0.0023
0.85	0.0093	-0.0097	0.8489	$-1.5238 \cdot 10^{-4}$
0.9	0.0044	-0.0075	0.8995	-0.0015
0.95	0.0012	-0.0043	0.9499	-0.0016
1	0	0	1	0

3. Профили, рассчитанные по программе C

Таблица 4

Профили	r	R_t	ξ_{0t}	η_{0t}	x_M	x_m
1	0.015	0.06	0.2	0.02	0.35	0.35
2	0.0125					
3	0.01					
4	0.015	0.05	0.15	0.02	0.35	0.35
5		0.045				
6		0.04				
7	0.015	0.05	0.2	0.02	0.35	0.35
8			0.175			
9			0.15			
10	0.015	0.05	0.15	0.03	0.35	0.4
11				0.025		
12				0.02		
13				0.015		
14	0.015	0.05	0.15	0.03	0.35	0.45
15					0.325	
16					0.3	
17	0.015	0.05	0.15	0.03	0.325	0.425
18						0.4
19						0.375
20						0.35

Чертеж каждого профиля содержит окружность C_t.

Airfoil # 1

Parameters: r = 0.015 Rt = 0.06 ξot = 0.2 ηot = 0.02 xM = 0.35 xm = 0.35
x := 0, 0.002 .. 1   c := 0, 0.05 .. 1

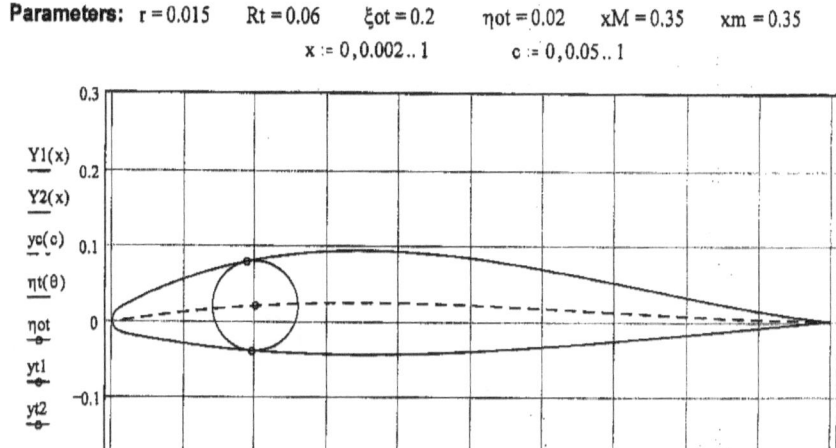

x, x, xc(c), ξt(θ), ξot, t1, t2

Coordinates of Points

	Airfoil	x := 0, 0.05 .. 1	Camber line	
x	Yupper(x)	Ylower(x)	xc(c)	yc(c)
0	0	0	0.015	0
0.05	0.0361	-0.0229	0.0628	0.0071
0.1	0.0556	-0.0302	0.1144	0.0131
0.15	0.0703	-0.0359	0.1633	0.0175
0.2	0.081	-0.0402	0.2107	0.0206
0.25	0.0882	-0.043	0.2572	0.0227
0.3	0.0922	-0.0447	0.3036	0.0238
0.35	0.0935	-0.0452	0.35	0.0241
0.4	0.0923	-0.0447	0.3969	0.0238
0.45	0.089	-0.0433	0.4444	0.0229
0.5	0.0839	-0.0411	0.4926	0.0214
0.55	0.0772	-0.0383	0.5415	0.0196
0.6	0.0693	-0.0349	0.5912	0.0173
0.65	0.0605	-0.031	0.6416	0.0149
0.7	0.051	-0.0267	0.6925	0.0123
0.75	0.0413	-0.0222	0.7438	0.0096
0.8	0.0316	-0.0176	0.7953	0.0071
0.85	0.0224	-0.0129	0.8468	0.0048
0.9	0.0138	-0.0084	0.8982	0.0027
0.95	0.0062	-0.004	0.9493	0.0011
1	0	0	1	0

Airfoil # 2

Parameters: $r = 0.0125$ $Rt = 0.06$ $\xi ot = 0.2$ $\eta ot = 0.02$ $xM = 0.35$ $xm = 0.35$
$x := 0, 0.002 .. 1$ $c := 0, 0.05 .. 1$

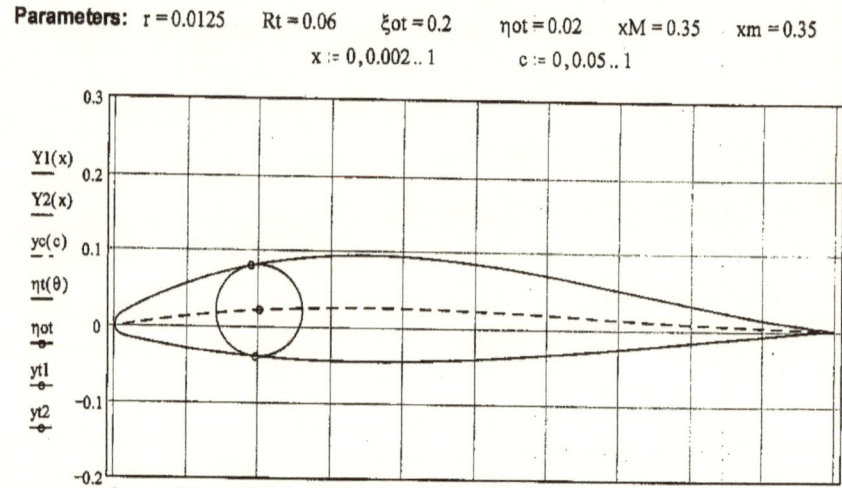

Coordinates of Points

$x := 0, 0.05 .. 1$

Airfoil			Camber line	
x	Yupper(x)	Ylower(x)	xc(c)	yc(c)
0	0	0	0.0125	0
0.05	0.0349	-0.0213	0.0626	0.0073
0.1	0.055	-0.0293	0.1146	0.0133
0.15	0.0701	-0.0356	0.1636	0.0176
0.2	0.0811	-0.0402	0.211	0.0206
0.25	0.0884	-0.0433	0.2574	0.0226
0.3	0.0925	-0.0451	0.3037	0.0237
0.35	0.0938	-0.0457	0.35	0.0241
0.4	0.0926	-0.0451	0.3968	0.0238
0.45	0.0893	-0.0437	0.4442	0.0228
0.5	0.084	-0.0413	0.4924	0.0214
0.55	0.0772	-0.0383	0.5414	0.0196
0.6	0.0692	-0.0347	0.5911	0.0174
0.65	0.0602	-0.0306	0.6416	0.0149
0.7	0.0507	-0.0262	0.6925	0.0124
0.75	0.0409	-0.0216	0.7439	0.0097
0.8	0.0312	-0.0169	0.7954	0.0072
0.85	0.0219	-0.0123	0.8469	0.0049
0.9	0.0134	-0.0078	0.8983	0.0028
0.95	0.006	-0.0037	0.9493	0.0012
1	0	0	1	0

MATHEMATICAL DESIGN OF WING SECTIONS

Airfoil # 3

Parameters: r = 0.01   Rt = 0.06   ξot = 0.2   ηot = 0.02   xM = 0.35   xm = 0.35
                 x := 0, 0.002 .. 1   c := 0, 0.05 .. 1

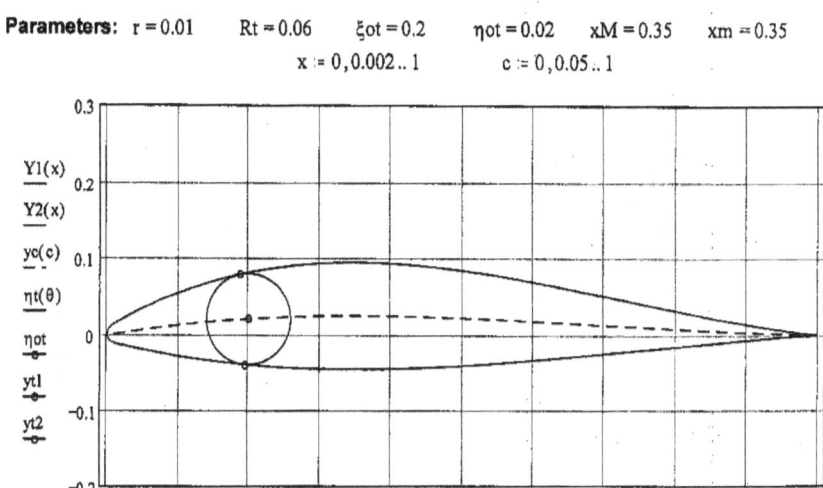

Coordinates of Points   **Airfoil**   x := 0, 0.05 .. 1   **Camber line**

x	Yupper(x)	Ylower(x)	xc(c)	yc(c)
0	0	0	0.01	0
0.05	0.0338	-0.0197	0.0623	0.0075
0.1	0.0544	-0.0285	0.1147	0.0134
0.15	0.0699	-0.0352	0.1639	0.0176
0.2	0.0811	-0.0402	0.2112	0.0206
0.25	0.0886	-0.0436	0.2576	0.0226
0.3	0.0928	-0.0455	0.3037	0.0237
0.35	0.0942	-0.0461	0.35	0.024
0.4	0.0929	-0.0456	0.3967	0.0237
0.45	0.0895	-0.044	0.4441	0.0228
0.5	0.0842	-0.0415	0.4923	0.0214
0.55	0.0773	-0.0383	0.5412	0.0196
0.6	0.0691	-0.0345	0.591	0.0174
0.65	0.06	-0.0303	0.6415	0.015
0.7	0.0504	-0.0257	0.6925	0.0124
0.75	0.0405	-0.021	0.7439	0.0099
0.8	0.0308	-0.0162	0.7955	0.0073
0.85	0.0215	-0.0116	0.8471	0.005
0.9	0.0131	-0.0073	0.8984	0.0029
0.95	0.0058	-0.0034	0.9494	0.0012
1	0	0	1	0

Airfoil # 4

Parameters: r = 0.015   Rt = 0.05   ξot = 0.15   ηot = 0.02   xM = 0.35   xm = 0.35
x := 0, 0.002 .. 1   c := 0, 0.05 .. 1

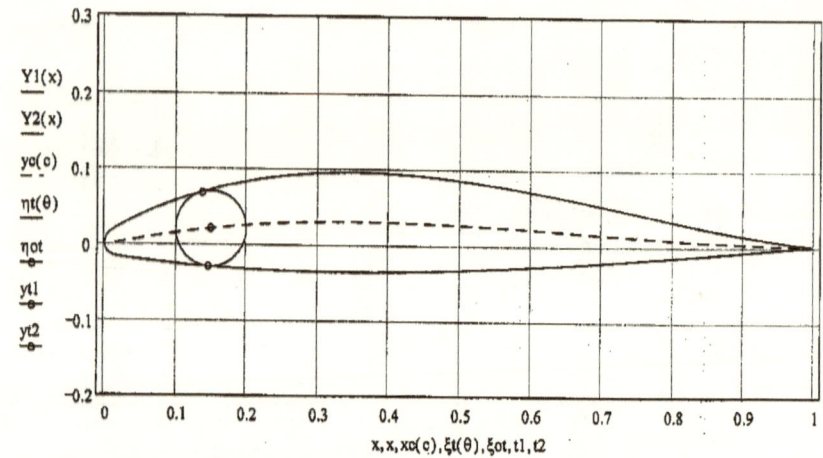

Y1(x)
Y2(x)
yc(c)
ηt(θ)
ηot
yt1
yt2

x, x, xc(c), ξt(θ), ξot, t1, t2

Coordinates of Points   **Airfoil**   x := 0, 0.05 .. 1   **Camber line**

x	Yupper(x)	Ylower(x)	xc(c)	yc(c)
0	0	0	0.015	0
0.05	0.0367	-0.0209	0.0627	0.0087
0.1	0.0567	-0.0261	0.1142	0.016
0.15	0.0718	-0.0301	0.1631	0.0213
0.2	0.0827	-0.0332	0.2105	0.025
0.25	0.0901	-0.0352	0.2571	0.0275
0.3	0.0942	-0.0364	0.3035	0.0289
0.35	0.0955	-0.0368	0.35	0.0293
0.4	0.0943	-0.0365	0.3969	0.0289
0.45	0.0909	-0.0354	0.4445	0.0278
0.5	0.0857	-0.0338	0.4927	0.026
0.55	0.0788	-0.0316	0.5417	0.0237
0.6	0.0707	-0.029	0.5914	0.021
0.65	0.0617	-0.026	0.6418	0.018
0.7	0.0521	-0.0227	0.6927	0.0148
0.75	0.0421	-0.0191	0.7439	0.0116
0.8	0.0323	-0.0154	0.7954	0.0085
0.85	0.0228	-0.0115	0.8469	0.0057
0.9	0.014	-0.0076	0.8982	0.0032
0.95	0.0063	-0.0037	0.9493	0.0013
1	0	0	1	0

Airfoil # 5

Parameters: r = 0.015   Rt = 0.045   ξot ≈ 0.15   ηot = 0.02   xM = 0.35   xm = 0.35
x := 0, 0.002 .. 1   c := 0, 0.05 .. 1

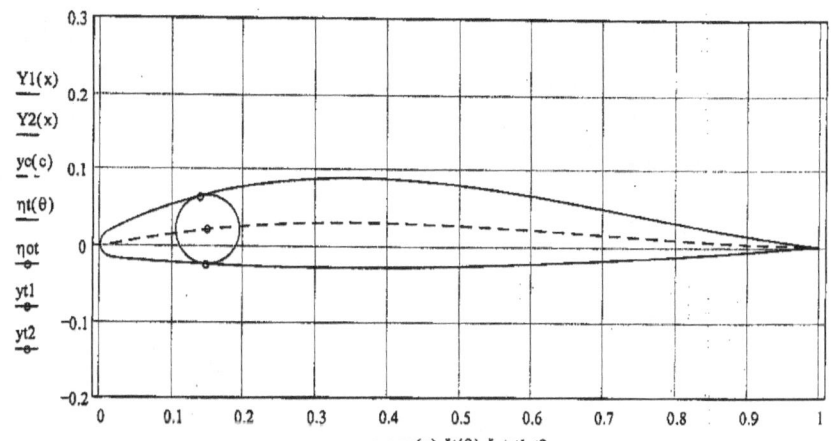

x, x, xc(c), ξt(θ), ξot, t1, t2

Coordinates of Points

Airfoil   x := 0, 0.05 .. 1   **Camber line**

x	Yupper(x)	Ylower(x)	xc(c)	yc(c)
0	0	0	0.015	0
0.05	0.0346	-0.0193	0.0607	0.0084
0.1	0.0526	-0.0225	0.1116	0.0157
0.15	0.0663	-0.025	0.1606	0.021
0.2	0.0763	-0.027	0.2085	0.0249
0.25	0.083	-0.0283	0.2557	0.0274
0.3	0.0867	-0.0291	0.3028	0.0288
0.35	0.0879	-0.0293	0.35	0.0293
0.4	0.0868	-0.0291	0.3975	0.0289
0.45	0.0837	-0.0284	0.4455	0.0277
0.5	0.0789	-0.0273	0.4941	0.0259
0.55	0.0727	-0.0258	0.5432	0.0236
0.6	0.0653	-0.0239	0.593	0.0208
0.65	0.057	-0.0217	0.6433	0.0178
0.7	0.0482	-0.0192	0.6939	0.0146
0.75	0.039	-0.0165	0.7449	0.0114
0.8	0.03	-0.0135	0.7961	0.0083
0.85	0.0212	-0.0103	0.8473	0.0055
0.9	0.0131	-0.007	0.8985	0.0031
0.95	0.006	-0.0035	0.9494	0.0012
1	0	0	1	0

Airfoil # 6

Parameters: r = 0.015   Rt = 0.04   ξot = 0.15   ηot = 0.02   xM = 0.35   xm = 0.35
x := 0, 0.002 .. 1   c := 0, 0.05 .. 1

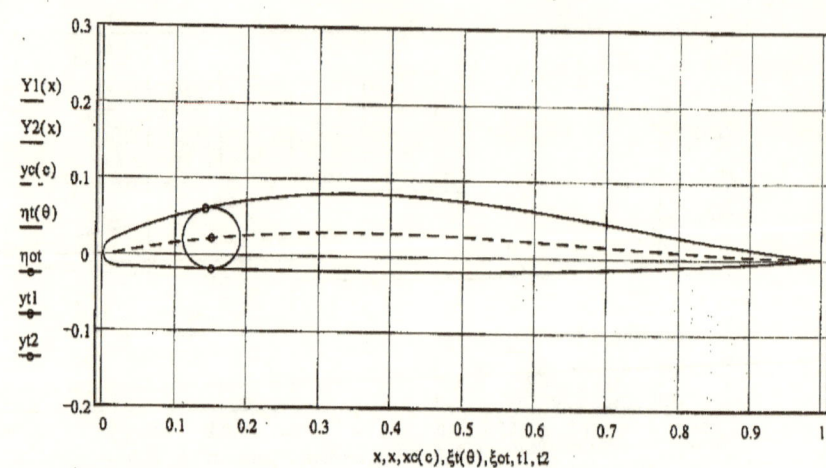

x, x, xc(c), ξt(θ), ξot, t1, t2

Coordinates of Points   **Airfoil**   x := 0, 0.05 .. 1   **Camber line**

x	Yupper(x)	Ylower(x)	xc(c)	yc(c)
0	0	0	0.015	0
0.05	0.0326	-0.0177	0.0589	0.0081
0.1	0.0486	-0.019	0.1094	0.0154
0.15	0.0609	-0.02	0.1585	0.0208
0.2	0.0699	-0.0208	0.2067	0.0248
0.25	0.0759	-0.0214	0.2545	0.0274
0.3	0.0794	-0.0218	0.3022	0.0288
0.35	0.0804	-0.0219	0.35	0.0293
0.4	0.0794	-0.0218	0.398	0.0289
0.45	0.0766	-0.0214	0.4465	0.0277
0.5	0.0723	-0.0208	0.4953	0.0258
0.55	0.0666	-0.0199	0.5446	0.0235
0.6	0.0599	-0.0188	0.5944	0.0207
0.65	0.0524	-0.0174	0.6446	0.0176
0.7	0.0443	-0.0158	0.6951	0.0144
0.75	0.036	-0.0138	0.7459	0.0112
0.8	0.0277	-0.0116	0.7968	0.0081
0.85	0.0197	-0.0092	0.8478	0.0053
0.9	0.0122	-0.0064	0.8987	0.0029
0.95	0.0056	-0.0033	0.9494	0.0011
1	0	0	1	0

MATHEMATICAL DESIGN OF WING SECTIONS 201

Airfoil # 7

Parameters: $r = 0.015$ $Rt = 0.05$ $\xi_{ot} = 0.2$ $\eta_{ot} = 0.02$ $xM = 0.35$ $xm = 0.35$

$x := 0, 0.002 .. 1$ $c := 0, 0.05 .. 1$

Y1(x)
Y2(x)
yc(c)
ηt(θ)
ηot
yt1
yt2

x, x, xc(c), ξt(θ), ξot, t1, t2

Coordinates of Points **Airfoil** $x := 0, 0.05 .. 1$ **Camber line**

x	Yupper(x)	Ylower(x)	xc(c)	yc(c)
0	0	0	0.015	0
0.05	0.0328	-0.0203	0.0596	0.0067
0.1	0.0491	-0.0244	0.1104	0.0127
0.15	0.0615	-0.0276	0.1595	0.0172
0.2	0.0706	-0.03	0.2076	0.0204
0.25	0.0767	-0.0317	0.2551	0.0226
0.3	0.0802	-0.0327	0.3025	0.0238
0.35	0.0812	-0.033	0.35	0.0241
0.4	0.0802	-0.0327	0.3978	0.0238
0.45	0.0774	-0.0319	0.446	0.0228
0.5	0.073	-0.0305	0.4947	0.0213
0.55	0.0673	-0.0287	0.544	0.0194
0.6	0.0605	-0.0265	0.5937	0.0171
0.65	0.0529	-0.0239	0.6439	0.0146
0.7	0.0447	-0.021	0.6946	0.012
0.75	0.0363	-0.0178	0.7454	0.0093
0.8	0.028	-0.0145	0.7965	0.0068
0.85	0.0199	-0.011	0.8476	0.0045
0.9	0.0123	-0.0074	0.8986	0.0025
0.95	0.0056	-0.0037	0.9494	$9.7453 \cdot 10^{-4}$
1	0	0	1	0

Airfoil # 8

Parameters: r = 0.015   Rt = 0.05   ξot = 0.175   ηot = 0.02   xM = 0.35   xm = 0.35
x := 0, 0.002 .. 1   c := 0, 0.05 .. 1

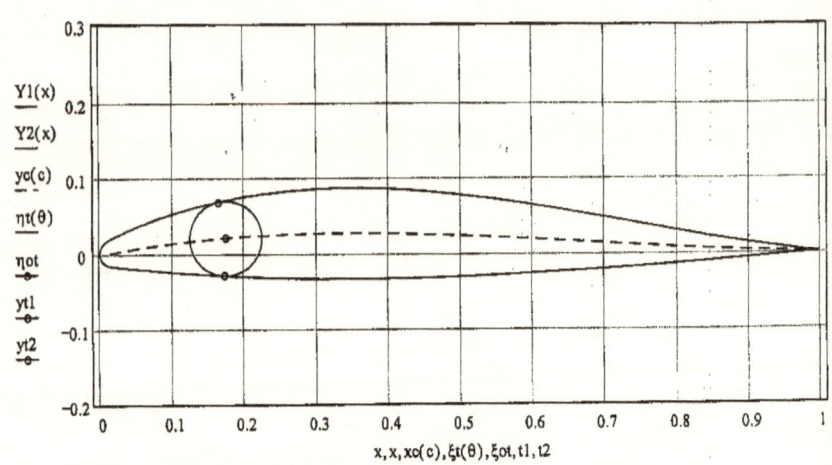

x, x, xc(c), ξt(θ), ξot, t1, t2

Coordinates of Points

	Airfoil	x := 0, 0.05 .. 1	Camber line	
x	Yupper(x)	Ylower(x)	xc(c)	yc(c)
0	0	0	0.015	0
0.05	0.0343	-0.0205	0.0608	0.0075
0.1	0.0521	-0.025	0.1119	0.014
0.15	0.0657	-0.0286	0.1609	0.0189
0.2	0.0755	-0.0313	0.2087	0.0223
0.25	0.0821	-0.0331	0.2559	0.0246
0.3	0.0859	-0.0342	0.3029	0.0258
0.35	0.087	-0.0345	0.35	0.0262
0.4	0.0859	-0.0342	0.3975	0.0259
0.45	0.0829	-0.0333	0.4454	0.0248
0.5	0.0781	-0.0318	0.4939	0.0232
0.55	0.072	-0.0299	0.5431	0.0211
0.6	0.0646	-0.0275	0.5928	0.0187
0.65	0.0564	-0.0247	0.6431	0.016
0.7	0.0477	-0.0217	0.6938	0.0131
0.75	0.0387	-0.0183	0.7449	0.0103
0.8	0.0297	-0.0148	0.7961	0.0075
0.85	0.021	-0.0112	0.8473	0.005
0.9	0.013	-0.0075	0.8984	0.0028
0.95	0.0059	-0.0037	0.9494	0.0011
1	0	0	1	0

Airfoil # 9

Parameters: r = 0.015   Rt = 0.05   ξot = 0.15   ηot = 0.02   xM = 0.35   xm = 0.35
x := 0, 0.002 .. 1   c := 0, 0.05 .. 1

Y1(x)
Y2(x)
yc(c)
ηt(θ)
ηot
yt1
yt2

x, x, xc(c), ξt(θ), ξot, t1, t2

Coordinates of Points   **Airfoil**   x := 0, 0.05 .. 1   **Camber line**

x	Yupper(x)	Ylower(x)	xc(c)	yc(c)
0	0	0	0.015	0
0.05	0.0367	-0.0209	0.0627	0.0087
0.1	0.0567	-0.0261	0.1142	0.016
0.15	0.0718	-0.0301	0.1631	0.0213
0.2	0.0827	-0.0332	0.2105	0.025
0.25	0.0901	-0.0352	0.2571	0.0275
0.3	0.0942	-0.0364	0.3035	0.0289
0.35	0.0955	-0.0368	0.35	0.0293
0.4	0.0943	-0.0365	0.3969	0.0289
0.45	0.0909	-0.0354	0.4445	0.0278
0.5	0.0857	-0.0338	0.4927	0.026
0.55	0.0788	-0.0316	0.5417	0.0237
0.6	0.0707	-0.029	0.5914	0.021
0.65	0.0617	-0.026	0.6418	0.018
0.7	0.0521	-0.0227	0.6927	0.0148
0.75	0.0421	-0.0191	0.7439	0.0116
0.8	0.0323	-0.0154	0.7954	0.0085
0.85	0.0228	-0.0115	0.8469	0.0057
0.9	0.014	-0.0076	0.8982	0.0032
0.95	0.0063	-0.0037	0.9493	0.0013
1	0	0	1	0

Airfoil # 10

Parameters: r = 0.015   Rt = 0.05   ξot = 0.15   ηot = 0.03   xM = 0.35   xm = 0.4
x := 0, 0.002 .. 1   c := 0, 0.05 .. 1

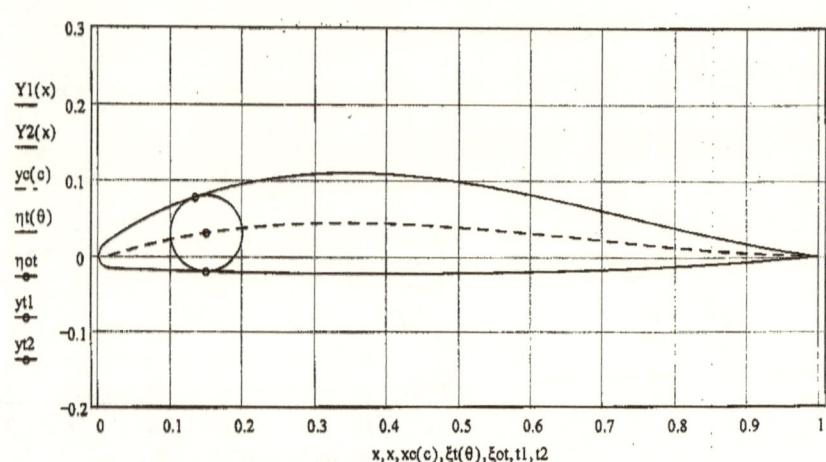

Y1(x), Y2(x), yc(c), ηt(θ), ηot, yt1, yt2
x, x, xc(c), ξt(θ), ξot, t1, t2

Coordinates of Points   **Airfoil**   x := 0, 0.05 .. 1   **Camber line**

x	Yupper(x)	Ylower(x)	xc(c)	yc(c)
0	0	0	0.015	0
0.05	0.041	-0.0172	0.0649	0.0135
0.1	0.0647	-0.0187	0.1166	0.0244
0.15	0.0825	-0.02	0.1652	0.0322
0.2	0.0952	-0.0211	0.2121	0.0376
0.25	0.1037	-0.022	0.2582	0.0411
0.3	0.1085	-0.0226	0.304	0.043
0.35	0.11	-0.023	0.35	0.0435
0.4	0.1086	-0.0231	0.3964	0.0428
0.45	0.1047	-0.023	0.4436	0.041
0.5	0.0986	-0.0226	0.4915	0.0383
0.55	0.0907	-0.0219	0.5403	0.0348
0.6	0.0814	-0.0208	0.5899	0.0307
0.65	0.0709	-0.0195	0.6403	0.0261
0.7	0.0598	-0.0178	0.6912	0.0213
0.75	0.0483	-0.0158	0.7427	0.0165
0.8	0.0369	-0.0134	0.7944	0.0119
0.85	0.026	-0.0106	0.8462	0.0078
0.9	0.016	-0.0075	0.8978	0.0043
0.95	0.0072	-0.004	0.9491	0.0016
1	0	0	1	0

Airfoil # 11

Parameters: $r = 0.015$ $Rt = 0.05$ $\xi ot = 0.15$ $\eta ot = 0.025$ $xM = 0.35$ $xm = 0.4$

$x := 0, 0.002 .. 1$ $c := 0, 0.05 .. 1$

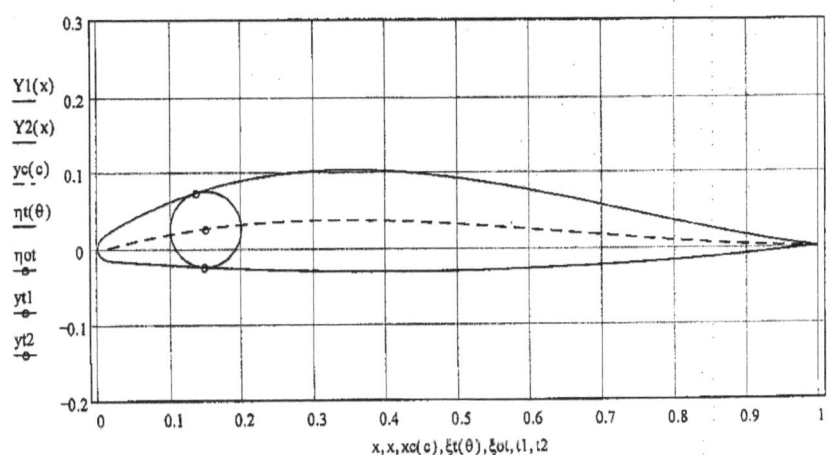

Coordinates of Points

Airfoil $x := 0, 0.05 .. 1$

x	Yupper(x)	Ylower(x)	xc(c)	yc(c)
0	0	0	0.015	0
0.05	0.0388	-0.0189	0.0638	0.0111
0.1	0.0607	-0.0223	0.1154	0.0202
0.15	0.0771	-0.0251	0.1642	0.0267
0.2	0.089	-0.0273	0.2113	0.0312
0.25	0.0969	-0.0291	0.2577	0.0341
0.3	0.1014	-0.0303	0.3038	0.0356
0.35	0.1028	-0.031	0.35	0.0359
0.4	0.1015	-0.0312	0.3967	0.0352
0.45	0.0978	-0.031	0.4439	0.0335
0.5	0.0922	-0.0303	0.492	0.0311
0.55	0.0848	-0.0292	0.5408	0.0281
0.6	0.0761	-0.0276	0.5904	0.0245
0.65	0.0663	-0.0255	0.6407	0.0207
0.7	0.0559	-0.0231	0.6917	0.0167
0.75	0.0452	-0.0202	0.743	0.0127
0.8	0.0346	-0.0169	0.7946	0.009
0.85	0.0244	-0.0132	0.8463	0.0056
0.9	0.015	-0.0092	0.8979	0.0029
0.95	0.0067	-0.0048	0.9491	$9.8577 \cdot 10^{-4}$
1	0	0	1	0

Camber line

Airfoil # 12

Parameters: $r = 0.015$ $Rt = 0.05$ $\xi ot = 0.15$ $\eta ot = 0.02$ $xM = 0.35$ $xm = 0.4$

$x := 0, 0.002 .. 1$ $c := 0, 0.05 .. 1$

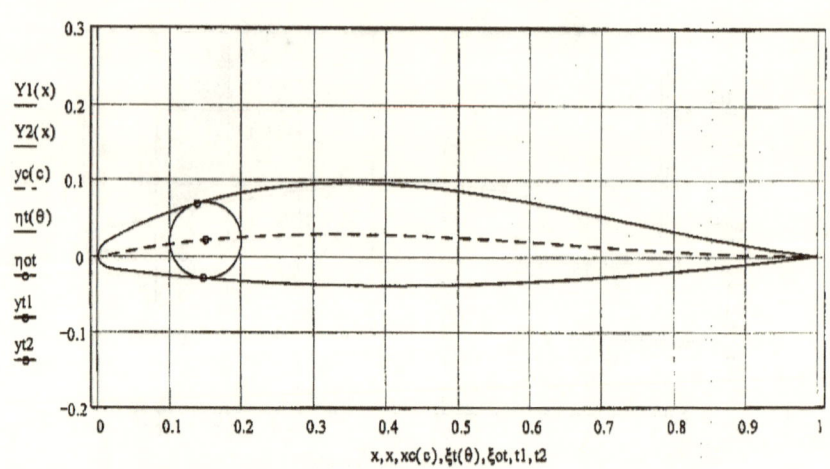

$x, x, xc(c), \xi t(\theta), \xi ot, t1, t2$

Coordinates of Points **Airfoil** $x := 0, 0.05 .. 1$ **Camber line**

x	Yupper(x)	Ylower(x)	xc(c)	yc(c)
0	0	0	0.015	0
0.05	0.0367	-0.0207	0.0627	0.0087
0.1	0.0567	-0.0259	0.1142	0.016
0.15	0.0718	-0.0301	0.1631	0.0212
0.2	0.0827	-0.0336	0.2105	0.0248
0.25	0.0901	-0.0362	0.2571	0.027
0.3	0.0942	-0.038	0.3035	0.0281
0.35	0.0955	-0.039	0.35	0.0282
0.4	0.0943	-0.0394	0.3969	0.0275
0.45	0.0909	-0.039	0.4443	0.026
0.5	0.0857	-0.0381	0.4925	0.0239
0.55	0.0788	-0.0365	0.5414	0.0214
0.6	0.0707	-0.0343	0.591	0.0184
0.65	0.0617	-0.0316	0.6413	0.0153
0.7	0.0521	-0.0283	0.6921	0.012
0.75	0.0421	-0.0246	0.7434	0.0089
0.8	0.0323	-0.0205	0.7949	0.006
0.85	0.0228	-0.0159	0.8465	0.0035
0.9	0.014	-0.0109	0.8979	0.0016
0.95	0.0063	-0.0056	0.9492	$3.6253 \cdot 10^{-4}$
1	0	0	1	0

MATHEMATICAL DESIGN OF WING SECTIONS

Airfoil # 13

Parameters: $r = 0.015$ $Rt = 0.05$ $\xi ot = 0.15$ $\eta ot = 0.015$ $xM = 0.35$ $xm = 0.4$

$x := 0, 0.002 .. 1$ $c := 0, 0.05 .. 1$

$Y1(x)$
$Y2(x)$
$yc(c)$
$\eta t(\theta)$
ηot
$yt1$
$yt2$

$x, x, xc(c), \xi t(\theta), \xi ot, t1, t2$

Coordinates of Points   **Airfoil** $x := 0, 0.05 .. 1$ **Camber line**

x	Yupper(x)	Ylower(x)	xc(c)	yc(c)
0	0	0	0.015	0
0.05	0.0347	-0.0225	0.0615	0.0065
0.1	0.0527	-0.0295	0.1129	0.012
0.15	0.0665	-0.0353	0.1619	0.0158
0.2	0.0765	-0.0398	0.2096	0.0184
0.25	0.0832	-0.0433	0.2566	0.02
0.3	0.087	-0.0457	0.3032	0.0207
0.35	0.0882	-0.0471	0.35	0.0206
0.4	0.0871	-0.0475	0.3971	0.0198
0.45	0.084	-0.0471	0.4448	0.0185
0.5	0.0791	-0.0458	0.493	0.0168
0.55	0.0729	-0.0438	0.542	0.0147
0.6	0.0654	-0.041	0.5916	0.0123
0.65	0.0571	-0.0376	0.6418	0.0099
0.7	0.0483	-0.0336	0.6926	0.0074
0.75	0.0391	-0.0291	0.7438	0.0051
0.8	0.03	-0.024	0.7952	0.003
0.85	0.0213	-0.0185	0.8466	0.0014
0.9	0.0131	-0.0127	0.898	$2.5052 \cdot 10^{-4}$
0.95	0.006	-0.0065	0.9492	$-2.4713 \cdot 10^{-4}$
1	0	0	1	0

Airfoil # 14

Parameters: $r = 0.015$ $Rt = 0.05$ $\xi ot = 0.15$ $\eta ot = 0.03$ $xM = 0.35$ $xm = 0.45$

$x := 0, 0.002 .. 1$ $c := 0, 0.05 .. 1$

$Y1(x)$, $Y2(x)$, $yc(c)$, $\eta t(\theta)$, ηot, $yt1$, $yt2$ vs $x, x, xc(c), \xi t(\theta), \xi ot, t1, t2$

Coordinates of Points

$x := 0, 0.05 .. 1$

x	Airfoil Yupper(x)	Ylower(x)	Camber line xc(c)	yc(c)
0	0	0	0.015	0
0.05	0.041	-0.0172	0.0649	0.0136
0.1	0.0647	-0.0186	0.1166	0.0244
0.15	0.0825	-0.02	0.1652	0.0322
0.2	0.0952	-0.0213	0.2121	0.0375
0.25	0.1037	-0.0223	0.2582	0.0409
0.3	0.1085	-0.0232	0.304	0.0427
0.35	0.11	-0.0239	0.35	0.0431
0.4	0.1086	-0.0243	0.3964	0.0422
0.45	0.1047	-0.0244	0.4435	0.0403
0.5	0.0986	-0.0243	0.4914	0.0375
0.55	0.0907	-0.0238	0.5401	0.0338
0.6	0.0814	-0.023	0.5897	0.0296
0.65	0.0709	-0.0217	0.64	0.025
0.7	0.0598	-0.0201	0.691	0.0202
0.75	0.0483	-0.018	0.7424	0.0154
0.8	0.0369	-0.0155	0.7942	0.0109
0.85	0.026	-0.0124	0.846	0.0069
0.9	0.016	-0.0088	0.8977	0.0036
0.95	0.0072	-0.0047	0.949	0.0012
1	0	0	1	0

Airfoil # 15

Parameters: r = 0.015   Rt = 0.05   ξot = 0.15   ηot = 0.03   xM = 0.325   xm = 0.45
x := 0, 0.002 .. 1   c := 0, 0.05 .. 1

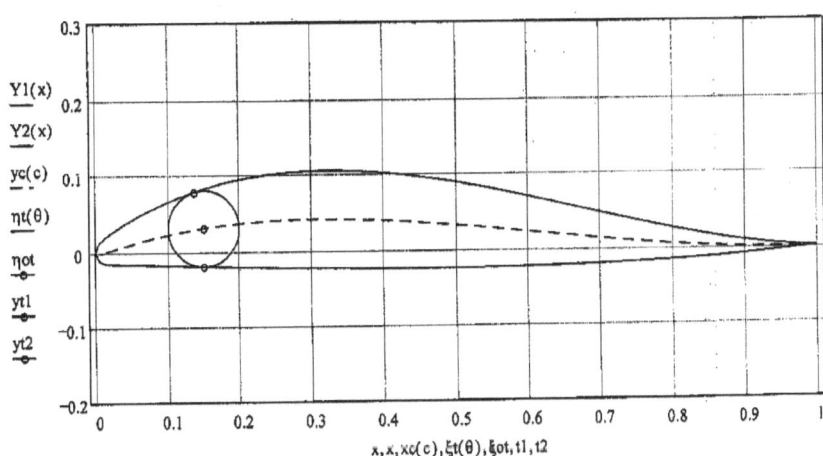

x, x, xc(c), ξt(θ), ξot, t1, t2

Coordinates of Points

Airfoil   x := 0, 0.05 .. 1   **Camber line**

x	Yupper(x)	Ylower(x)	xc(c)	yc(c)
0	0	0	0.015	0
0.05	0.0415	-0.0171	0.0651	0.0139
0.1	0.0651	-0.0186	0.1163	0.0246
0.15	0.0822	-0.02	0.1644	0.0319
0.2	0.094	-0.0213	0.2108	0.0368
0.25	0.1013	-0.0224	0.2565	0.0396
0.3	0.1047	-0.0232	0.3021	0.0407
0.35	0.1047	-0.0239	0.348	0.0404
0.4	0.1018	-0.0243	0.3947	0.0389
0.45	0.0964	-0.0245	0.4421	0.0362
0.5	0.0889	-0.0243	0.4906	0.0327
0.55	0.0798	-0.0238	0.5399	0.0284
0.6	0.0694	-0.023	0.5901	0.0237
0.65	0.0584	-0.0218	0.641	0.0187
0.7	0.047	-0.0201	0.6925	0.0138
0.75	0.0359	-0.018	0.7442	0.0091
0.8	0.0255	-0.0155	0.796	0.0051
0.85	0.0163	-0.0124	0.8476	0.002
0.9	0.0087	-0.0089	0.8988	$-8.0439 \cdot 10^{-5}$
0.95	0.0031	-0.0047	0.9497	$-8.0758 \cdot 10^{-4}$
1	0	0	1	0

Airfoil # 16

Parameters: r = 0.015   Rt = 0.05   ξot = 0.15   ηot = 0.03   xM = 0.3   xm = 0.45

x := 0, 0.002 .. 1   c := 0, 0.05 .. 1

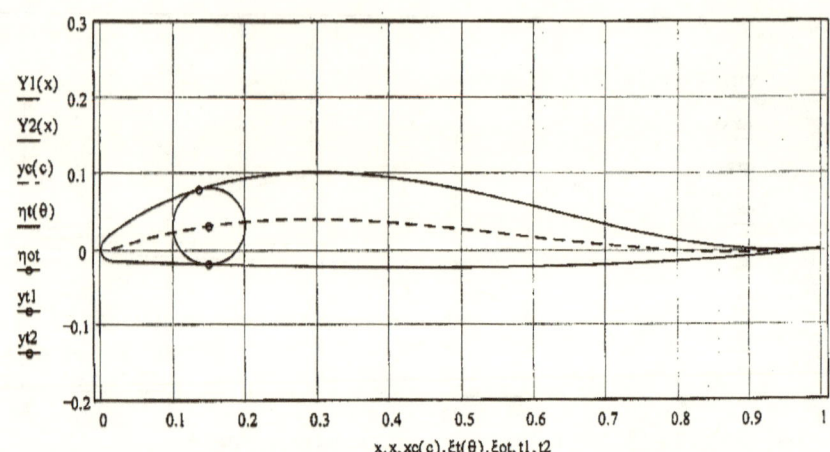

x, x, xc(c), ξt(θ), ξot, t1, t2

Coordinates of Points   **Airfoil**   x := 0, 0.05 .. 1   **Camber line**

x	Yupper(x)	Ylower(x)	xc(c)	yc(c)
0	0	0	0.015	0
0.05	0.0421	-0.0171	0.0654	0.0142
0.1	0.0656	-0.0186	0.1161	0.0248
0.15	0.082	-0.02	0.1635	0.0317
0.2	0.0927	-0.0213	0.2093	0.036
0.25	0.0986	-0.0224	0.2546	0.0382
0.3	0.1005	-0.0233	0.3	0.0386
0.35	0.0988	-0.024	0.346	0.0375
0.4	0.0941	-0.0244	0.3929	0.0351
0.45	0.087	-0.0245	0.4409	0.0316
0.5	0.0779	-0.0244	0.4899	0.0272
0.55	0.0673	-0.0239	0.54	0.0222
0.6	0.0559	-0.023	0.5909	0.0169
0.65	0.0441	-0.0218	0.6424	0.0115
0.7	0.0326	-0.0201	0.6942	0.0065
0.75	0.0219	-0.0181	0.746	0.0021
0.8	0.0127	-0.0155	0.7976	-0.0014
0.85	0.0053	-0.0124	0.8489	-0.0035
0.9	$4.4291 \cdot 10^{-4}$	-0.0089	0.8997	-0.0042
0.95	-0.0015	-0.0047	0.95	-0.0031
1		0	1	0

Airfoil # 17

Parameters: r = 0.015   Rt = 0.05   ξot = 0.15   ηot = 0.03   xM = 0.325   xm = 0.425
x := 0, 0.002 .. 1   c := 0, 0.05 .. 1

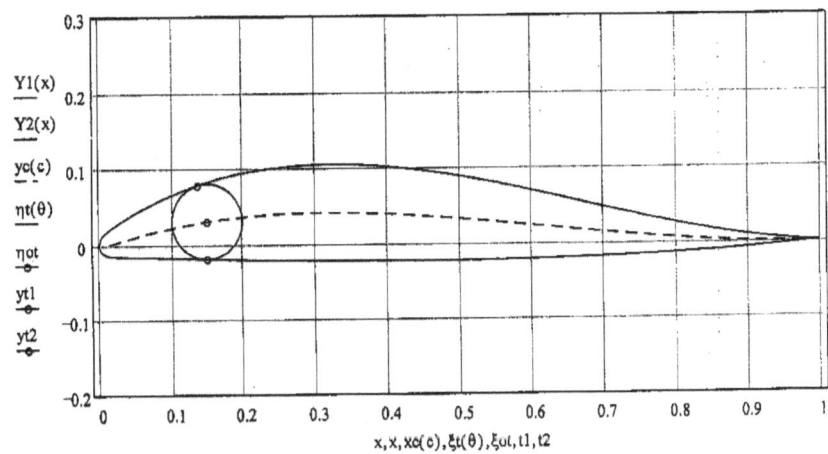

x, x, xc(c), ξt(θ), ξot, t1, t2

Coordinates of Points

Airfoil x := 0, 0.05 .. 1   **Camber line**

x	Yupper(x)	Ylower(x)	xc(c)	yc(c)
0	0	0	0.015	0
0.05	0.0415	-0.0172	0.0652	0.0139
0.1	0.0651	-0.0187	0.1163	0.0246
0.15	0.0822	-0.02	0.1644	0.0319
0.2	0.094	-0.0212	0.2108	0.0368
0.25	0.1013	-0.0222	0.2565	0.0397
0.3	0.1047	-0.0229	0.3021	0.0409
0.35	0.1047	-0.0234	0.3481	0.0407
0.4	0.1018	-0.0237	0.3947	0.0392
0.45	0.0964	-0.0237	0.4422	0.0366
0.5	0.0889	-0.0234	0.4906	0.0331
0.55	0.0798	-0.0228	0.54	0.0289
0.6	0.0694	-0.0219	0.5902	0.0242
0.65	0.0584	-0.0206	0.6412	0.0193
0.7	0.047	-0.0189	0.6926	0.0143
0.75	0.0359	-0.0169	0.7443	0.0097
0.8	0.0255	-0.0144	0.7961	0.0057
0.85	0.0163	-0.0115	0.8476	0.0024
0.9	0.0087	-0.0081	0.8989	$2.7227 \cdot 10^{-4}$
0.95	0.0031	-0.0043	0.9497	$-6.0918 \cdot 10^{-4}$
1	0	0	1	0

Airfoil # 18

Parameters: r = 0.015   Rt = 0.05   ξot = 0.15   ηot = 0.03   xM = 0.325   xm = 0.4
x := 0, 0.002 .. 1   c := 0, 0.05 .. 1

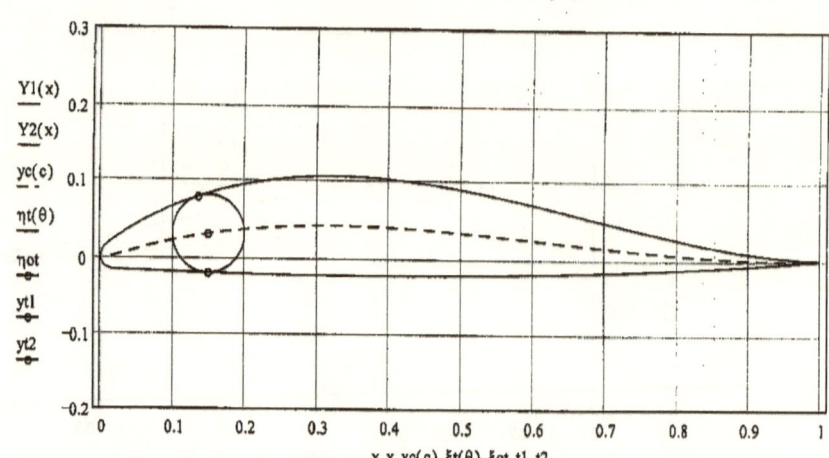

x, x, xc(c), ξt(θ), ξot, t1, t2

Coordinates of Points

Airfoil   x := 0, 0.05 .. 1   **Camber line**

x	Yupper(x)	Ylower(x)	xc(c)	yc(c)
0	0	0	0.015	0
0.05	0.0415	-0.0172	0.0652	0.0138
0.1	0.0651	-0.0187	0.1163	0.0246
0.15	0.0822	-0.02	0.1644	0.032
0.2	0.094	-0.0211	0.2108	0.0369
0.25	0.1013	-0.022	0.2565	0.0398
0.3	0.1047	-0.0226	0.3021	0.0411
0.35	0.1047	-0.023	0.3481	0.0409
0.4	0.1018	-0.0232	0.3947	0.0394
0.45	0.0964	-0.023	0.4422	0.0369
0.5	0.0889	-0.0226	0.4907	0.0335
0.55	0.0798	-0.0219	0.5401	0.0294
0.6	0.0694	-0.0208	0.5904	0.0247
0.65	0.0584	-0.0195	0.6413	0.0198
0.7	0.047	-0.0178	0.6927	0.0149
0.75	0.0359	-0.0158	0.7444	0.0103
0.8	0.0255	-0.0134	0.7962	0.0062
0.85	0.0163	-0.0106	0.8477	0.0029
0.9	0.0087	-0.0075	0.8989	$5.9939 \cdot 10^{-4}$
0.95	0.0031	-0.004	0.9497	$-4.2514 \cdot 10^{-4}$
1	0	0	1	0

Airfoil # 19

Parameters: $r = 0.015$ $Rt = 0.05$ $\xi ot = 0.15$ $\eta ot = 0.03$ $xM = 0.325$ $xm = 0.375$
$x := 0, 0.002 .. 1$ $c := 0, 0.05 .. 1$

$\underline{Y1(x)}$
$\underline{Y2(x)}$
$\underline{yc(c)}$
$\underline{\eta t(\theta)}$
$\underline{\eta ot}$
$\underline{yt1}$
$\underline{yt2}$

x, x, xc(c), ξt(θ), ξot, t1, t2

Coordinates of Points **Airfoil** $x := 0, 0.05 .. 1$ **Camber line**

x	Yupper(x)	Ylower(x)	xc(c)	yc(c)
0	0	0	0.015	0
0.05	0.0415	-0.0172	0.0652	0.0138
0.1	0.0651	-0.0187	0.1163	0.0246
0.15	0.0822	-0.02	0.1644	0.032
0.2	0.094	-0.021	0.2108	0.0369
0.25	0.1013	-0.0218	0.2565	0.0399
0.3	0.1047	-0.0223	0.3021	0.0412
0.35	0.1047	-0.0226	0.3481	0.0411
0.4	0.1018	-0.0226	0.3947	0.0397
0.45	0.0964	-0.0223	0.4423	0.0373
0.5	0.0889	-0.0218	0.4908	0.0339
0.55	0.0798	-0.021	0.5402	0.0298
0.6	0.0694	-0.0199	0.5905	0.0252
0.65	0.0584	-0.0184	0.6414	0.0203
0.7	0.047	-0.0167	0.6929	0.0154
0.75	0.0359	-0.0147	0.7445	0.0108
0.8	0.0255	-0.0124	0.7963	0.0067
0.85	0.0163	-0.0098	0.8478	0.0033
0.9	0.0087	-0.0069	0.899	$9.1483 \cdot 10^{-4}$
0.95	0.0031	-0.0036	0.9497	$-2.4765 \cdot 10^{-4}$
1	0	0	1	0

Airfoil # 20

Parameters: r = 0.015   Rt = 0.05   ξot = 0.15   ηot = 0.03   xM = 0.325   xm = 0.35

x := 0, 0.002 .. 1   c := 0, 0.05 .. 1

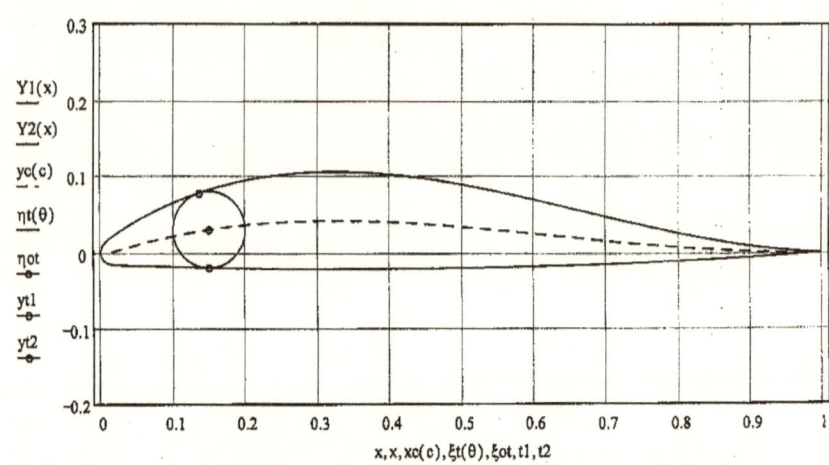

Coordinates of Points   **Airfoil**   x := 0, 0.05 .. 1   **Camber line**

x	Yupper(x)	Ylower(x)	xc(c)	yc(c)
0	0	0	0.015	0
0.05	0.0415	-0.0173	0.0652	0.0138
0.1	0.0651	-0.0188	0.1163	0.0245
0.15	0.0822	-0.02	0.1644	0.032
0.2	0.094	-0.021	0.2108	0.0369
0.25	0.1013	-0.0216	0.2564	0.04
0.3	0.1047	-0.0221	0.3021	0.0413
0.35	0.1047	-0.0222	0.3481	0.0413
0.4	0.1018	-0.0221	0.3948	0.04
0.45	0.0964	-0.0217	0.4423	0.0376
0.5	0.0889	-0.021	0.4908	0.0343
0.55	0.0798	-0.0201	0.5403	0.0302
0.6	0.0694	-0.0189	0.5906	0.0257
0.65	0.0584	-0.0174	0.6415	0.0208
0.7	0.047	-0.0157	0.693	0.016
0.75	0.0359	-0.0137	0.7447	0.0113
0.8	0.0255	-0.0115	0.7964	0.0071
0.85	0.0163	-0.009	0.8479	0.0037
0.9	0.0087	-0.0062	0.899	0.0012
0.95	0.0031	-0.0032	0.9497	$-6.9644 \cdot 10^{-5}$
1	0	0	1	0

4. Профили, рассчитанные по программе D

Таблица 5

Профили	r	R_t	ξ_{0t}	η_{0t}	x_M	x_m	β_1	β_2
1	0.02	0.05	0.15	0.02	0.35	0.3	-0.1	0.1
2							0	0.2
3							0.1	0.3
4	0.015	0.05	0.15	0.02	0.35	0.3	-0.1	0.1
5							0	0.2
6							0.1	0.3
7	0.01	0.05	0.15	0.02	0.35	0.3	-0.1	0.1
8							0	0.2
9							0.1	0.3
10	0.015	0.04	0.15	0.02	0.35	0.3	-0.1	0.1
11							0	0.2
12							0.1	0.3
13	0.01	0.04	0.15	0.02	0.35	0.3	-0.1	0.1
14							0	0.2
15							0.1	0.3
16	0.005	0.04	0.15	0.02	0.35	0.3	-0.1	0.1
17							0	0.2
18							0.1	0.3
19	0.005	0.03	0.15	0.02	0.35	0.3	-0.1	0.1
20							0	0.2

Чертеж каждого профиля содержит окружность C_t.

Airfoil # 1

Parameters: $r = 0.02$ $Rt = 0.05$ $\xi ot = 0.15$ $\eta ot = 0.02$ $xM = 0.35$ $xm = 0.3$
$\beta 1 = -0.1$ $\beta 2 = 0.1$
$x := 0, 0.002 .. 1$ $c := 0, 0.05 .. 1$

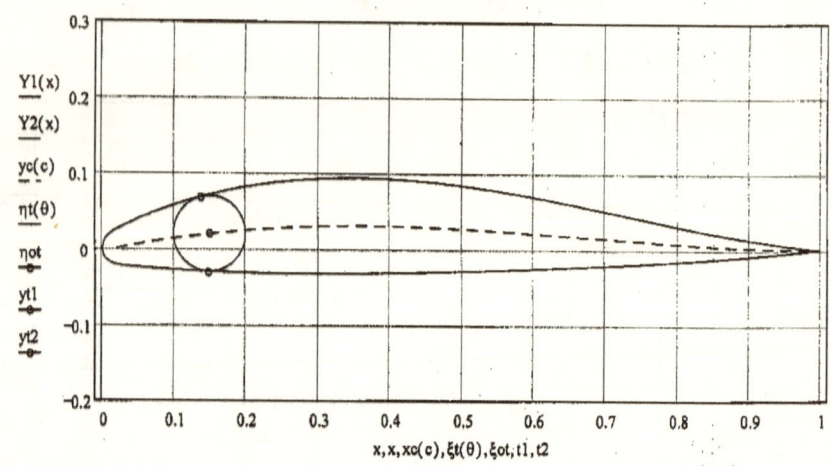

Coordinates of Points

	Airfoil	$x := 0, 0.05 .. 1$	Camber line	
x	Yupper(x)	Ylower(x)	xc(c)	yc(c)
0	0	0	0.02	0
0.05	0.0388	-0.0245	0.0629	0.008
0.1	0.0574	-0.0277	0.1136	0.0156
0.15	0.0716	-0.03	0.1623	0.0213
0.2	0.082	-0.0315	0.2098	0.0255
0.25	0.089	-0.0324	0.2566	0.0285
0.3	0.093	-0.0326	0.3032	0.0302
0.35	0.0942	-0.0324	0.35	0.0309
0.4	0.0931	-0.0318	0.3971	0.0307
0.45	0.0898	-0.0307	0.4448	0.0296
0.5	0.0846	-0.0294	0.4932	0.0277
0.55	0.0778	-0.0278	0.5422	0.0252
0.6	0.0698	-0.0259	0.5918	0.0221
0.65	0.0608	-0.0238	0.6421	0.0187
0.7	0.0511	-0.0214	0.6929	0.015
0.75	0.0412	-0.0188	0.7441	0.0114
0.8	0.0314	-0.0159	0.7954	0.0079
0.85	0.022	-0.0126	0.8469	0.0047
0.9	0.0133	-0.0089	0.8982	0.0023
0.95	0.0059	-0.0047	0.9493	$5.9997 \cdot 10^{-4}$
1	0	0	1	0

Airfoil # 2

Parameters: r = 0.02 Rt = 0.05 ξot = 0.15 ηot = 0.02 xM = 0.35 xm = 0.3
β1 = 0 β2 = 0.2
x := 0, 0.002 .. 1 c := 0, 0.05 .. 1

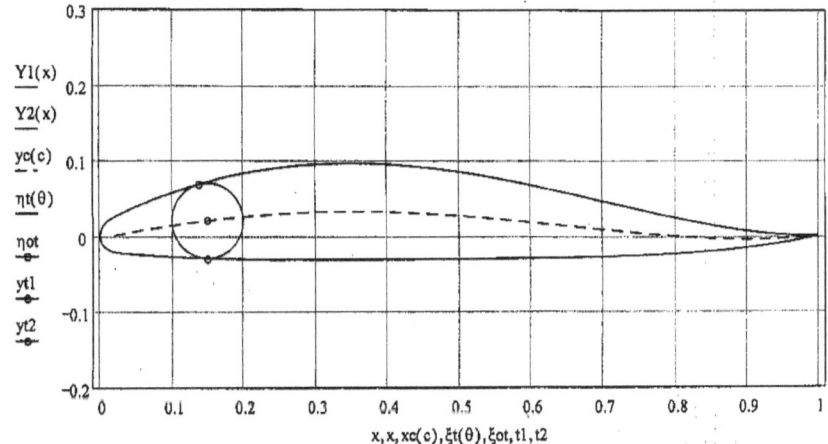

Coordinates of Points

Airfoil x := 0, 0.05 .. 1 **Camber line**

x	Yupper(x)	Ylower(x)	xc(c)	yc(c)
0	0	0	0.02	0
0.05	0.0384	-0.0249	0.0628	0.0076
0.1	0.057	-0.028	0.1139	0.0153
0.15	0.0717	-0.03	0.1629	0.0215
0.2	0.0827	-0.0312	0.2105	0.0262
0.25	0.0903	-0.0317	0.2572	0.0295
0.3	0.0947	-0.0319	0.3036	0.0315
0.35	0.0961	-0.0318	0.35	0.0322
0.4	0.0948	-0.0315	0.3967	0.0317
0.45	0.091	-0.0312	0.4439	0.03
0.5	0.0849	-0.0309	0.4919	0.0273
0.55	0.077	-0.0305	0.5406	0.0236
0.6	0.0675	-0.0299	0.5903	0.0192
0.65	0.0569	-0.0292	0.6407	0.0143
0.7	0.0458	-0.028	0.6918	0.0092
0.75	0.0346	-0.0264	0.7433	0.0044
0.8	0.024	-0.0239	0.7952	$1.3817 \cdot 10^{-4}$
0.85	0.0145	-0.0204	0.847	-0.0029
0.9	0.0069	-0.0155	0.8986	-0.0043
0.95	0.0019	-0.0089	0.9496	-0.0035
1	0	0	1	0

Airfoil # 3

Parameters: $r = 0.02$ $Rt = 0.05$ $\xi ot = 0.15$ $\eta ot = 0.02$ $xM = 0.35$ $xm = 0.3$
$\beta 1 = 0.1$ $\beta 2 = 0.3$
$x := 0, 0.002 .. 1$ $c := 0, 0.05 .. 1$

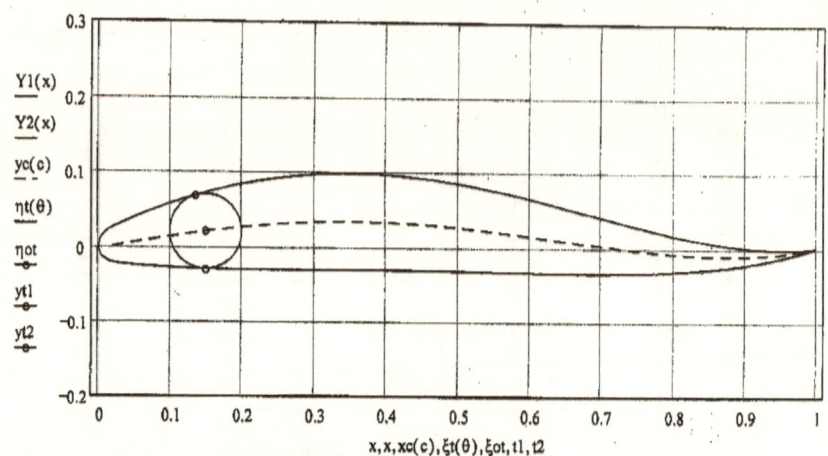

$Y1(x)$
$Y2(x)$
$yc(c)$
$\eta t(\theta)$
ηot
$yt1$
$yt2$

$x, x, xc(c), \xi t(\theta), \xi ot, t1, t2$

Coordinates of Points

Airfoil $x := 0, 0.05 .. 1$ Camber line

x	Yupper(x)	Ylower(x)	xc(c)	yc(c)
0	0	0	0.02	0
0.05	0.038	-0.0252	0.0626	0.0072
0.1	0.0567	-0.0283	0.1141	0.0151
0.15	0.0719	-0.03	0.1634	0.0217
0.2	0.0835	-0.0308	0.2112	0.0268
0.25	0.0917	-0.0311	0.2579	0.0305
0.3	0.0965	-0.0312	0.304	0.0327
0.35	0.098	-0.0312	0.35	0.0334
0.4	0.0965	-0.0313	0.3962	0.0327
0.45	0.0922	-0.0317	0.443	0.0305
0.5	0.0853	-0.0323	0.4906	0.0269
0.55	0.0761	-0.0331	0.5391	0.0222
0.6	0.0652	-0.0339	0.5887	0.0164
0.65	0.0531	-0.0345	0.6392	0.01
0.7	0.0404	-0.0346	0.6906	0.0035
0.75	0.028	-0.0339	0.7426	-0.0026
0.8	0.0166	-0.032	0.7949	-0.0076
0.85	0.0071	-0.0283	0.8471	-0.0106
0.9	$5.5408 \cdot 10^{-4}$	-0.0223	0.8989	-0.0108
0.95	-0.0022	-0.0131	0.9499	-0.0076
1	0	0	1	0

Airfoil # 4

Parameters: r = 0.015   Rt = 0.05   ξot = 0.15   ηot = 0.02   xM = 0.35   xm = 0.3
β1 = −0.1   β2 = 0.1
x := 0, 0.002 .. 1   c := 0, 0.05 .. 1

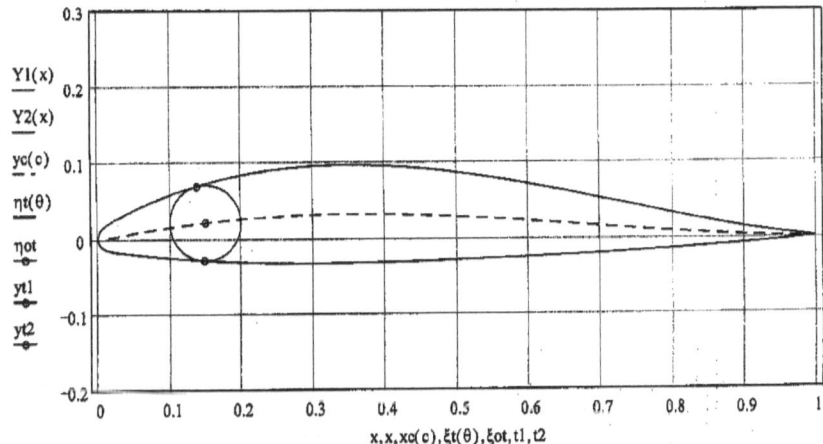

Coordinates of Points

Airfoil   x := 0, 0.05 .. 1   **Camber line**

x	Yupper(x)	Ylower(x)	xc(c)	yc(c)
0	0	0	0.015	0
0.05	0.0366	−0.0213	0.0628	0.0084
0.1	0.0566	−0.0265	0.1143	0.0158
0.15	0.0718	−0.0301	0.1631	0.0214
0.2	0.0828	−0.0324	0.2105	0.0255
0.25	0.0902	−0.0337	0.2571	0.0284
0.3	0.0944	−0.0341	0.3035	0.0302
0.35	0.0957	−0.0337	0.35	0.031
0.4	0.0945	−0.0328	0.397	0.0308
0.45	0.0911	−0.0315	0.4446	0.0298
0.5	0.0857	−0.0298	0.4928	0.028
0.55	0.0788	−0.0279	0.5419	0.0256
0.6	0.0705	−0.0258	0.5916	0.0226
0.65	0.0613	−0.0235	0.6419	0.0191
0.7	0.0515	−0.021	0.6928	0.0155
0.75	0.0414	−0.0183	0.744	0.0117
0.8	0.0315	−0.0154	0.7954	0.0081
0.85	0.022	−0.0122	0.8469	0.0049
0.9	0.0134	−0.0087	0.8982	0.0024
0.95	0.0059	−0.0047	0.9493	$6.2801 \cdot 10^{-4}$
1	0	0	1	0

Airfoil # 5

Parameters: $r = 0.015$ $R_t = 0.05$ $\xi_{ot} = 0.15$ $\eta_{ot} = 0.02$ $x_M = 0.35$ $x_m = 0.3$
$\beta_1 = 0$ $\beta_2 = 0.2$
$x := 0, 0.002 .. 1$ $c := 0, 0.05 .. 1$

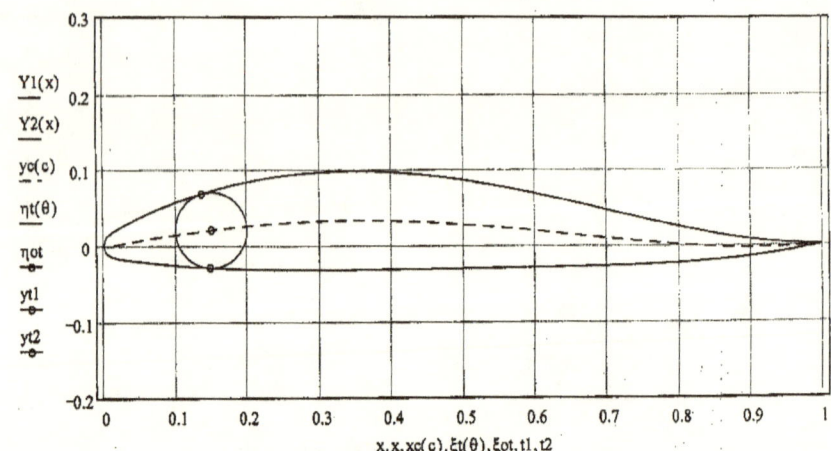

$x, x, xc(c), \xi t(\theta), \xi ot, t1, t2$

Coordinates of Points

Airfoil $x := 0, 0.05 .. 1$ Camber line

x	Yupper(x)	Ylower(x)	xc(c)	yc(c)
0	0	0	0.015	0
0.05	0.0362	-0.0216	0.0627	0.008
0.1	0.0563	-0.0267	0.1145	0.0155
0.15	0.072	-0.0301	0.1637	0.0216
0.2	0.0836	-0.0321	0.2112	0.0262
0.25	0.0916	-0.033	0.2577	0.0295
0.3	0.0962	-0.0333	0.3039	0.0315
0.35	0.0977	-0.0331	0.35	0.0323
0.4	0.0963	-0.0326	0.3965	0.0319
0.45	0.0923	-0.032	0.4436	0.0303
0.5	0.0861	-0.0313	0.4915	0.0277
0.55	0.078	-0.0306	0.5403	0.0241
0.6	0.0683	-0.0298	0.59	0.0197
0.65	0.0575	-0.0288	0.6405	0.0148
0.7	0.0462	-0.0276	0.6916	0.0097
0.75	0.0348	-0.0259	0.7433	0.0047
0.8	0.0241	-0.0235	0.7952	$4.2235 \cdot 10^{-4}$
0.85	0.0146	-0.0201	0.847	-0.0027
0.9	0.0069	-0.0153	0.8986	-0.0042
0.95	0.0019	-0.0088	0.9496	-0.0035
1	0	0	1	0

Airfoil # 6

Parameters: r = 0.015   Rt = 0.05   ξot = 0.15   ηot = 0.02   xM = 0.35   xm = 0.3
β1 = 0.1   β2 = 0.3
x := 0, 0.002 .. 1   c := 0, 0.05 .. 1

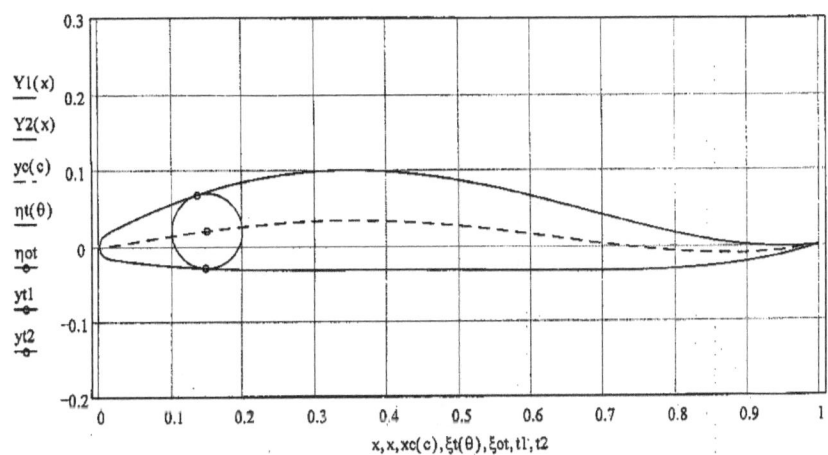

x, x, xc(c), ξt(θ), ξot, t1, t2

Coordinates of Points

Airfoil   x := 0, 0.05 .. 1   **Camber line**

x	Yupper(x)	Ylower(x)	xc(c)	yc(c)
0	0	0	0.015	0
0.05	0.0357	-0.022	0.0625	0.0076
0.1	0.0559	-0.027	0.1148	0.0153
0.15	0.0721	-0.0301	0.1643	0.0218
0.2	0.0844	-0.0317	0.212	0.0269
0.25	0.093	-0.0324	0.2584	0.0306
0.3	0.098	-0.0326	0.3043	0.0328
0.35	0.0996	-0.0325	0.35	0.0336
0.4	0.0981	-0.0324	0.396	0.0329
0.45	0.0936	-0.0325	0.4427	0.0308
0.5	0.0865	-0.0327	0.4902	0.0273
0.55	0.0772	-0.0332	0.5387	0.0226
0.6	0.066	-0.0337	0.5884	0.0169
0.65	0.0537	-0.0341	0.639	0.0105
0.7	0.0408	-0.0342	0.6905	0.0039
0.75	0.0282	-0.0335	0.7426	-0.0023
0.8	0.0167	-0.0316	0.7949	-0.0073
0.85	0.0072	-0.028	0.8471	-0.0104
0.9	$5.7094 \cdot 10^{-4}$	-0.0221	0.8989	-0.0107
0.95	-0.0022	-0.0131	0.9499	-0.0076
1	0	0	1	0

Airfoil # 7

Parameters: r = 0.01   Rt = 0.05   ξot = 0.15   ηot = 0.02   xM = 0.35   xm = 0.3
β1 = -0.1   β2 = 0.1
x := 0, 0.002 .. 1   c := 0, 0.05 .. 1

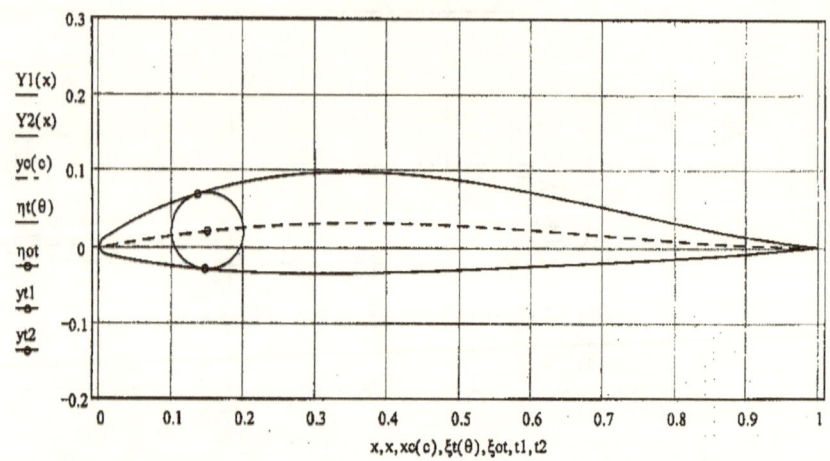

Coordinates of Points

Airfoil   x := 0, 0.05 .. 1   **Camber line**

x	Yupper(x)	Ylower(x)	xc(c)	yc(c)
0	0	0	0.01	0
0.05	0.0347	-0.0185	0.0626	0.0087
0.1	0.056	-0.0254	0.1148	0.0159
0.15	0.072	-0.0302	0.1639	0.0214
0.2	0.0836	-0.0332	0.2111	0.0255
0.25	0.0913	-0.0348	0.2575	0.0284
0.3	0.0956	-0.0353	0.3037	0.0302
0.35	0.097	-0.0349	0.35	0.0311
0.4	0.0958	-0.0338	0.3968	0.031
0.45	0.0922	-0.0322	0.4443	0.0301
0.5	0.0867	-0.0302	0.4926	0.0283
0.55	0.0796	-0.028	0.5416	0.0259
0.6	0.0712	-0.0257	0.5914	0.023
0.65	0.0618	-0.0232	0.6418	0.0195
0.7	0.0518	-0.0206	0.6927	0.0158
0.75	0.0417	-0.0179	0.744	0.012
0.8	0.0316	-0.0151	0.7954	0.0084
0.85	0.0221	-0.012	0.8469	0.0051
0.9	0.0134	-0.0085	0.8982	0.0024
0.95	0.0059	-0.0046	0.9493	$6.5228 \cdot 10^{-4}$
1	0	0	1	0

MATHEMATICAL DESIGN OF WING SECTIONS 223

Airfoil # 8

Parameters: $r = 0.01$ $Rt = 0.05$ $\xi ot = 0.15$ $\eta ot = 0.02$ $xM = 0.35$ $xm = 0.3$
$\beta 1 = 0$ $\beta 2 = 0.2$
$x := 0, 0.002 .. 1$ $c := 0, 0.05 .. 1$

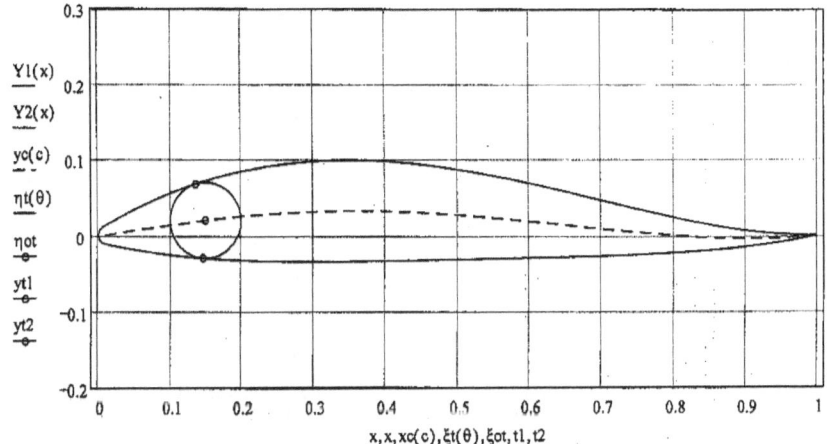

Coordinates of Points

Airfoil $x := 0, 0.05 .. 1$ **Camber line**

x	Yupper(x)	Ylower(x)	xc(c)	yc(c)
0	0	0	0.01	0
0.05	0.0341	-0.0188	0.0625	0.0083
0.1	0.0556	-0.0256	0.1151	0.0157
0.15	0.0722	-0.0301	0.1645	0.0216
0.2	0.0844	-0.0328	0.2119	0.0262
0.25	0.0928	-0.0342	0.2582	0.0295
0.3	0.0976	-0.0345	0.3041	0.0316
0.35	0.0991	-0.0343	0.35	0.0324
0.4	0.0976	-0.0336	0.3963	0.0321
0.45	0.0936	-0.0327	0.4433	0.0306
0.5	0.0872	-0.0317	0.4912	0.028
0.55	0.0789	-0.0307	0.54	0.0245
0.6	0.069	-0.0296	0.5897	0.0201
0.65	0.058	-0.0285	0.6403	0.0152
0.7	0.0465	-0.0272	0.6915	0.01
0.75	0.0351	-0.0255	0.7432	0.005
0.8	0.0242	-0.0231	0.7951	$6.7052 \cdot 10^{-4}$
0.85	0.0146	-0.0198	0.847	-0.0026
0.9	0.007	-0.0152	0.8986	-0.0041
0.95	0.0019	-0.0088	0.9496	-0.0034
1	0	0	1	0

Airfoil # 9

Parameters: $r = 0.01$ $Rt = 0.05$ $\xi ot = 0.15$ $\eta ot = 0.02$ $xM = 0.35$ $xm = 0.3$
$\beta 1 = 0.1$ $\beta 2 = 0.3$
$x := 0, 0.002 .. 1$ $c := 0, 0.05 .. 1$

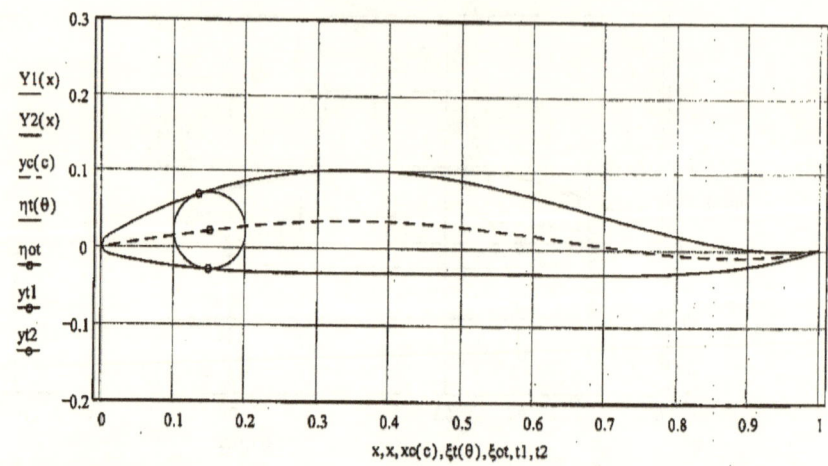

$x, x, xc(c), \xi t(\theta), \xi ot, t1, t2$

Coordinates of Points

	Airfoil		$x := 0, 0.05 .. 1$	Camber line	
x	Yupper(x)	Ylower(x)		xc(c)	yc(c)
0	0	0		0.01	0
0.05	0.0336	-0.0191		0.0624	0.0078
0.1	0.0552	-0.0259		0.1154	0.0154
0.15	0.0724	-0.0301		0.1651	0.0219
0.2	0.0853	-0.0325		0.2127	0.0269
0.25	0.0942	-0.0335		0.2589	0.0306
0.3	0.0994	-0.0338		0.3045	0.0329
0.35	0.1011	-0.0336		0.35	0.0337
0.4	0.0995	-0.0334		0.3958	0.0331
0.45	0.0949	-0.0332		0.4424	0.0311
0.5	0.0877	-0.0331		0.4898	0.0277
0.55	0.0781	-0.0333		0.5384	0.023
0.6	0.0668	-0.0336		0.5881	0.0173
0.65	0.0543	-0.0338		0.6388	0.0109
0.7	0.0412	-0.0338		0.6904	0.0043
0.75	0.0285	-0.033		0.7425	-0.0019
0.8	0.0168	-0.0312		0.7949	-0.007
0.85	0.0072	-0.0277		0.8471	-0.0102
0.9	$5.8827 \cdot 10^{-4}$	-0.0219		0.8989	-0.0107
0.95	-0.0022	-0.013		0.9499	-0.0075
1	0	0		1	0

Airfoil # 10

Parameters: $r = 0.015$ $R_t = 0.04$ $\xi_{ot} = 0.15$ $\eta_{ot} = 0.02$ $x_M = 0.35$ $x_m = 0.3$
                  $\beta 1 = -0.1$ $\beta 2 = 0.1$
                  $x := 0, 0.002 .. 1$ $c := 0, 0.05 .. 1$

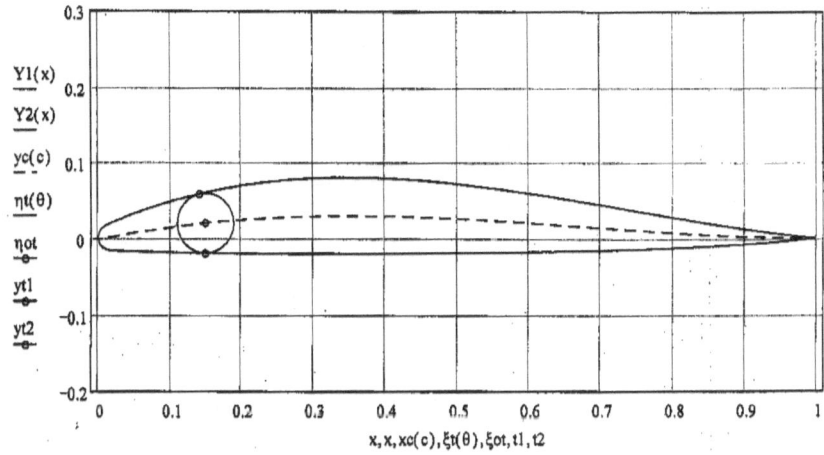

Coordinates of Points

           Airfoil $x := 0, 0.05 .. 1$ **Camber line**

x	Yupper(x)	Ylower(x)	xc(c)	yc(c)
0	0	0	0.015	0
0.05	0.0326	-0.0179	0.0589	0.008
0.1	0.0486	-0.0192	0.1094	0.0153
0.15	0.0609	-0.02	0.1585	0.0209
0.2	0.0699	-0.0205	0.2067	0.0249
0.25	0.0759	-0.0208	0.2545	0.0277
0.3	0.0793	-0.0209	0.3022	0.0292
0.35	0.0804	-0.0208	0.35	0.0298
0.4	0.0794	-0.0206	0.3981	0.0294
0.45	0.0766	-0.0203	0.4465	0.0282
0.5	0.0723	-0.0199	0.4954	0.0263
0.55	0.0666	-0.0194	0.5447	0.0238
0.6	0.0599	-0.0187	0.5944	0.0208
0.65	0.0524	-0.0178	0.6445	0.0175
0.7	0.0444	-0.0167	0.695	0.014
0.75	0.0361	-0.0153	0.7457	0.0105
0.8	0.0278	-0.0134	0.7966	0.0072
0.85	0.0198	-0.0111	0.8476	0.0044
0.9	0.0123	-0.0082	0.8985	0.0021
0.95	0.0056	-0.0045	0.9494	$5.5129 \cdot 10^{-4}$
1	0	0	1	0

Airfoil # 11

Parameters: r = 0.015   Rt = 0.04   ξot = 0.15   ηot = 0.02   xM = 0.35   xm = 0.3
                  β1 = 0   β2 = 0.2
                  x := 0, 0.002 .. 1   c := 0, 0.05 .. 1

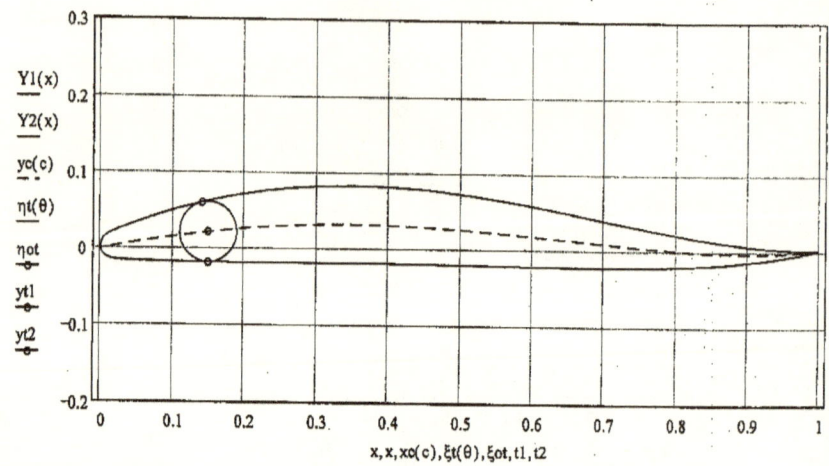

$\frac{Y1(x)}{\bullet}$, $\frac{Y2(x)}{\bullet}$, $\frac{yc(c)}{\bullet}$, $\eta t(\theta)$, ηot, $yt1$, $yt2$

x, x, xc(c), ξt(θ), ξot, t1, t2

Coordinates of Points

Airfoil   x := 0, 0.05 .. 1   **Camber line**

x	Yupper(x)	Ylower(x)	xc(c)	yc(c)
0	0	0	0.015	0
0.05	0.0321	-0.0182	0.0588	0.0076
0.1	0.0483	-0.0194	0.1096	0.015
0.15	0.061	-0.02	0.1589	0.021
0.2	0.0706	-0.0202	0.2073	0.0255
0.25	0.0772	-0.0202	0.255	0.0286
0.3	0.081	-0.0202	0.3025	0.0305
0.35	0.0822	-0.0202	0.35	0.031
0.4	0.0811	-0.0204	0.3977	0.0304
0.45	0.0778	-0.0208	0.4458	0.0286
0.5	0.0726	-0.0214	0.4943	0.0258
0.55	0.0657	-0.022	0.5434	0.0221
0.6	0.0576	-0.0227	0.5931	0.0178
0.65	0.0486	-0.0232	0.6434	0.013
0.7	0.039	-0.0233	0.6941	0.0082
0.75	0.0295	-0.0228	0.7451	0.0035
0.8	0.0204	-0.0215	0.7964	$-4.3458 \cdot 10^{-4}$
0.85	0.0124	-0.019	0.8477	-0.0032
0.9	0.0059	-0.0148	0.8989	-0.0044
0.95	0.0016	-0.0087	0.9497	-0.0035
1	0	0	1	0

MATHEMATICAL DESIGN OF WING SECTIONS 227

Airfoil # 12

Parameters: $r = 0.015$ $Rt = 0.04$ $\xi ot = 0.15$ $\eta ot \approx 0.02$ $xM = 0.35$ $xm = 0.3$
$\beta 1 = 0.1$ $\beta 2 = 0.3$
$x := 0, 0.002 .. 1$ $c := 0, 0.05 .. 1$

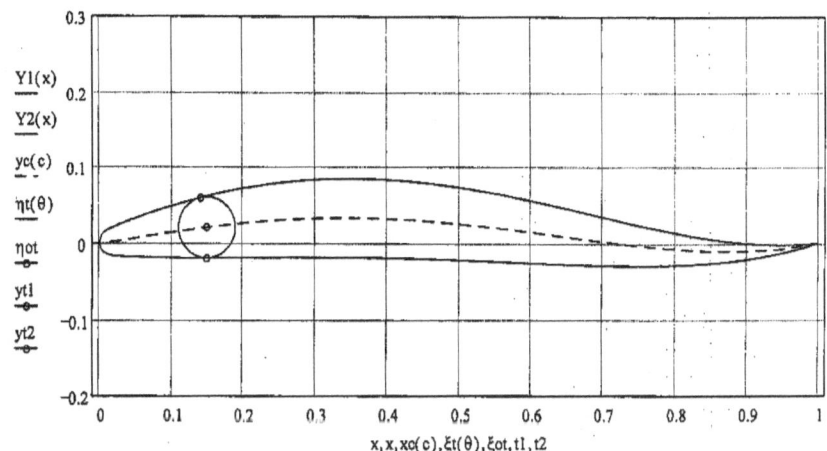

$\dfrac{Y1(x)}{}$, $\dfrac{Y2(x)}{}$, $yc(c)$, $\eta t(\theta)$, ηot, $yt1$, $yt2$

$x, x, xc(c), \xi t(\theta), \xi ot, t1, t2$

Coordinates of Points

$x := 0, 0.05 .. 1$

	Airfoil		Camber line	
x	Yupper(x)	Ylower(x)	xc(c)	yc(c)
0	0	0	0.015	0
0.05	0.0317	-0.0186	0.0587	0.0072
0.1	0.0479	-0.0197	0.1098	0.0148
0.15	0.0611	-0.02	0.1594	0.0211
0.2	0.0713	-0.0198	0.2078	0.0261
0.25	0.0785	-0.0196	0.2555	0.0296
0.3	0.0827	-0.0194	0.3028	0.0317
0.35	0.0841	-0.0196	0.35	0.0322
0.4	0.0828	-0.0202	0.3973	0.0313
0.45	0.0789	-0.0213	0.445	0.029
0.5	0.0728	-0.0228	0.4933	0.0254
0.55	0.0648	-0.0247	0.5422	0.0206
0.6	0.0553	-0.0266	0.5918	0.0149
0.65	0.0447	-0.0285	0.6421	0.0087
0.7	0.0337	-0.0299	0.6931	0.0024
0.75	0.0229	-0.0304	0.7445	-0.0035
0.8	0.0131	-0.0296	0.7962	-0.0081
0.85	0.005	-0.0268	0.8478	-0.0109
0.9	$-4.4761 \cdot 10^{-4}$	-0.0215	0.8992	-0.0109
0.95	-0.0024	-0.0129	0.95	-0.0076
1	0	0	1	0

Airfoil # 13

Parameters: $r = 0.01$ $Rt = 0.04$ $\xi ot = 0.15$ $\eta ot = 0.02$ $xM = 0.35$ $xm = 0.3$
$\beta 1 = -0.1$ $\beta 2 = 0.1$
$x := 0, 0.002 .. 1$ $c := 0, 0.05 .. 1$

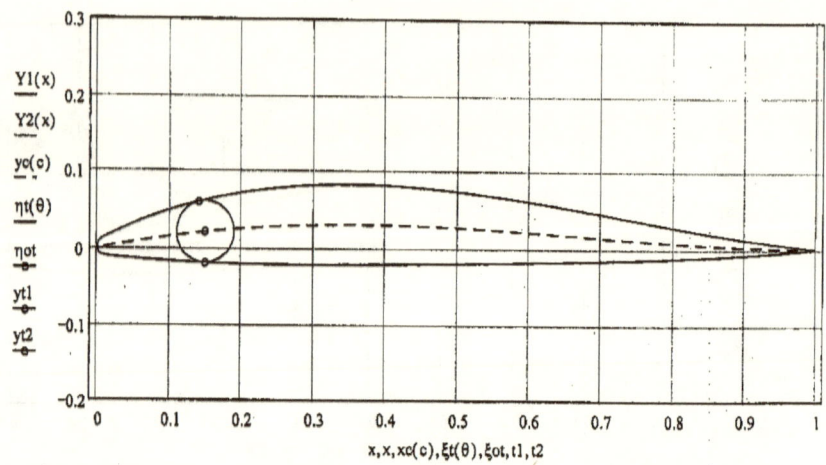

$\dfrac{Y1(x)}{\bullet}$
$\dfrac{Y2(x)}{\bullet\bullet\bullet}$
$\dfrac{yc(c)}{\bullet\bullet}$
$\dfrac{\eta t(\theta)}{\bullet}$
$\dfrac{\eta ot}{\bullet}$
$\dfrac{yt1}{\bullet\bullet}$
$\dfrac{yt2}{\bullet\bullet}$

$x, x, xc(c), \xi t(\theta), \xi ot, t1, t2$

Coordinates of Points

Airfoil $x := 0, 0.05 .. 1$ **Camber line**

x	Yupper(x)	Ylower(x)	xc(c)	yc(c)
0	0	0	0.01	0
0.05	0.0303	-0.0146	0.0587	0.0084
0.1	0.0478	-0.0178	0.1099	0.0155
0.15	0.0611	-0.02	0.1591	0.0209
0.2	0.0707	-0.0214	0.2073	0.0249
0.25	0.0771	-0.0221	0.2549	0.0276
0.3	0.0808	-0.0223	0.3024	0.0293
0.35	0.0819	-0.0221	0.35	0.0299
0.4	0.0809	-0.0217	0.3979	0.0296
0.45	0.0779	-0.0211	0.4463	0.0285
0.5	0.0734	-0.0203	0.4951	0.0266
0.55	0.0675	-0.0195	0.5444	0.0242
0.6	0.0606	-0.0185	0.5942	0.0212
0.65	0.0529	-0.0174	0.6444	0.0179
0.7	0.0447	-0.0162	0.6949	0.0144
0.75	0.0363	-0.0148	0.7457	0.0109
0.8	0.0279	-0.013	0.7966	0.0075
0.85	0.0198	-0.0108	0.8476	0.0046
0.9	0.0123	-0.008	0.8986	0.0022
0.95	0.0056	-0.0045	0.9494	$5.7877 \cdot 10^{-4}$
1	0	0	1	0

Airfoil # 14

Parameters: r = 0.01   Rt = 0.04   ξot = 0.15   ηot = 0.02   xM = 0.35   xm = 0.3
β1 = 0   β2 = 0.2
x := 0, 0.002 .. 1   c := 0, 0.05 .. 1

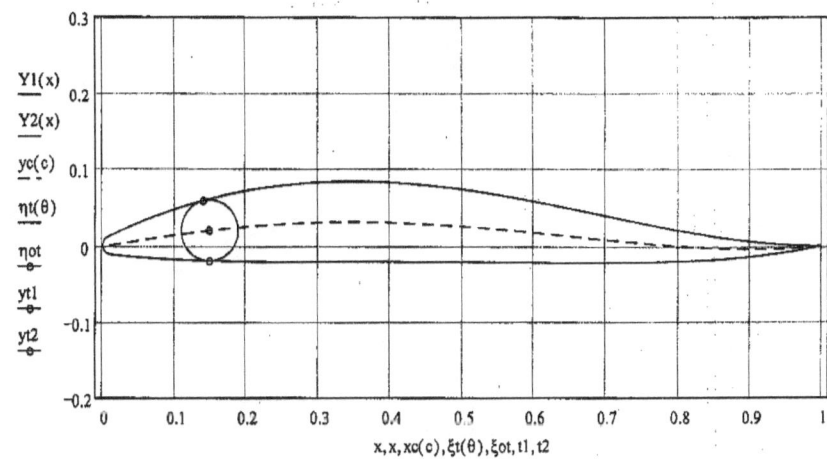

x, x, xc(c), ξt(θ), ξot, t1, t2

Coordinates of Points

x := 0, 0.05 .. 1

	Airfoil			Camber line
x	Yupper(x)	Ylower(x)	xc(c)	yc(c)
0	0	0	0.01	0
0.05	0.0298	-0.0149	0.0586	0.0079
0.1	0.0474	-0.0181	0.1101	0.0152
0.15	0.0612	-0.02	0.1596	0.021
0.2	0.0715	-0.021	0.2079	0.0255
0.25	0.0785	-0.0215	0.2555	0.0286
0.3	0.0825	-0.0215	0.3027	0.0305
0.35	0.0838	-0.0215	0.35	0.0311
0.4	0.0826	-0.0215	0.3975	0.0306
0.45	0.0791	-0.0216	0.4455	0.0289
0.5	0.0737	-0.0218	0.494	0.0262
0.55	0.0667	-0.0221	0.5432	0.0226
0.6	0.0583	-0.0225	0.5929	0.0183
0.65	0.0491	-0.0228	0.6432	0.0135
0.7	0.0394	-0.0228	0.694	0.0086
0.75	0.0297	-0.0223	0.7451	0.0039
0.8	0.0205	-0.0211	0.7964	$-1.5523 \cdot 10^{-4}$
0.85	0.0124	-0.0186	0.8477	-0.0031
0.9	0.0059	-0.0146	0.8989	-0.0044
0.95	0.0016	-0.0086	0.9497	-0.0035
1	0	0	1	0

Airfoil # 15

Parameters: r = 0.01   Rt = 0.04   ξot = 0.15   ηot = 0.02   xM = 0.35   xm = 0.3
β1 = 0.1   β2 = 0.3
x := 0, 0.002 .. 1   c := 0, 0.05 .. 1

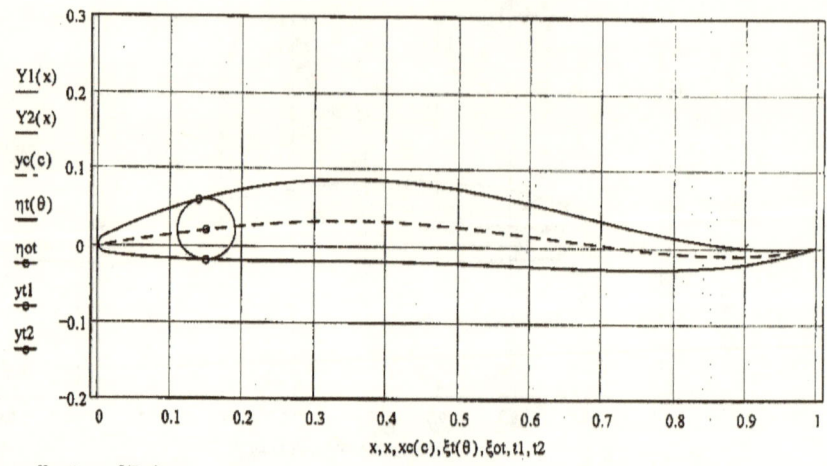

Coordinates of Points

x := 0, 0.05 .. 1

x	Airfoil Yupper(x)	Ylower(x)	Camber line xc(c)	yc(c)
0	0	0	0.01	0
0.05	0.0293	-0.0153	0.0585	0.0075
0.1	0.047	-0.0184	0.1103	0.0149
0.15	0.0613	-0.02	0.1601	0.0212
0.2	0.0722	-0.0207	0.2085	0.0261
0.25	0.0798	-0.0208	0.256	0.0297
0.3	0.0842	-0.0208	0.3031	0.0318
0.35	0.0857	-0.0209	0.35	0.0324
0.4	0.0843	-0.0213	0.3971	0.0316
0.45	0.0803	-0.0221	0.4447	0.0293
0.5	0.0741	-0.0232	0.4929	0.0258
0.55	0.0658	-0.0248	0.5419	0.0211
0.6	0.0561	-0.0265	0.5916	0.0154
0.65	0.0453	-0.0281	0.642	0.0092
0.7	0.0341	-0.0294	0.693	0.0028
0.75	0.0231	-0.0299	0.7445	-0.0031
0.8	0.0132	-0.0291	0.7961	-0.0078
0.85	0.0051	-0.0265	0.8478	-0.0107
0.9	-4.3764·10^{-4}	-0.0214	0.8992	-0.0109
0.95	-0.0024	-0.0129	0.95	-0.0076
1	0	0	1	0

Airfoil # 16

Parameters: r = 0.005   Rt = 0.04   ξot = 0.15   ηot = 0.02   xM = 0.35   xm = 0.3
β1 = -0.1   β2 = 0.1
x := 0, 0.002 .. 1   c := 0, 0.05 .. 1

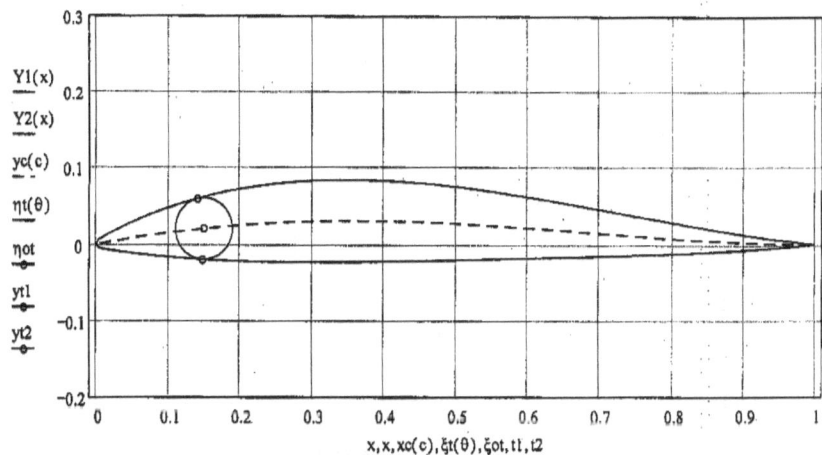

Coordinates of Points

x	Yupper(x)	Ylower(x)	xc(c)	yc(c)
0	0	0	0.005	0
0.05	0.0282	-0.0117	0.0584	0.0087
0.1	0.047	-0.0167	0.1103	0.0156
0.15	0.0612	-0.0201	0.1598	0.0209
0.2	0.0714	-0.0221	0.2078	0.0249
0.25	0.0782	-0.0232	0.2553	0.0276
0.3	0.082	-0.0235	0.3026	0.0293
0.35	0.0832	-0.0233	0.35	0.03
0.4	0.0821	-0.0226	0.3978	0.0298
0.45	0.0791	-0.0217	0.4461	0.0287
0.5	0.0744	-0.0207	0.4949	0.0269
0.55	0.0684	-0.0196	0.5442	0.0245
0.6	0.0613	-0.0184	0.594	0.0216
0.65	0.0534	-0.0171	0.6443	0.0183
0.7	0.045	-0.0158	0.6949	0.0148
0.75	0.0365	-0.0143	0.7457	0.0112
0.8	0.028	-0.0126	0.7966	0.0078
0.85	0.0199	-0.0105	0.8476	0.0047
0.9	0.0123	-0.0078	0.8986	0.0023
0.95	0.0056	-0.0044	0.9494	$6.0231 \cdot 10^{-4}$
1	0	0	1	0

Airfoil # 17

Parameters: r = 0.005   Rt = 0.04   ξot = 0.15   ηot = 0.02   xM = 0.35   xm = 0.3
β1 = 0   β2 = 0.2
x := 0, 0.002 .. 1   c := 0, 0.05 .. 1

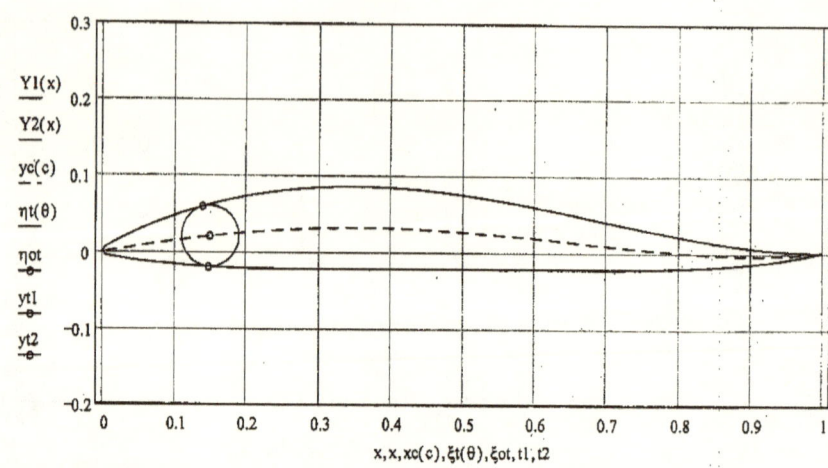

Coordinates of Points

x := 0, 0.05 .. 1

Airfoil			Camber line	
x	Yupper(x)	Ylower(x)	xc(c)	yc(c)
0	0	0	0.005	0
0.05	0.0276	-0.0121	0.0583	0.0082
0.1	0.0466	-0.017	0.1105	0.0153
0.15	0.0614	-0.02	0.1602	0.0211
0.2	0.0722	-0.0218	0.2085	0.0255
0.25	0.0796	-0.0226	0.2559	0.0287
0.3	0.0838	-0.0228	0.3029	0.0306
0.35	0.0852	-0.0227	0.35	0.0313
0.4	0.0839	-0.0224	0.3974	0.0308
0.45	0.0804	-0.0222	0.4453	0.0292
0.5	0.0748	-0.0221	0.4938	0.0265
0.55	0.0676	-0.0222	0.5429	0.023
0.6	0.059	-0.0223	0.5927	0.0187
0.65	0.0496	-0.0225	0.6431	0.0139
0.7	0.0397	-0.0224	0.6939	0.009
0.75	0.0299	-0.0219	0.745	0.0042
0.8	0.0206	-0.0207	0.7964	$9.0233 \cdot 10^{-5}$
0.85	0.0125	-0.0183	0.8477	-0.0029
0.9	0.0059	-0.0145	0.8989	-0.0043
0.95	0.0016	-0.0086	0.9497	-0.0035
1	0	0	1	0

Mathematical Design Of Wing Sections

Airfoil # 18

Parameters: r = 0.005   Rt = 0.04 $\xi ot = 0.15$ $\eta ot = 0.02$ xM = 0.35   xm = 0.3
$\beta 1 = 0.1$ $\beta 2 = 0.3$
x := 0, 0.002 .. 1   c := 0, 0.05 .. 1

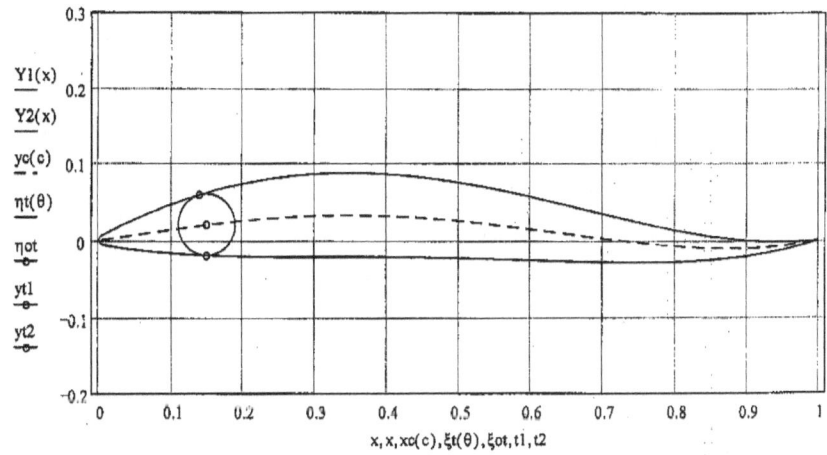

$\frac{Y1(x)}{}$, $\frac{Y2(x)}{}$, $\frac{yc(c)}{}$, $\eta t(\theta)$, ηot, $yt1$, $yt2$

x, x, xc(c), $\xi t(\theta)$, ξot, t1, t2

Coordinates of Points

x := 0, 0.05 .. 1

Airfoil			Camber line	
x	Yupper(x)	Ylower(x)	xc(c)	yc(c)
0	0	0	0.005	0
0.05	0.0271	-0.0124	0.0582	0.0078
0.1	0.0462	-0.0172	0.1107	0.015
0.15	0.0615	-0.02	0.1607	0.0212
0.2	0.073	-0.0214	0.2091	0.0262
0.25	0.081	-0.0219	0.2564	0.0297
0.3	0.0856	-0.022	0.3033	0.0318
0.35	0.0871	-0.022	0.35	0.0325
0.4	0.0857	-0.0222	0.397	0.0318
0.45	0.0816	-0.0227	0.4445	0.0296
0.5	0.0752	-0.0236	0.4926	0.0262
0.55	0.0668	-0.0248	0.5416	0.0215
0.6	0.0568	-0.0263	0.5913	0.0158
0.65	0.0458	-0.0278	0.6418	0.0096
0.7	0.0344	-0.029	0.6929	0.0032
0.75	0.0233	-0.0295	0.7444	-0.0028
0.8	0.0133	-0.0287	0.7961	-0.0076
0.85	0.0051	-0.0262	0.8478	-0.0105
0.9	$-4.2709 \cdot 10^{-4}$	-0.0212	0.8992	-0.0108
0.95	-0.0024	-0.0128	0.95	-0.0076
1	0	0	1	0

Airfoil # 19

Parameters: $r = 0.005$ $Rt = 0.03$ $\xi ot = 0.15$ $\eta ot = 0.02$ $xM = 0.35$ $xm = 0.3$
$\beta 1 = -0.1$ $\beta 2 = 0.1$
$x := 0, 0.002 .. 1$ $c := 0, 0.05 .. 1$

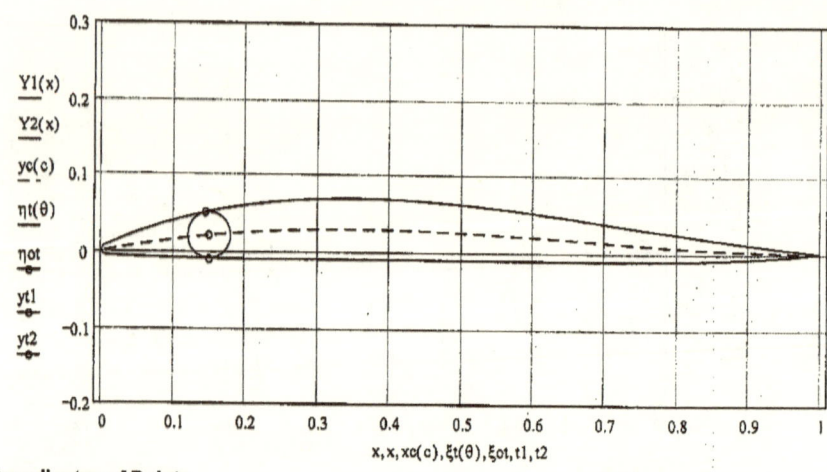

$x, x, xc(c), \xi t(\theta), \xi ot, t1, t2$

Coordinates of Points

Airfoil $x := 0, 0.05 .. 1$ Camber line

x	Yupper(x)	Ylower(x)	xc(c)	yc(c)
0	0	0	0.005	0
0.05	0.0238	-0.0076	0.0553	0.0084
0.1	0.0391	-0.0091	0.1063	0.0153
0.15	0.0506	-0.01	0.1559	0.0205
0.2	0.0589	-0.0105	0.2047	0.0244
0.25	0.0644	-0.0107	0.2532	0.0269
0.3	0.0675	-0.0107	0.3015	0.0284
0.35	0.0684	-0.0107	0.35	0.0289
0.4	0.0676	-0.0107	0.3987	0.0285
0.45	0.0652	-0.0107	0.4476	0.0272
0.5	0.0614	-0.0109	0.4969	0.0254
0.55	0.0566	-0.011	0.5465	0.0229
0.6	0.051	-0.0113	0.5963	0.02
0.65	0.0448	-0.0114	0.6464	0.0168
0.7	0.0381	-0.0114	0.6967	0.0135
0.75	0.0313	-0.0112	0.7471	0.0101
0.8	0.0244	-0.0105	0.7976	0.007
0.85	0.0177	-0.0093	0.8482	0.0042
0.9	0.0113	-0.0073	0.8988	0.002
0.95	0.0054	-0.0043	0.9495	$5.3425 \cdot 10^{-4}$
1	0	0	1	0

Airfoil # 20

Parameters: $r = 0.005$ $Rt = 0.03$ $\xi ot = 0.15$ $\eta ot = 0.02$ $xM = 0.35$ $xm = 0.3$
$\beta 1 = 0$ $\beta 2 = 0.2$
$x := 0, 0.002 .. 1$ $c := 0, 0.05 .. 1$

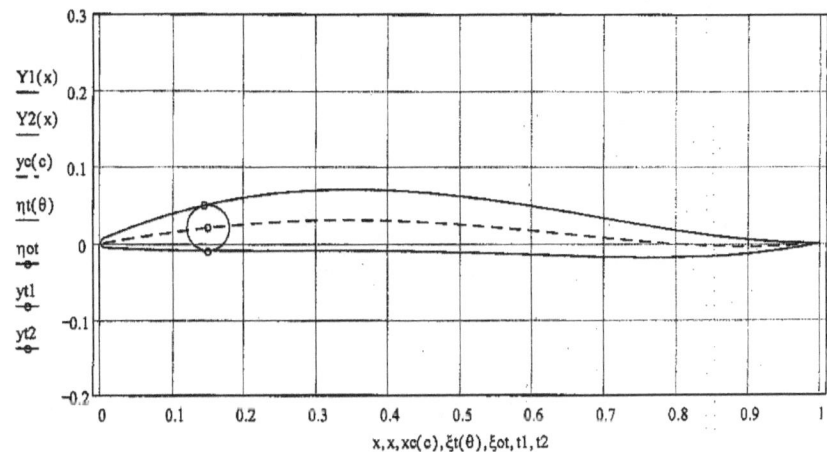

Coordinates of Points

x	Yupper(x)	Ylower(x)	xc(c)	yc(c)
0	0	0	0.005	0
0.05	0.0233	-0.008	0.0552	0.008
0.1	0.0387	-0.0094	0.1065	0.015
0.15	0.0507	-0.01	0.1563	0.0206
0.2	0.0596	-0.0101	0.2052	0.0249
0.25	0.0657	-0.01	0.2536	0.0279
0.3	0.0692	-0.01	0.3018	0.0296
0.35	0.0703	-0.0101	0.35	0.0301
0.4	0.0693	-0.0105	0.3984	0.0294
0.45	0.0663	-0.0112	0.447	0.0276
0.5	0.0617	-0.0123	0.4961	0.0249
0.55	0.0557	-0.0137	0.5455	0.0212
0.6	0.0487	-0.0152	0.5953	0.017
0.65	0.0409	-0.0167	0.6454	0.0123
0.7	0.0328	-0.018	0.6959	0.0076
0.75	0.0247	-0.0187	0.7466	0.0031
0.8	0.0171	-0.0186	0.7974	$-6.734 \cdot 10^{-4}$
0.85	0.0103	-0.0171	0.8483	-0.0034
0.9	0.0049	-0.0139	0.8991	-0.0045
0.95	0.0013	-0.0084	0.9498	-0.0035
1	0	0	1	0

5. Профили, рассчитанные по программе Е

Таблица 6

Профили	r	x_M	x_m	β_1	β_2	x_N	x_n
1	0.015	0.35	0.3	-0.15	0.05	0.7	0.5
2						0.8	0.5
3						0.9	0.5
4						1	0.5
5						1	0.6
6						1	0.7
7						1	0.8
8						1	0.9
9						1	1

$x_N = 1 \quad x_n = 1$

10	0.01	0.35	0.4	-0.25	-0.1		
11				-0.2	-0.05		
12				-0.15	0		
13	0.005	0.35	0.4	-0.25	-0.15		
14				-0.2	-0.1		
15				-0.15	-0.05		
16				-0.1	0		
17	0.01	0.35	0.35	-0.15	0.05		
18		0.34					
19		0.33					
20		0.32					

Airfoil # 1

Parameters: r = 0.015   xM = 0.35   xm = 0.3   xN = 0.7   xn = 0.5   β1 = −0.15   β2 = 0.05

x := 0, 0.002 .. 1   c := 0, 0.05 .. 1

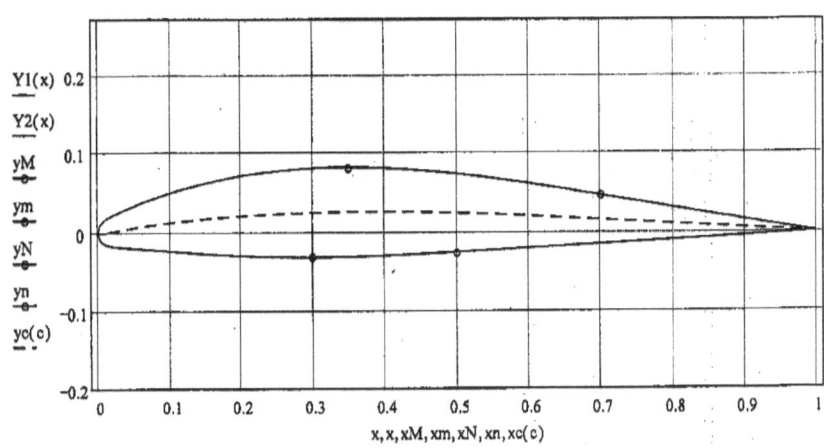

Coordinates of Points

Airfoil   x := 0, 0.05 .. 1   **Camber line**

x	Yupper(x)	Ylower(x)	xc(c)	yc(c)
0	0	0	0.015	0
0.05	0.0324	−0.0197	0.0592	0.0068
0.1	0.0484	−0.0235	0.11	0.0128
0.15	0.0607	−0.0268	0.1592	0.0172
0.2	0.0697	−0.0293	0.2074	0.0203
0.25	0.0757	−0.0309	0.255	0.0225
0.3	0.0791	−0.0314	0.3024	0.0239
0.35	0.0802	−0.0309	0.35	0.0247
0.4	0.0792	−0.0295	0.3979	0.0249
0.45	0.0764	−0.0275	0.4463	0.0245
0.5	0.0721	−0.025	0.4952	0.0236
0.55	0.0665	−0.0225	0.5446	0.0221
0.6	0.06	−0.02	0.5945	0.0201
0.65	0.0528	−0.0175	0.6448	0.0177
0.7	0.0453	−0.015	0.6955	0.0152
0.75	0.0378	−0.0125	0.7462	0.0127
0.8	0.0302	−0.01	0.797	0.0102
0.85	0.0227	−0.0075	0.8477	0.0076
0.9	0.0151	−0.005	0.8985	0.0051
0.95	0.0076	−0.0025	0.9492	0.0025
1	0	0	1	0

Airfoil # 2

Parameters: r = 0.015 xM = 0.35 xm = 0.3 xN = 0.8 xn = 0.5 β1 = −0.15 β2 = 0.05

x := 0, 0.002 .. 1   c := 0, 0.05 .. 1

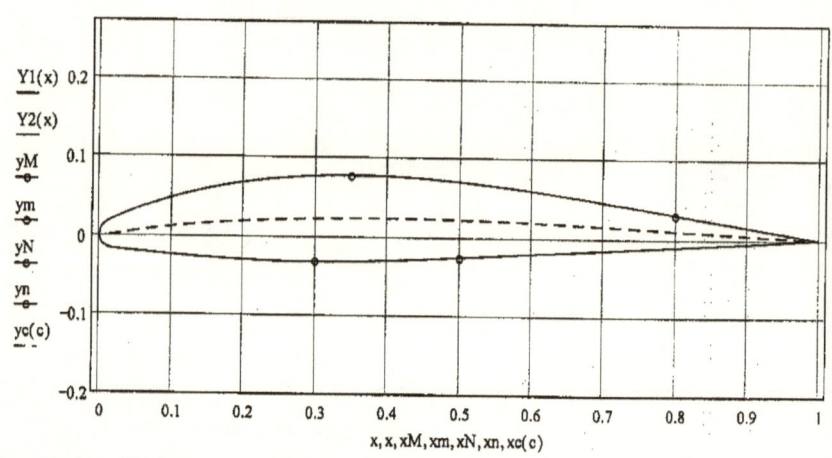

Coordinates of Points

x	Airfoil Yupper(x)	Ylower(x)	Camber line xc(c)	yc(c)
0	0	0	0.015	0
0.05	0.0319	−0.0197	0.0588	0.0066
0.1	0.0472	−0.0235	0.1093	0.0122
0.15	0.0588	−0.0268	0.1584	0.0162
0.2	0.0671	−0.0293	0.2066	0.019
0.25	0.0726	−0.0309	0.2544	0.0209
0.3	0.0757	−0.0314	0.3021	0.0222
0.35	0.0767	−0.0309	0.35	0.0229
0.4	0.0758	−0.0295	0.3982	0.0231
0.45	0.0733	−0.0275	0.4468	0.0229
0.5	0.0695	−0.025	0.4958	0.0223
0.55	0.0646	−0.0225	0.5453	0.0211
0.6	0.0587	−0.02	0.5951	0.0194
0.65	0.0522	−0.0175	0.6452	0.0174
0.7	0.0451	−0.015	0.6957	0.0151
0.75	0.0378	−0.0125	0.7462	0.0127
0.8	0.0302	−0.01	0.797	0.0102
0.85	0.0227	−0.0075	0.8477	0.0076
0.9	0.0151	−0.005	0.8985	0.0051
0.95	0.0076	−0.0025	0.9492	0.0025
1	0	0	1	0

Airfoil # 3

Parameters: r = 0.015 xM = 0.35 xm = 0.3 xN = 0.9 xn = 0.5 β1 = −0.15 β2 = 0.05

x := 0, 0.002 .. 1   c := 0, 0.05 .. 1

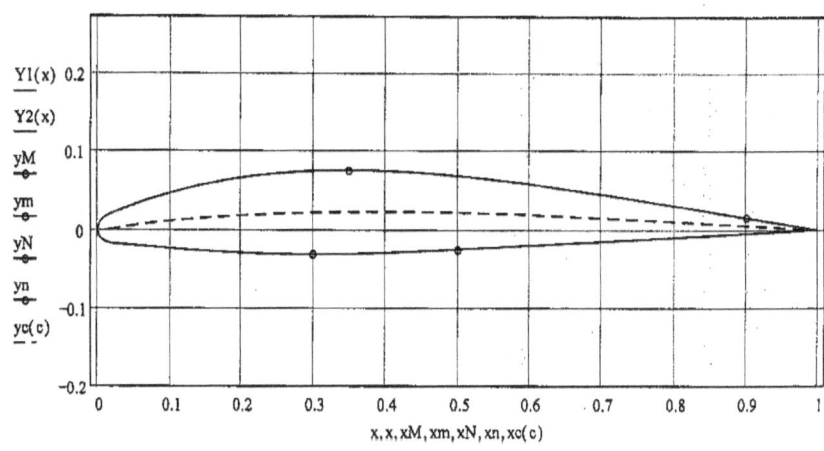

Coordinates of Points

x := 0, 0.05 .. 1

	Airfoil		Camber line	
x	Yupper(x)	Ylower(x)	xc(c)	yc(c)
0	0	0	0.015	0
0.05	0.0314	−0.0197	0.0584	0.0063
0.1	0.0461	−0.0236	0.1088	0.0116
0.15	0.0572	−0.0268	0.1579	0.0154
0.2	0.0651	−0.0293	0.2062	0.018
0.25	0.0704	−0.0309	0.2541	0.0198
0.3	0.0733	−0.0314	0.302	0.021
0.35	0.0742	−0.0309	0.35	0.0217
0.4	0.0734	−0.0295	0.3983	0.022
0.45	0.0711	−0.0275	0.4471	0.0218
0.5	0.0675	−0.025	0.4962	0.0213
0.55	0.0629	−0.0225	0.5457	0.0202
0.6	0.0574	−0.02	0.5955	0.0187
0.65	0.0512	−0.0175	0.6456	0.0169
0.7	0.0445	−0.015	0.6959	0.0148
0.75	0.0375	−0.0125	0.7464	0.0125
0.8	0.0301	−0.01	0.797	0.0101
0.85	0.0227	−0.0075	0.8477	0.0076
0.9	0.0151	−0.005	0.8985	0.0051
0.95	0.0076	−0.0025	0.9492	0.0025
1	0	0	1	0

Airfoil # 4

Parameters: r = 0.015   xM = 0.35   xm = 0.3   xN = 1   xn = 0.5   β1 = −0.15   β2 = 0.05

x := 0, 0.002 .. 1   c := 0, 0.05 .. 1

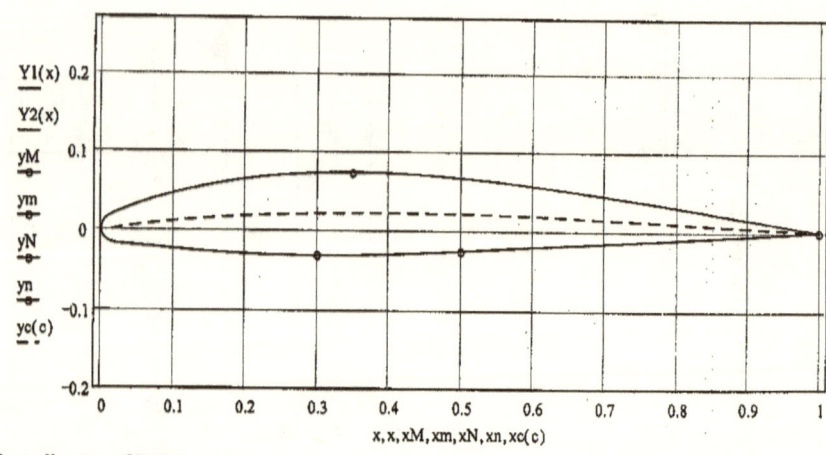

Coordinates of Points

x := 0, 0.05 .. 1

Airfoil			Camber line	
x	Yupper(x)	Ylower(x)	xc(c)	yc(c)
0	0	0	0.015	0
0.05	0.0312	−0.0197	0.0582	0.0061
0.1	0.0456	−0.0236	0.1086	0.0113
0.15	0.0565	−0.0268	0.1577	0.015
0.2	0.0643	−0.0293	0.206	0.0176
0.25	0.0694	−0.0309	0.254	0.0193
0.3	0.0723	−0.0314	0.3019	0.0205
0.35	0.0732	−0.0309	0.35	0.0212
0.4	0.0724	−0.0295	0.3984	0.0214
0.45	0.0701	−0.0275	0.4472	0.0213
0.5	0.0666	−0.025	0.4963	0.0208
0.55	0.0621	−0.0225	0.5458	0.0198
0.6	0.0567	−0.02	0.5956	0.0184
0.65	0.0507	−0.0175	0.6457	0.0166
0.7	0.0441	−0.015	0.696	0.0146
0.75	0.0372	−0.0125	0.7465	0.0124
0.8	0.03	−0.01	0.7971	0.01
0.85	0.0226	−0.0075	0.8478	0.0076
0.9	0.0151	−0.005	0.8985	0.0051
0.95	0.0076	−0.0025	0.9492	0.0025
1	0	0	1	0

Airfoil # 5

Parameters: r = 0.015   xM = 0.35   xm = 0.3   xN = 1   xn = 0.6   β1 = -0.15   β2 = 0.05

x := 0, 0.002 .. 1   c := 0, 0.05 .. 1

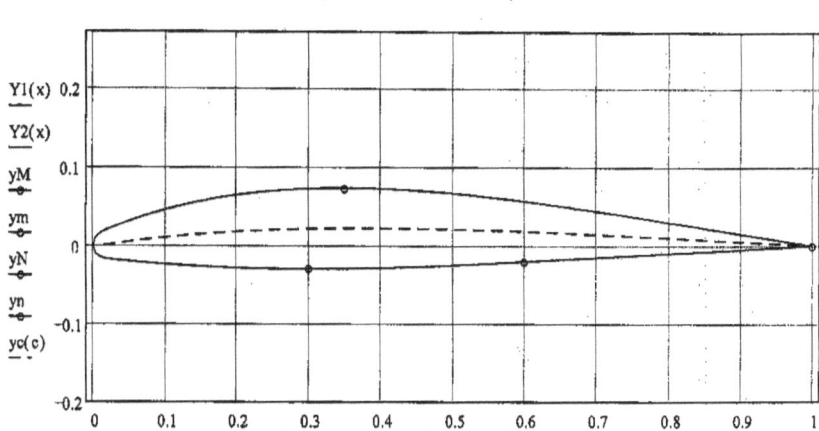

Coordinates of Points

	Airfoil			Camber line	
x	Yupper(x)	Ylower(x)		xc(c)	yc(c)
0	0	0		0.015	0
0.05	0.0312	-0.0199		0.0583	0.006
0.1	0.0456	-0.0235		0.1086	0.0114
0.15	0.0565	-0.0262		0.1576	0.0153
0.2	0.0643	-0.0282		0.2059	0.0182
0.25	0.0694	-0.0293		0.2539	0.0201
0.3	0.0723	-0.0297		0.3019	0.0213
0.35	0.0732	-0.0293		0.35	0.0219
0.4	0.0724	-0.0283		0.3984	0.022
0.45	0.0701	-0.0268		0.4472	0.0217
0.5	0.0666	-0.0248		0.4963	0.0209
0.55	0.0621	-0.0225		0.5458	0.0198
0.6	0.0567	-0.02		0.5956	0.0184
0.65	0.0507	-0.0175		0.6457	0.0166
0.7	0.0441	-0.015		0.696	0.0146
0.75	0.0372	-0.0125		0.7465	0.0124
0.8	0.03	-0.01		0.7971	0.01
0.85	0.0226	-0.0075		0.8478	0.0076
0.9	0.0151	-0.005		0.8985	0.0051
0.95	0.0076	-0.0025		0.9492	0.0025
1	0	0		1	0

Airfoil # 6

Parameters: r = 0.015   xM = 0.35   xm = 0.3   xN = 1   xn = 0.7   β1 = -0.15   β2 = 0.05

x := 0, 0.002 .. 1   c := 0, 0.05 .. 1

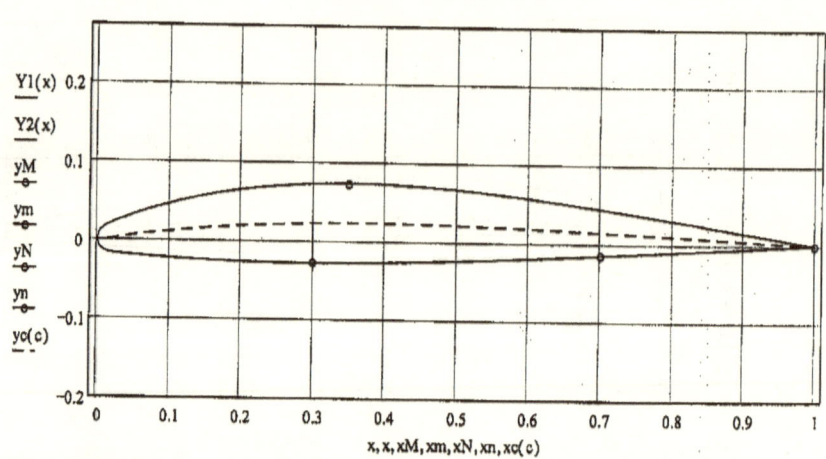

Coordinates of Points

x	Airfoil Yupper(x)	Ylower(x)	Camber line xc(c)	yc(c)
0	0	0	0.015	0
0.05	0.0312	-0.0197	0.0582	0.0062
0.1	0.0456	-0.0229	0.1085	0.0117
0.15	0.0565	-0.0253	0.1575	0.0158
0.2	0.0643	-0.0269	0.2058	0.0188
0.25	0.0694	-0.0278	0.2539	0.0208
0.3	0.0723	-0.0281	0.3018	0.0221
0.35	0.0732	-0.0279	0.35	0.0227
0.4	0.0724	-0.0271	0.3984	0.0227
0.45	0.0701	-0.0258	0.4472	0.0222
0.5	0.0666	-0.0241	0.4963	0.0213
0.55	0.0621	-0.0221	0.5458	0.02
0.6	0.0567	-0.0199	0.5956	0.0185
0.65	0.0507	-0.0175	0.6457	0.0166
0.7	0.0441	-0.015	0.696	0.0146
0.75	0.0372	-0.0125	0.7465	0.0124
0.8	0.03	-0.01	0.7971	0.01
0.85	0.0226	-0.0075	0.8478	0.0076
0.9	0.0151	-0.005	0.8985	0.0051
0.95	0.0076	-0.0025	0.9492	0.0025
1	0	0	1	0

Airfoil # 7

Parameters: r = 0.015   xM = 0.35   xm = 0.3   xN = 1   xn = 0.8   β1 = -0.15   β2 = 0.05

x := 0, 0.002 .. 1   c := 0, 0.05 .. 1

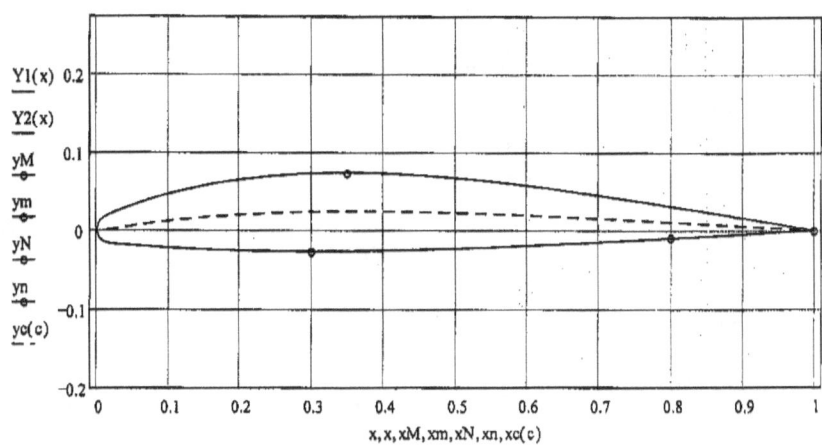

Coordinates of Points

Airfoil   x := 0, 0.05 .. 1   Camber line

x	Yupper(x)	Ylower(x)	xc(c)	yc(c)
0	0	0	0.015	0
0.05	0.0312	-0.0193	0.0582	0.0063
0.1	0.0456	-0.0221	0.1084	0.0121
0.15	0.0565	-0.0242	0.1574	0.0163
0.2	0.0643	-0.0256	0.2058	0.0194
0.25	0.0694	-0.0265	0.2538	0.0215
0.3	0.0723	-0.0267	0.3018	0.0228
0.35	0.0732	-0.0265	0.35	0.0234
0.4	0.0724	-0.0258	0.3985	0.0233
0.45	0.0701	-0.0247	0.4472	0.0227
0.5	0.0666	-0.0232	0.4964	0.0217
0.55	0.0621	-0.0215	0.5458	0.0203
0.6	0.0567	-0.0195	0.5956	0.0187
0.65	0.0507	-0.0173	0.6457	0.0168
0.7	0.0441	-0.0149	0.696	0.0146
0.75	0.0372	-0.0125	0.7465	0.0124
0.8	0.03	-0.01	0.7971	0.01
0.85	0.0226	-0.0075	0.8478	0.0076
0.9	0.0151	-0.005	0.8985	0.0051
0.95	0.0076	-0.0025	0.9492	0.0025
1	0	0	1	0

Airfoil # 8

Parameters: r = 0.015   xM = 0.35   xm = 0.3   xN = 1   xn = 0.9   β1 = -0.15   β2 = 0.05

x := 0, 0.002 .. 1   c := 0, 0.05 .. 1

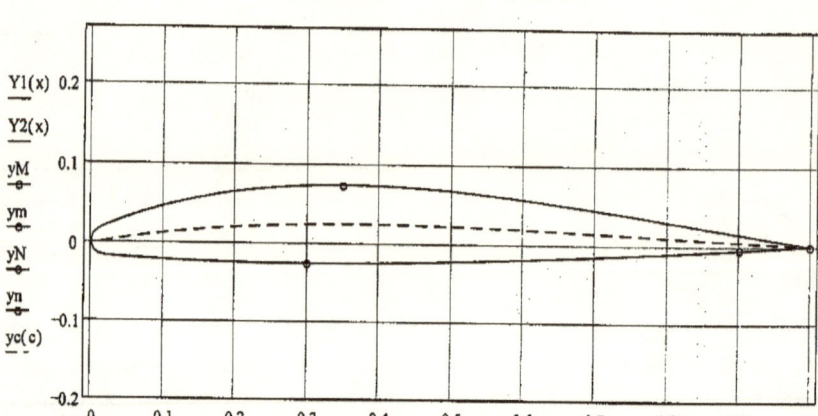

Coordinates of Points

	Airfoil		Camber line	
x	Yupper(x)	Ylower(x)	xc(c)	yc(c)
0	0	0	0.015	0
0.05	0.0312	-0.0189	0.0581	0.0066
0.1	0.0456	-0.0213	0.1083	0.0125
0.15	0.0565	-0.0231	0.1573	0.0169
0.2	0.0643	-0.0243	0.2057	0.0201
0.25	0.0694	-0.025	0.2537	0.0223
0.3	0.0723	-0.0252	0.3018	0.0236
0.35	0.0732	-0.025	0.35	0.0241
0.4	0.0724	-0.0244	0.3985	0.024
0.45	0.0701	-0.0234	0.4473	0.0234
0.5	0.0666	-0.0222	0.4964	0.0223
0.55	0.0621	-0.0206	0.5459	0.0208
0.6	0.0567	-0.0188	0.5957	0.019
0.65	0.0507	-0.0168	0.6457	0.017
0.7	0.0441	-0.0147	0.696	0.0148
0.75	0.0372	-0.0124	0.7465	0.0125
0.8	0.03	-0.01	0.7971	0.0101
0.85	0.0226	-0.0075	0.8478	0.0076
0.9	0.0151	-0.005	0.8985	0.0051
0.95	0.0076	-0.0025	0.9492	0.0025
1	0	0	1	0

Airfoil # 9

Parameters: r = 0.015   xM = 0.35   xm = 0.3   xN = 1   xn = 1   β1 = -0.15   β2 = 0.05

x := 0, 0.002 .. 1   c := 0, 0.05 .. 1

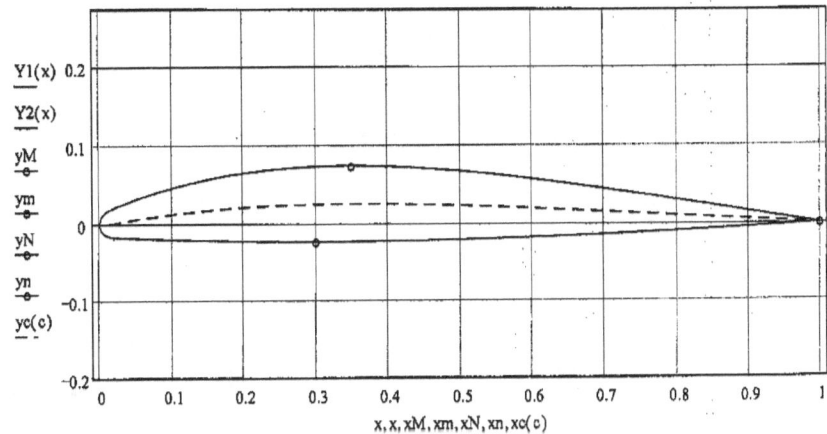

Coordinates of Points

x := 0, 0.05 .. 1

	Airfoil		Camber line	
x	Yupper(x)	Ylower(x)	xc(c)	yc(c)
0	0	0	0.015	0
0.05	0.0312	-0.0184	0.058	0.0069
0.1	0.0456	-0.0202	0.1082	0.0131
0.15	0.0565	-0.0215	0.1572	0.0177
0.2	0.0643	-0.0224	0.2055	0.0211
0.25	0.0694	-0.023	0.2537	0.0233
0.3	0.0723	-0.0231	0.3018	0.0246
0.35	0.0732	-0.023	0.35	0.0251
0.4	0.0724	-0.0225	0.3985	0.025
0.45	0.0701	-0.0217	0.4473	0.0242
0.5	0.0666	-0.0206	0.4965	0.023
0.55	0.0621	-0.0193	0.546	0.0214
0.6	0.0567	-0.0177	0.5957	0.0195
0.65	0.0507	-0.016	0.6458	0.0174
0.7	0.0441	-0.014	0.6961	0.0151
0.75	0.0372	-0.012	0.7465	0.0127
0.8	0.03	-0.0097	0.7971	0.0102
0.85	0.0226	-0.0074	0.8478	0.0076
0.9	0.0151	-0.005	0.8985	0.0051
0.95	0.0076	-0.0025	0.9492	0.0025
1	0	0	1	0

Airfoil # 10

Parameters: r = 0.01   xM = 0.35   xm = 0.4   xN = 1   xn = 1   β1 = -0.25   β2 = -0.1

x := 0, 0.002 .. 1   c := 0, 0.05 .. 1

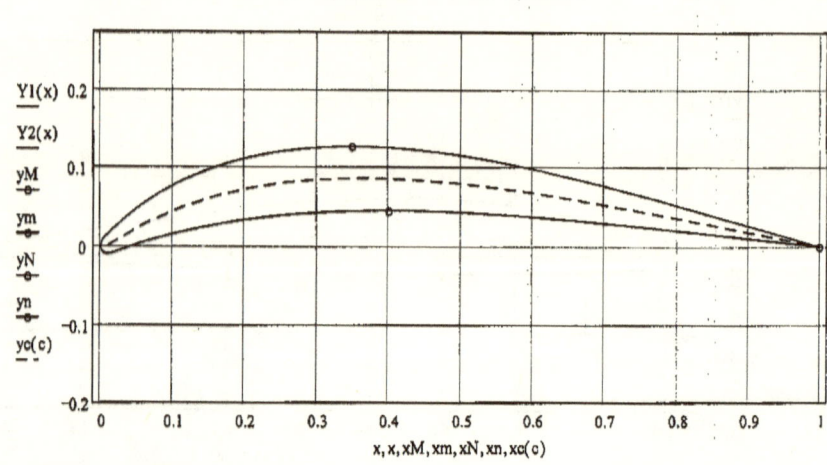

Coordinates of Points

	Airfoil		Camber line	
x	Yupper(x)	Ylower(x)	xc(c)	yc(c)
0	0	0	0.01	0
0.05	0.046	0.0017	0.0623	0.0278
0.1	0.0748	0.0148	0.113	0.0481
0.15	0.0954	0.025	0.1614	0.0623
0.2	0.1097	0.0327	0.2087	0.0723
0.25	0.119	0.0382	0.2556	0.0791
0.3	0.1241	0.0419	0.3027	0.0831
0.35	0.1257	0.0439	0.35	0.0848
0.4	0.1243	0.0446	0.3978	0.0844
0.45	0.1203	0.044	0.4461	0.0823
0.5	0.1142	0.0424	0.495	0.0786
0.55	0.1063	0.04	0.5443	0.0736
0.6	0.097	0.0368	0.5941	0.0674
0.65	0.0865	0.0331	0.6443	0.0604
0.7	0.0752	0.029	0.6947	0.0526
0.75	0.0632	0.0245	0.7454	0.0444
0.8	0.0509	0.0198	0.7962	0.0358
0.85	0.0383	0.015	0.8471	0.0269
0.9	0.0255	0.01	0.8981	0.018
0.95	0.0128	0.005	0.949	0.009
1	0	0	1	0

Airfoil # 11

Parameters: r = 0.01   xM = 0.35   xm = 0.4   xN = 1   xn = 1   β1 = -0.2   β2 = -0.05

x := 0, 0.002 .. 1   c := 0, 0.05 .. 1

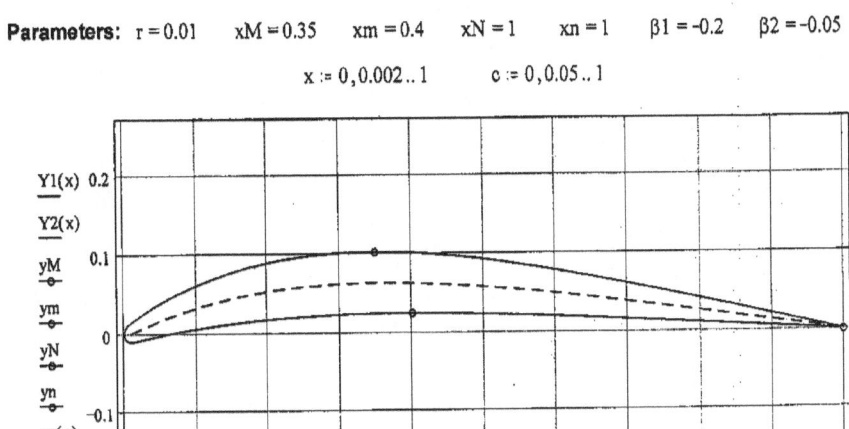

Coordinates of Points

x := 0, 0.05 .. 1

	Airfoil		Camber line	
x	Yupper(x)	Ylower(x)	xc(c)	yc(c)
0	0	0	0.01	0
0.05	0.037	-0.003	0.0593	0.0191
0.1	0.0595	0.0052	0.1098	0.0341
0.15	0.076	0.0115	0.1586	0.0449
0.2	0.0876	0.0163	0.2067	0.0526
0.25	0.0952	0.0197	0.2543	0.0577
0.3	0.0994	0.022	0.3021	0.0608
0.35	0.1007	0.0232	0.35	0.062
0.4	0.0996	0.0236	0.3983	0.0616
0.45	0.0963	0.0232	0.447	0.0599
0.5	0.0913	0.0223	0.4961	0.057
0.55	0.0849	0.0209	0.5455	0.0532
0.6	0.0774	0.0192	0.5954	0.0486
0.65	0.069	0.0171	0.6455	0.0434
0.7	0.0599	0.0149	0.6958	0.0377
0.75	0.0503	0.0125	0.7464	0.0317
0.8	0.0405	0.01	0.797	0.0255
0.85	0.0304	0.0075	0.8477	0.0191
0.9	0.0203	0.005	0.8985	0.0128
0.95	0.0101	0.0025	0.9492	0.0064
1	0	0	1	0

Airfoil # 12

Parameters: r = 0.01   xM = 0.35   xm = 0.4   xN = 1   xn = 1   β1 = −0.15   β2 = 0

x := 0, 0.002 .. 1   c := 0, 0.05 .. 1

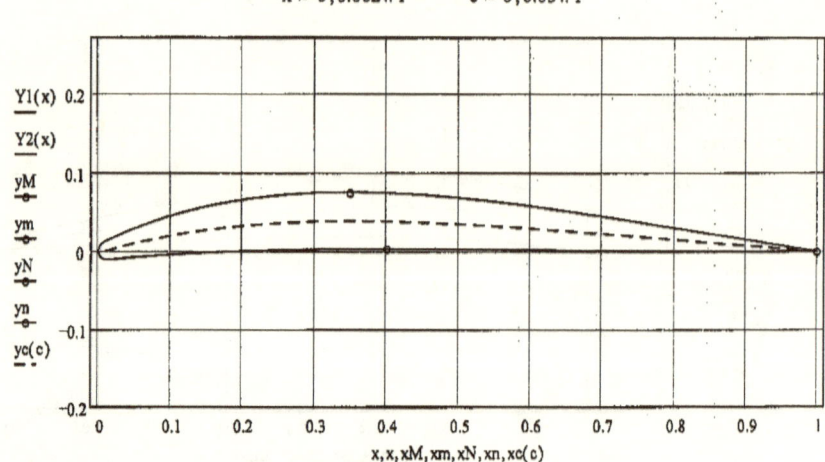

Coordinates of Points

x := 0, 0.05 .. 1

Airfoil			Camber line	
x	Yupper(x)	Ylower(x)	xc(c)	yc(c)
0	0	0	0.01	0
0.05	0.0288	−0.0078	0.0564	0.0114
0.1	0.0448	−0.0044	0.1066	0.0209
0.15	0.0568	−0.0019	0.1559	0.0279
0.2	0.0653	0	0.2045	0.0329
0.25	0.0709	0.0013	0.253	0.0362
0.3	0.074	0.0021	0.3014	0.0381
0.35	0.075	0.0025	0.35	0.0387
0.4	0.0741	0.0026	0.3988	0.0384
0.45	0.0717	0.0025	0.4479	0.0371
0.5	0.068	0.0023	0.4972	0.0352
0.55	0.0632	0.0019	0.5468	0.0327
0.6	0.0576	0.0015	0.5967	0.0297
0.65	0.0513	0.0012	0.6467	0.0264
0.7	0.0446	$8.1371 \cdot 10^{-4}$	0.697	0.0228
0.75	0.0375	$5.1798 \cdot 10^{-4}$	0.7473	0.0191
0.8	0.0301		0.7978	0.0153
0.85	0.0227	$2.8932 \cdot 10^{-4}$	0.8483	0.0115
0.9	0.0151	$1.3223 \cdot 10^{-4}$	0.8989	0.0076
0.95	0.0076	$4.2192 \cdot 10^{-5}$	0.9494	0.0038
1	0	0	1	0
		0		

MATHEMATICAL DESIGN OF WING SECTIONS

Airfoil # 13

Parameters: r = 0.005   xM = 0.35   xm = 0.4   xN = 1   xn = 1   β1 = -0.25   β2 = -0.15

x := 0, 0.002 .. 1   c := 0, 0.05 .. 1

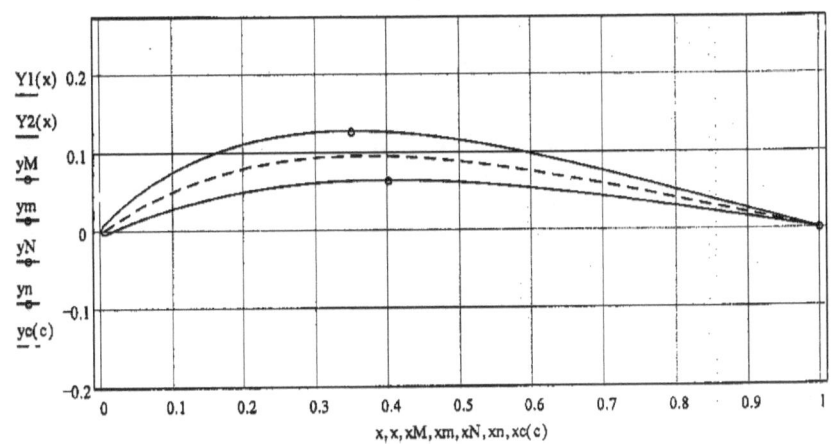

Coordinates of Points

	Airfoil		Camber line	
x	Yupper(x)	Ylower(x)	xc(c)	yc(c)
0	0	0	0.005	0
0.05	0.0448	0.0118	0.0592	0.0317
0.1	0.0744	0.0274	0.1102	0.0539
0.15	0.0955	0.0397	0.1591	0.0696
0.2	0.1101	0.0491	0.207	0.0807
0.25	0.1196	0.056	0.2545	0.0883
0.3	0.1248	0.0605	0.3021	0.0928
0.35	0.1264	0.0631	0.35	0.0947
0.4	0.1249	0.0639	0.3983	0.0944
0.45	0.1209	0.0632	0.447	0.0922
0.5	0.1147	0.0611	0.4962	0.0881
0.55	0.1067	0.0578	0.5458	0.0827
0.6	0.0973	0.0536	0.5957	0.0759
0.65	0.0868	0.0485	0.6459	0.0681
0.7	0.0754	0.0427	0.6963	0.0595
0.75	0.0633	0.0363	0.7468	0.0502
0.8	0.0509	0.0295	0.7974	0.0406
0.85	0.0383	0.0224	0.848	0.0306
0.9	0.0255	0.015	0.8987	0.0205
0.95	0.0128	0.0075	0.9493	0.0102
1	0	0	1	0

Airfoil # 14

Parameters: r = 0.005   xM = 0.35   xm = 0.4   xN = 1   xn = 1   β1 = -0.2   β2 = -0.1

x := 0, 0.002 .. 1   c := 0, 0.05 .. 1

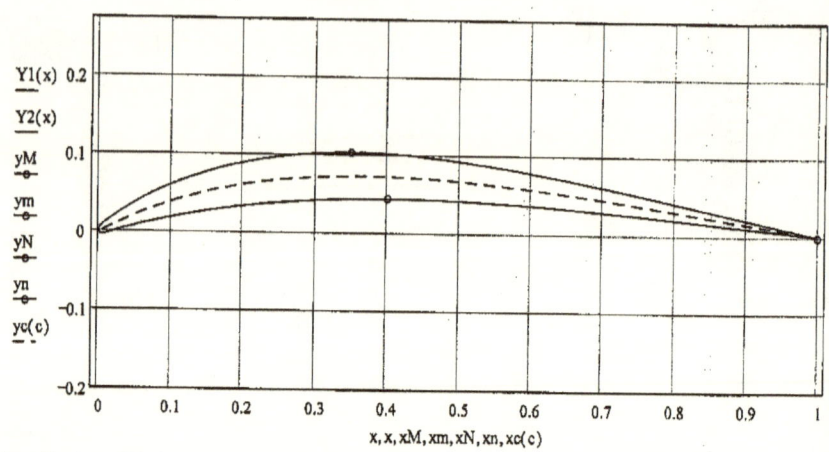

$\underline{Y1(x)}$, $\underline{Y2(x)}$, $\underline{yM}$, $\underline{ym}$, $\underline{yN}$, $\underline{yn}$, $\underline{yc(c)}$ vs x, x, xM, xm, xN, xn, xc(c)

Coordinates of Points

Airfoil   x := 0, 0.05 .. 1   **Camber line**

x	Yupper(x)	Ylower(x)	xc(c)	yc(c)
0	0	0	0.005	0
0.05	0.0354	0.0065	0.0569	0.0228
0.1	0.059	0.0174	0.1077	0.0399
0.15	0.0762	0.0261	0.1569	0.0523
0.2	0.0883	0.0327	0.2053	0.0611
0.25	0.0961	0.0375	0.2535	0.0671
0.3	0.1005	0.0407	0.3016	0.0706
0.35	0.1018	0.0425	0.35	0.0721
0.4	0.1006	0.043	0.3987	0.0718
0.45	0.0973	0.0425	0.4477	0.07
0.5	0.0922	0.0411	0.497	0.0668
0.55	0.0856	0.0388	0.5467	0.0625
0.6	0.078	0.0359	0.5966	0.0572
0.65	0.0694	0.0324	0.6468	0.0512
0.7	0.0602	0.0285	0.6971	0.0446
0.75	0.0505	0.0242	0.7475	0.0376
0.8	0.0406	0.0196	0.7979	0.0303
0.85	0.0305	0.0149	0.8485	0.0228
0.9	0.0203	0.01	0.899	0.0152
0.95	0.0101	0.005	0.9495	0.0076
1	0	0	1	0

Airfoil # 15

Parameters: r = 0.005   xM = 0.35   xm = 0.4   xN = 1   xn = 1   β1 = -0.15   β2 = -0.05

x := 0, 0.002 .. 1   c := 0, 0.05 .. 1

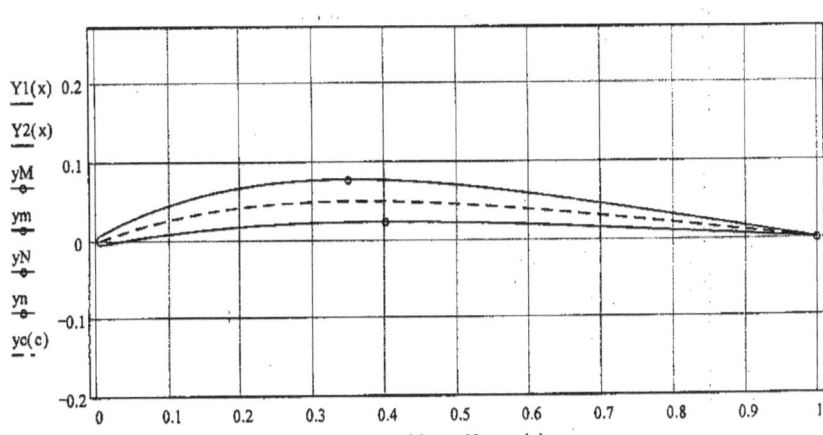

Coordinates of Points

	Airfoil		Camber line	
x	Yupper(x)	Ylower(x)	xc(c)	yc(c)
0	0	0	0.005	0
0.05	0.0267	0.0013	0.0547	0.0148
0.1	0.0441	0.0076	0.1053	0.0266
0.15	0.057	0.0125	0.1547	0.0353
0.2	0.0662	0.0163	0.2037	0.0415
0.25	0.0722	0.019	0.2524	0.0457
0.3	0.0755	0.0208	0.3011	0.0482
0.35	0.0765	0.0219	0.35	0.0492
0.4	0.0756	0.0222	0.3991	0.0489
0.45	0.073	0.0219	0.4483	0.0475
0.5	0.0692	0.0211	0.4979	0.0452
0.55	0.0642	0.0199	0.5476	0.0421
0.6	0.0584	0.0183	0.5975	0.0385
0.65	0.0519	0.0165	0.6476	0.0343
0.7	0.045	0.0144	0.6978	0.0298
0.75	0.0377	0.0122	0.7481	0.0251
0.8	0.0303	0.0099	0.7985	0.0202
0.85	0.0227	0.0075	0.8489	0.0152
0.9	0.0151	0.005	0.8992	0.0101
0.95	0.0076	0.0025	0.9496	0.0051
1	0	0	1	0

Airfoil # 16

Parameters: r = 0.005 xM = 0.35 xm = 0.4 xN = 1 xn = 1 β1 = -0.1 β2 = 0

x := 0, 0.002 .. 1   c := 0, 0.05 .. 1

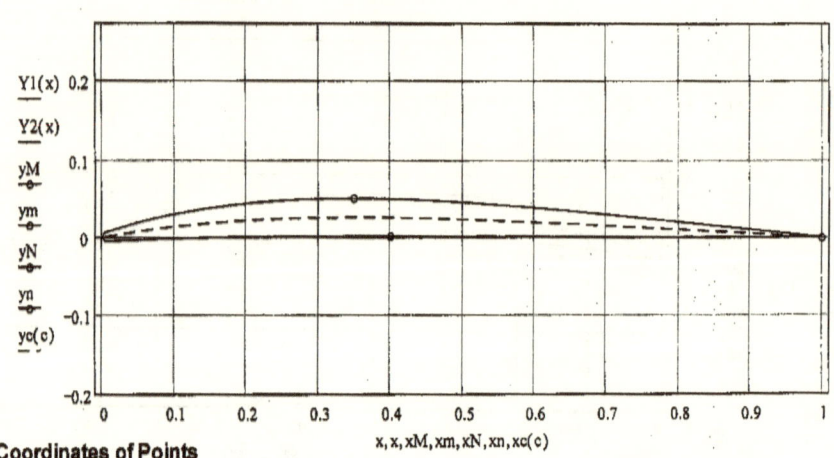

Coordinates of Points

x := 0, 0.05 .. 1

Airfoil			Camber line	
x	Yupper(x)	Ylower(x)	xc(c)	yc(c)
0	0	0	0.005	0
0.05	0.0187	-0.0039	0.0527	0.0076
0.1	0.0296	-0.0022	0.103	0.0139
0.15	0.0378	$-9.2047 \cdot 10^{-4}$	0.1527	0.0186
0.2	0.0437	0	0.2021	0.0219
0.25	0.0476	$6.3216 \cdot 10^{-4}$	0.2514	0.0242
0.3	0.0498	0.001	0.3007	0.0254
0.35	0.0505	0.0012	0.35	0.0258
0.4	0.0499	0.0013	0.3994	0.0256
0.45	0.0482	0.0012	0.449	0.0247
0.5	0.0457	0.0011	0.4987	0.0234
0.55	0.0424	$9.5584 \cdot 10^{-4}$	0.5485	0.0217
0.6	0.0386	$7.6722 \cdot 10^{-4}$	0.5985	0.0197
0.65	0.0343	$5.7822 \cdot 10^{-4}$	0.6485	0.0175
0.7	0.0298	$4.0459 \cdot 10^{-4}$	0.6986	0.0151
0.75	0.025	$2.5755 \cdot 10^{-4}$	0.7488	0.0127
0.8	0.0201	$1.4385 \cdot 10^{-4}$	0.799	0.0101
0.85	0.0151	$6.5745 \cdot 10^{-5}$	0.8492	0.0076
0.9	0.01	$2.0979 \cdot 10^{-5}$	0.8995	0.005
0.95	0.005	0	0.9497	0.0025
1	0	0	1	0

Airfoil # 17

Parameters: r = 0.01   xM = 0.35   xm = 0.35   xN = 1   xn = 1   β1 = -0.15   β2 = 0.05

x := 0, 0.002 .. 1   c := 0, 0.05 .. 1

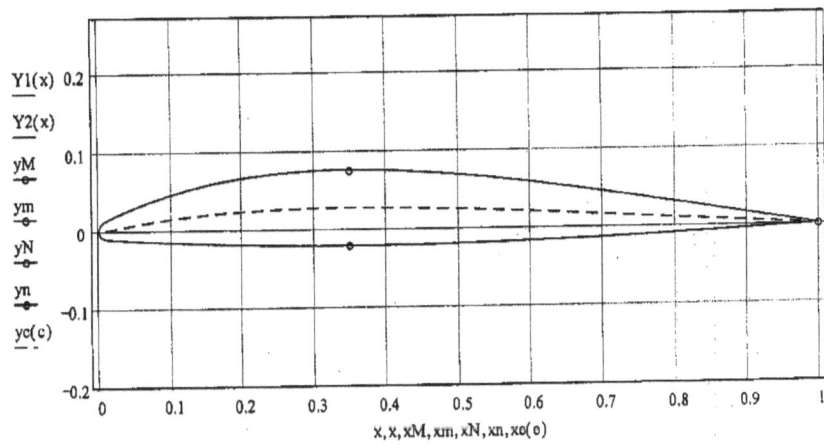

Coordinates of Points

	Airfoil	x := 0, 0.05 .. 1	Camber line	
x	Yupper(x)	Ylower(x)	xc(c)	yc(c)
0	0	0	0.01	0
0.05	0.0288	-0.0136	0.0576	0.0081
0.1	0.0448	-0.0162	0.1083	0.0147
0.15	0.0568	-0.0183	0.1576	0.0195
0.2	0.0653	-0.0198	0.2059	0.0229
0.25	0.0709	-0.0209	0.2539	0.025
0.3	0.074	-0.0215	0.3019	0.0263
0.35	0.075	-0.0217	0.35	0.0266
0.4	0.0741	-0.0215	0.3984	0.0263
0.45	0.0717	-0.021	0.4471	0.0254
0.5	0.068	-0.0201	0.4962	0.024
0.55	0.0632	-0.0189	0.5457	0.0222
0.6	0.0576	-0.0175	0.5955	0.0201
0.65	0.0513	-0.0158	0.6456	0.0178
0.7	0.0446	-0.014	0.6959	0.0154
0.75	0.0375	-0.0119	0.7464	0.0129
0.8	0.0301	-0.0097	0.7971	0.0103
0.85	0.0227	-0.0074	0.8477	0.0077
0.9	0.0151	-0.005	0.8985	0.0051
0.95	0.0076	-0.0025	0.9492	0.0025
1	0	0	1	0

Airfoil # 18

Parameters: r = 0.01   xM = 0.34   xm = 0.35   xN = 1   xn = 1   β1 = -0.15   β2 = 0.05

x := 0, 0.002 .. 1   c := 0, 0.05 .. 1

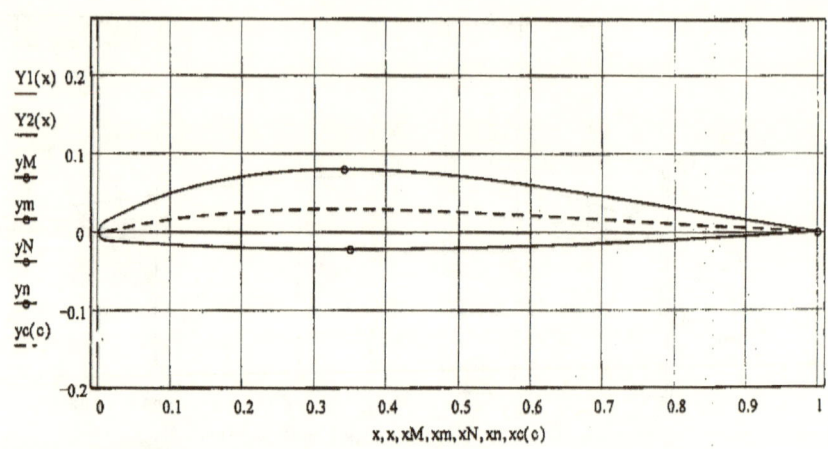

x, x, xM, xm, xN, xn, xc(c)

Coordinates of Points

x := 0, 0.05 .. 1

Airfoil			Camber line	
x	Yupper(x)	Ylower(x)	xc(c)	yc(c)
0	0	0	0.01	0
0.05	0.0308	-0.0136	0.0587	0.0092
0.1	0.0483	-0.0162	0.1095	0.0165
0.15	0.0611	-0.0183	0.1585	0.0217
0.2	0.0701	-0.0199	0.2065	0.0253
0.25	0.0758	-0.0209	0.2541	0.0275
0.3	0.0787	-0.0216	0.3017	0.0286
0.35	0.0794	-0.0218	0.3496	0.0288
0.4	0.0781	-0.0216	0.3978	0.0283
0.45	0.0751	-0.021	0.4465	0.0271
0.5	0.0709	-0.0201	0.4956	0.0254
0.55	0.0655	-0.019	0.5451	0.0234
0.6	0.0594	-0.0175	0.595	0.021
0.65	0.0526	-0.0159	0.6452	0.0185
0.7	0.0455	-0.014	0.6957	0.0158
0.75	0.038	-0.0119	0.7463	0.0131
0.8	0.0304	-0.0097	0.7969	0.0104
0.85	0.0228	-0.0074	0.8477	0.0077
0.9	0.0152	-0.005	0.8985	0.0051
0.95	0.0076	-0.0025	0.9492	0.0025
1	0	0	1	0

Airfoil # 19

Parameters: r = 0.01   xM = 0.33   xm = 0.35   xN = 1   xn = 1   β1 = −0.15   β2 = 0.05

x := 0, 0.002 .. 1   c := 0, 0.05 .. 1

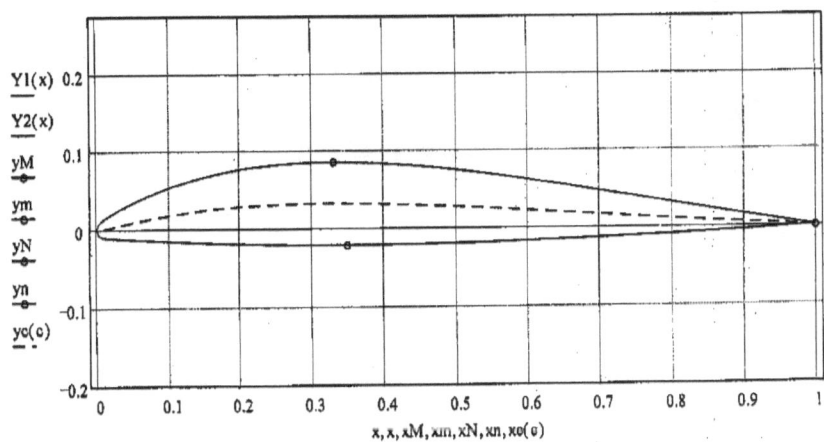

Coordinates of Points

x := 0, 0.05 .. 1

x	Airfoil Yupper(x)	Ylower(x)	Camber line xc(c)	yc(c)
0	0	0	0.01	0
0.05	0.0332	−0.0135	0.0601	0.0106
0.1	0.0524	−0.0162	0.111	0.0187
0.15	0.0662	−0.0183	0.1596	0.0243
0.2	0.0756	−0.0199	0.2071	0.028
0.25	0.0814	−0.021	0.2543	0.0303
0.3	0.0842	−0.0216	0.3015	0.0313
0.35	0.0844	−0.0218	0.3491	0.0313
0.4	0.0826	−0.0216	0.3971	0.0305
0.45	0.079	−0.0211	0.4457	0.029
0.5	0.0741	−0.0202	0.4948	0.027
0.55	0.0681	−0.019	0.5444	0.0247
0.6	0.0613	−0.0176	0.5944	0.022
0.65	0.054	−0.0159	0.6448	0.0192
0.7	0.0464	−0.014	0.6953	0.0163
0.75	0.0385	−0.0119	0.746	0.0134
0.8	0.0307	−0.0097	0.7968	0.0105
0.85	0.0228	−0.0074	0.8477	0.0078
0.9	0.0151	−0.005	0.8985	0.0051
0.95	0.0075	−0.0025	0.9492	0.0025
1	0	0	1	0

Airfoil # 20

Parameters: $r = 0.01$ $\quad xM = 0.32 \quad xm = 0.35 \quad xN = 1 \quad xn = 1 \quad \beta1 = -0.15 \quad \beta2 = 0.05$

$x := 0, 0.002..1 \qquad c := 0, 0.05..1$

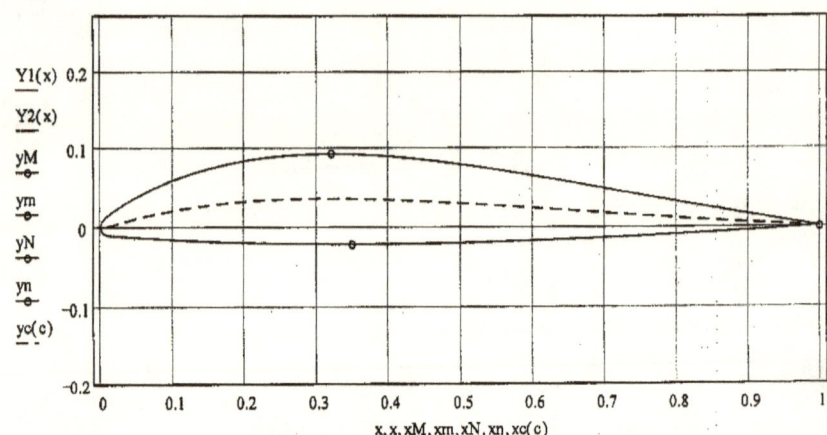

Coordinates of Points

	Airfoil		Camber line	
x	Yupper(x)	Ylower(x)	xc(c)	yc(c)
0	0	0	0.01	0
0.05	0.0363	-0.0134	0.0619	0.0125
0.1	0.0576	-0.0162	0.1129	0.0215
0.15	0.0725	-0.0183	0.161	0.0276
0.2	0.0825	-0.0199	0.2079	0.0315
0.25	0.0884	-0.021	0.2545	0.0337
0.3	0.0909	-0.0217	0.3012	0.0346
0.35	0.0907	-0.0219	0.3484	0.0344
0.4	0.0882	-0.0217	0.3962	0.0333
0.45	0.0839	-0.0211	0.4447	0.0315
0.5	0.0782	-0.0202	0.4938	0.0291
0.55	0.0714	-0.0191	0.5435	0.0263
0.6	0.0639	-0.0176	0.5937	0.0233
0.65	0.0559	-0.0159	0.6442	0.0201
0.7	0.0477	-0.014	0.6949	0.0169
0.75	0.0394	-0.0119	0.7458	0.0138
0.8	0.0312	-0.0097	0.7967	0.0108
0.85	0.0231	-0.0074	0.8476	0.0079
0.9	0.0153	-0.005	0.8984	0.0052
0.95	0.0076	-0.0025	0.9492	0.0026
1	0	0	1	0

6. Профили, рассчитанные по программе F

Таблица 7

Профили	r	R_t	ξ_{0t}	η_{0t}	x_M	x_M
1　　2　　3	0.02　0.015　0.01	0.06	0.15	0.02	0.35	0.3
4　　5　　6	0.015	0.05　0.045　0.04	0.15	0.02	0.35	0.3
7　　8　　9	0.01	0.05	0.2　0.15　0.125	0.02	0.35	0.3
10　11　12　13　14	0.015	0.05	0.15	0.04　0.03　0.02　0.01　0.005	0.35	0.3
15　16　17	0.015	0.05	0.15	0.03	0.35　0.325　0.3	0.3
18　19　20	0.015	0.05	0.15	0.03	0.3	0.375　0.35　0.325

Чертеж каждого профиля содержит окружность C_t.

Airfoil # 1

Parameters: $r = 0.02$ $Rt = 0.06$ $\xi_{ot} = 0.15$ $\eta_{ot} = 0.02$ $xM = 0.35$ $xm = 0.3$
$x := 0, 0.002 .. 1$ $c := 0, 0.05 .. 1$

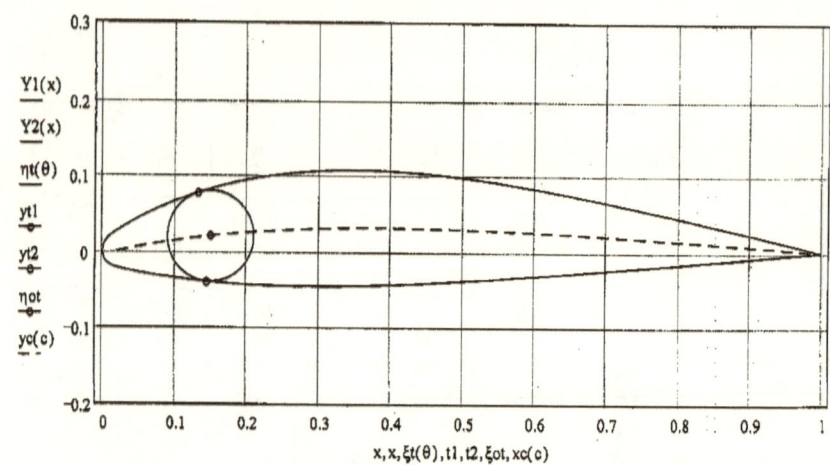

Coordinates of Points

	Airfoil	$x := 0, 0.05 .. 1$	Camber line	
x	Yupper(x)	Ylower(x)	xc(c)	yc(c)
0	0	0	0.02	0
0.05	0.0435	-0.0275	0.0681	0.009
0.1	0.0661	-0.0349	0.1192	0.0164
0.15	0.0826	-0.0402	0.1669	0.0217
0.2	0.0942	-0.0437	0.213	0.0255
0.25	0.1018	-0.0457	0.2585	0.0282
0.3	0.106	-0.0463	0.3041	0.0299
0.35	0.1073	-0.0457	0.35	0.0308
0.4	0.1061	-0.0443	0.3966	0.0309
0.45	0.1029	-0.042	0.4439	0.0304
0.5	0.0978	-0.0391	0.4921	0.0294
0.55	0.0914	-0.0358	0.541	0.0279
0.6	0.0837	-0.0321	0.5905	0.0259
0.65	0.0751	-0.0282	0.6407	0.0236
0.7	0.0657	-0.0241	0.6913	0.0209
0.75	0.0557	-0.0199	0.7423	0.018
0.8	0.0452	-0.0158	0.7935	0.0149
0.85	0.0344	-0.0117	0.845	0.0115
0.9	0.0232	-0.0077	0.8965	0.0079
0.95	0.0118	-0.0038	0.9482	0.004
1	0	0	1	0

Airfoil # 2

Parameters: $r = 0.015$ $Rt = 0.06$ $\xi ot = 0.15$ $\eta ot = 0.02$ $xM = 0.35$ $xm = 0.3$
$x := 0, 0.002 .. 1$ $c := 0, 0.05 .. 1$

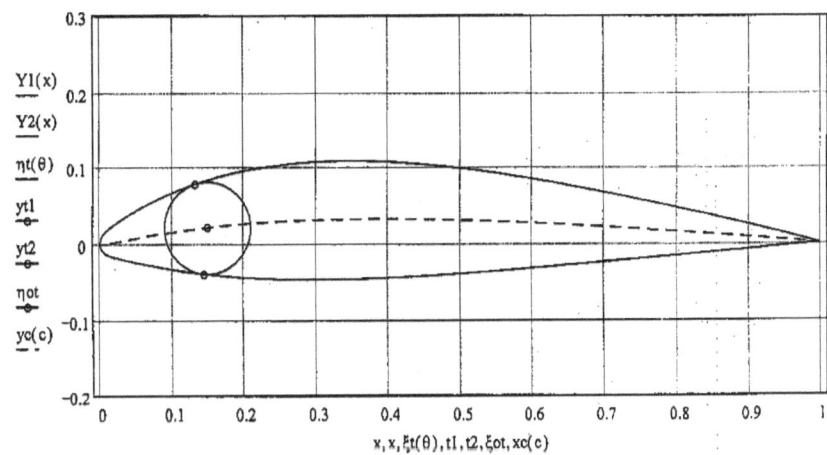

$\dfrac{Y1(x)}{\bullet}$, $\dfrac{Y2(x)}{\bullet}$, $\dfrac{\eta t(\theta)}{\bullet}$, $\dfrac{yt1}{\bullet}$, $\dfrac{yt2}{\bullet}$, $\dfrac{\eta ot}{\bullet}$, $\dfrac{yc(c)}{\bullet}$

$x, x, \xi t(\theta), t1, t2, \xi ot, xc(c)$

Coordinates of Points

	Airfoil	$x := 0, 0.05 .. 1$	Camber line	
x	Yupper(x)	Ylower(x)	xc(c)	yc(c)
0	0	0	0.015	0
0.05	0.0418	-0.0248	0.068	0.0094
0.1	0.0656	-0.0339	0.1198	0.0166
0.15	0.0828	-0.0403	0.1677	0.0217
0.2	0.0948	-0.0445	0.2136	0.0255
0.25	0.1027	-0.0468	0.2589	0.0281
0.3	0.107	-0.0475	0.3042	0.0298
0.35	0.1083	-0.0469	0.35	0.0307
0.4	0.1071	-0.0452	0.3965	0.031
0.45	0.1038	-0.0428	0.4438	0.0305
0.5	0.0988	-0.0397	0.4919	0.0296
0.55	0.0922	-0.0361	0.5408	0.0281
0.6	0.0845	-0.0323	0.5904	0.0262
0.65	0.0758	-0.0283	0.6406	0.0239
0.7	0.0664	-0.0242	0.6912	0.0212
0.75	0.0564	-0.0201	0.7422	0.0183
0.8	0.0459	-0.0161	0.7934	0.0151
0.85	0.035	-0.0121	0.8448	0.0116
0.9	0.0237	-0.0081	0.8964	0.0079
0.95	0.0121	-0.0041	0.9481	0.0041
1	0	0	1	0

Airfoil # 3

Parameters: r = 0.01   Rt = 0.06   ξot = 0.15   ηot = 0.02   xM = 0.35   xm = 0.3
x := 0, 0.002 .. 1   c := 0, 0.05 .. 1

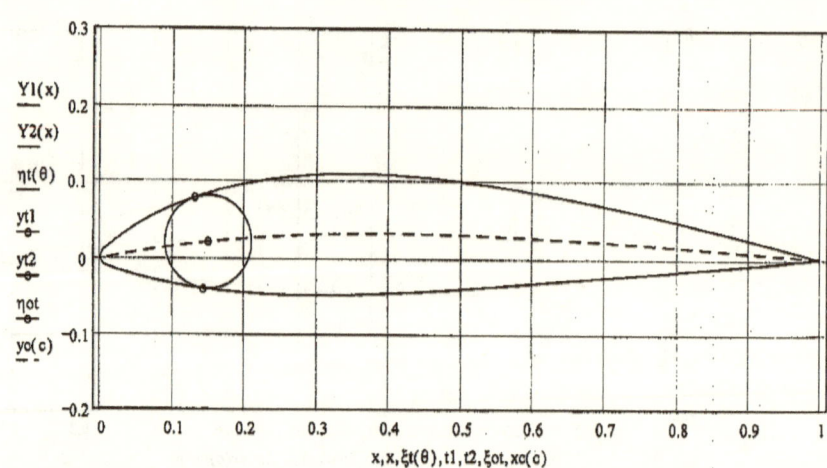

x, x, ξt(θ), t1, t2, ξot, xc(c)

Coordinates of Points

x := 0, 0.05 .. 1

x	Airfoil Yupper(x)	Ylower(x)	Camber line xc(c)	yc(c)
0	0	0	0.01	0
0.05	0.0403	-0.0225	0.0678	0.0097
0.1	0.0651	-0.0331	0.1203	0.0167
0.15	0.083	-0.0405	0.1683	0.0218
0.2	0.0954	-0.0452	0.2142	0.0254
0.25	0.1035	-0.0478	0.2592	0.028
0.3	0.1079	-0.0486	0.3044	0.0297
0.35	0.1093	-0.0479	0.35	0.0307
0.4	0.1081	-0.0461	0.3964	0.031
0.45	0.1047	-0.0434	0.4436	0.0306
0.5	0.0996	-0.0402	0.4917	0.0297
0.55	0.093	-0.0365	0.5407	0.0283
0.6	0.0852	-0.0325	0.5903	0.0264
0.65	0.0765	-0.0285	0.6405	0.0241
0.7	0.0671	-0.0244	0.6911	0.0215
0.75	0.057	-0.0203	0.7421	0.0185
0.8	0.0465	-0.0163	0.7933	0.0152
0.85	0.0356	-0.0124	0.8447	0.0117
0.9	0.0242	-0.0084	0.8962	0.008
0.95	0.0124	-0.0043	0.948	0.0041
1	0	0	1	0

Mathematical Design Of Wing Sections

Airfoil # 4

Parameters: r = 0.015   Rt = 0.05   ξot = 0.15   ηot = 0.02   xM = 0.35   xm = 0.3

x := 0, 0.002 .. 1   c := 0, 0.05 .. 1

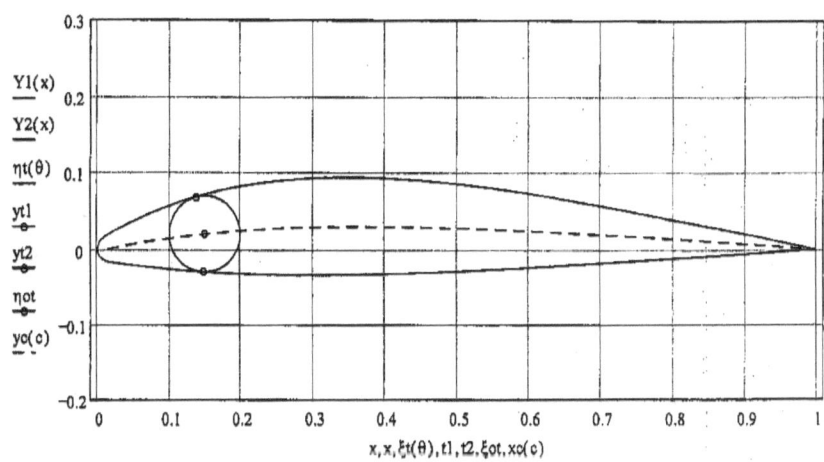

Coordinates of Points

	Airfoil	x := 0, 0.05 .. 1	Camber line	
x	Yupper(x)	Ylower(x)	xc(c)	yc(c)
0	0	0	0.015	0
0.05	0.0371	-0.0211	0.063	0.0088
0.1	0.057	-0.0263	0.114	0.016
0.15	0.0716	-0.0301	0.1625	0.0212
0.2	0.082	-0.0326	0.2096	0.0249
0.25	0.0887	-0.034	0.2563	0.0275
0.3	0.0925	-0.0344	0.303	0.0291
0.35	0.0936	-0.034	0.35	0.0298
0.4	0.0926	-0.0329	0.3975	0.0298
0.45	0.0897	-0.0313	0.4455	0.0292
0.5	0.0853	-0.0293	0.4942	0.0281
0.55	0.0796	-0.0268	0.5434	0.0265
0.6	0.0729	-0.0242	0.5931	0.0245
0.65	0.0653	-0.0213	0.6432	0.0221
0.7	0.0571	-0.0183	0.6936	0.0195
0.75	0.0484	-0.0152	0.7443	0.0167
0.8	0.0393	-0.0121	0.7952	0.0137
0.85	0.0299	-0.009	0.8463	0.0105
0.9	0.0202	-0.006	0.8974	0.0072
0.95	0.0103	-0.003	0.9487	0.0037
1	0	0	1	0

Airfoil # 5

Parameters: r = 0.015 Rt = 0.045 ξot = 0.15 ηot = 0.02 xM = 0.35 xm = 0.3
x := 0, 0.002 .. 1   c := 0, 0.05 .. 1

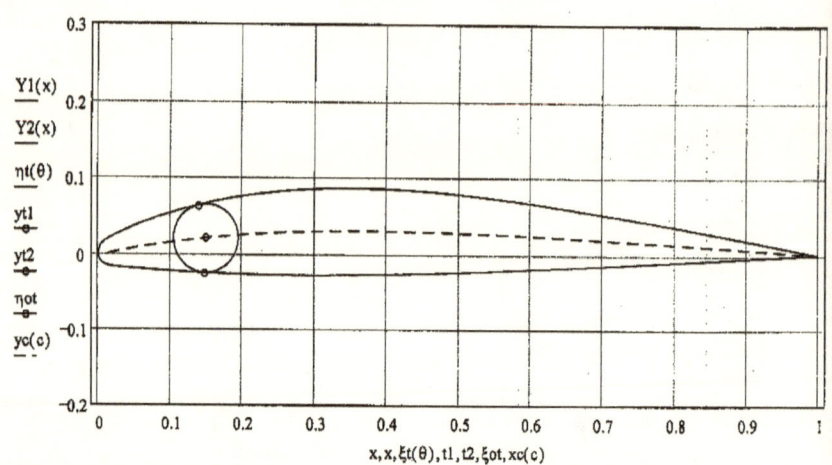

Coordinates of Points

	Airfoil	x := 0, 0.05 .. 1	Camber line	
x	Yupper(x)	Ylower(x)	xc(c)	yc(c)
0	0	0	0.015	0
0.05	0.035	-0.0194	0.0609	0.0085
0.1	0.0529	-0.0226	0.1115	0.0157
0.15	0.0662	-0.025	0.1602	0.021
0.2	0.0757	-0.0267	0.2079	0.0247
0.25	0.0819	-0.0276	0.2552	0.0272
0.3	0.0853	-0.0279	0.3025	0.0287
0.35	0.0864	-0.0276	0.35	0.0294
0.4	0.0854	-0.0268	0.3979	0.0293
0.45	0.0828	-0.0256	0.4463	0.0286
0.5	0.0787	-0.024	0.4952	0.0274
0.55	0.0734	-0.0221	0.5445	0.0257
0.6	0.0671	-0.0199	0.5942	0.0237
0.65	0.0601	-0.0175	0.6443	0.0214
0.7	0.0525	-0.015	0.6947	0.0189
0.75	0.0445	-0.0124	0.7453	0.0161
0.8	0.036	-0.0097	0.7961	0.0132
0.85	0.0274	-0.0071	0.847	0.0102
0.9	0.0184	-0.0046	0.8979	0.007
0.95	0.0093	-0.0022	0.9489	0.0036
1	0	0	1	0

Airfoil # 6

Parameters: r = 0.015 Rt = 0.04 ξot = 0.15 ηot = 0.02 xM = 0.35 xm = 0.3
x := 0, 0.002 .. 1 c := 0, 0.05 .. 1

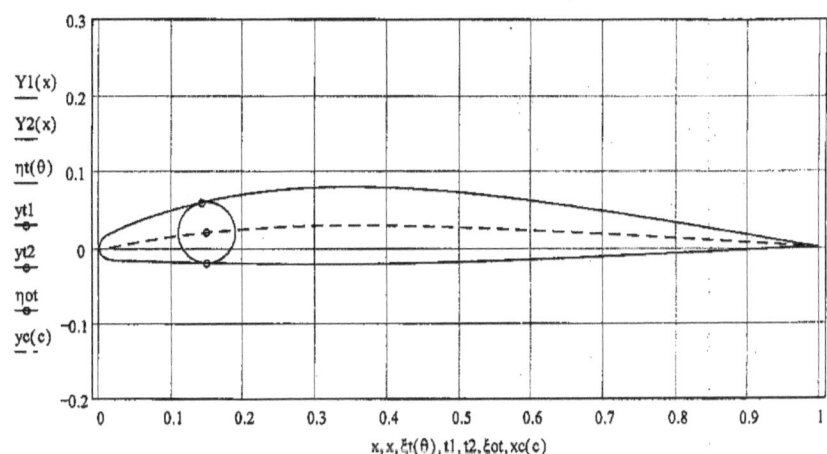

Coordinates of Points

	Airfoil	x := 0, 0.05 .. 1	Camber line	
x	Yupper(x)	Ylower(x)	xc(c)	yc(c)
0	0	0	0.015	0
0.05	0.0329	-0.0177	0.059	0.0083
0.1	0.0489	-0.019	0.1093	0.0155
0.15	0.0609	-0.02	0.1582	0.0208
0.2	0.0694	-0.0208	0.2063	0.0245
0.25	0.075	-0.0213	0.2541	0.027
0.3	0.0782	-0.0214	0.302	0.0284
0.35	0.0791	-0.0213	0.35	0.0289
0.4	0.0783	-0.0208	0.3983	0.0288
0.45	0.0758	-0.0199	0.447	0.028
0.5	0.0721	-0.0188	0.4961	0.0267
0.55	0.0672	-0.0174	0.5455	0.025
0.6	0.0615	-0.0157	0.5953	0.023
0.65	0.0551	-0.0138	0.6454	0.0207
0.7	0.0481	-0.0117	0.6957	0.0183
0.75	0.0407	-0.0095	0.7462	0.0156
0.8	0.0329	-0.0073	0.7968	0.0129
0.85	0.025	-0.0052	0.8476	0.0099
0.9	0.0168	-0.0032	0.8984	0.0068
0.95	0.0085	-0.0014	0.9492	0.0036
1	0	0	1	0

Airfoil # 7

Parameters: $r = 0.01$ $R_t = 0.05$ $\xi_{ot} = 0.2$ $\eta_{ot} = 0.02$ $xM = 0.35$ $xm = 0.3$

$x := 0, 0.002 .. 1$ $c := 0, 0.05 .. 1$

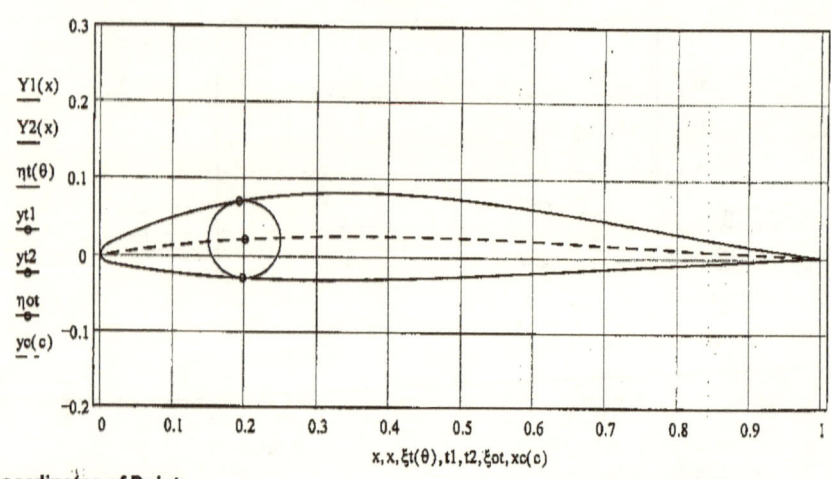

Coordinates of Points

	Airfoil		$x := 0, 0.05 .. 1$	Camber line
x	Yupper(x)	Ylower(x)	xc(c)	yc(c)
0	0	0	0.01	0
0.05	0.0305	-0.0173	0.0594	0.007
0.1	0.048	-0.0231	0.1107	0.0128
0.15	0.0612	-0.0273	0.1599	0.0172
0.2	0.0706	-0.03	0.2078	0.0205
0.25	0.0769	-0.0316	0.2552	0.0227
0.3	0.0804	-0.032	0.3025	0.0242
0.35	0.0815	-0.0316	0.35	0.0249
0.4	0.0805	-0.0305	0.3979	0.025
0.45	0.0777	-0.0288	0.4462	0.0245
0.5	0.0735	-0.0267	0.4951	0.0234
0.55	0.068	-0.0242	0.5445	0.022
0.6	0.0616	-0.0215	0.5943	0.0201
0.65	0.0544	-0.0187	0.6445	0.0179
0.7	0.0467	-0.0159	0.6951	0.0155
0.75	0.0386	-0.013	0.7458	0.0129
0.8	0.0305	-0.0102	0.7967	0.0102
0.85	0.0224	-0.0075	0.8476	0.0075
0.9	0.0146	-0.0049	0.8985	0.0049
0.95	0.007	-0.0024	0.9493	0.0023
1	0	0	1	0

Airfoil # 8

Parameters: r = 0.01   Rt = 0.05   ξot ≈ 0.15   ηot = 0.02   xM = 0.35   xm = 0.3

x := 0, 0.002 .. 1   c := 0, 0.05 .. 1

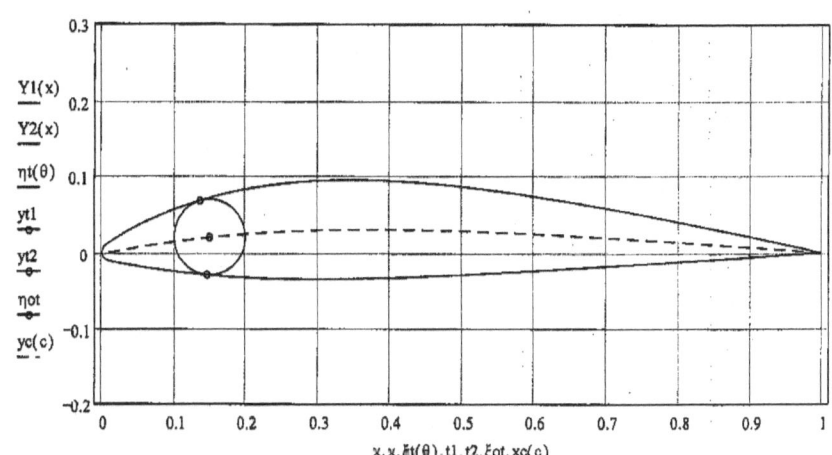

x, x, ξt(θ), t1, t2, ξot, xc(c)

Coordinates of Points

Airfoil   x := 0, 0.05 .. 1   Camber line

x	Yupper(x)	Ylower(x)	xc(c)	yc(c)
0	0	0	0.01	0
0.05	0.0353	-0.0183	0.0628	0.0091
0.1	0.0564	-0.0253	0.1145	0.0161
0.15	0.0718	-0.0302	0.1631	0.0212
0.2	0.0826	-0.0333	0.2102	0.0249
0.25	0.0897	-0.0351	0.2567	0.0274
0.3	0.0936	-0.0356	0.3032	0.029
0.35	0.0948	-0.0351	0.35	0.0298
0.4	0.0937	-0.0339	0.3974	0.0299
0.45	0.0907	-0.0321	0.4454	0.0294
0.5	0.0862	-0.0298	0.494	0.0283
0.55	0.0805	-0.0272	0.5432	0.0267
0.6	0.0736	-0.0244	0.5929	0.0247
0.65	0.066	-0.0215	0.6431	0.0224
0.7	0.0578	-0.0185	0.6935	0.0198
0.75	0.049	-0.0155	0.7442	0.0169
0.8	0.0399	-0.0125	0.7951	0.0138
0.85	0.0304	-0.0095	0.8462	0.0106
0.9	0.0206	-0.0064	0.8973	0.0072
0.95	0.0105	-0.0033	0.9486	0.0036
1	0	0	1	0

Airfoil # 9

Parameters: $r = 0.01$ $Rt = 0.05$ $\xi ot = 0.125$ $\eta ot = 0.02$ $xM = 0.35$ $xm = 0.3$
$x := 0, 0.002 .. 1$ $c := 0, 0.05 .. 1$

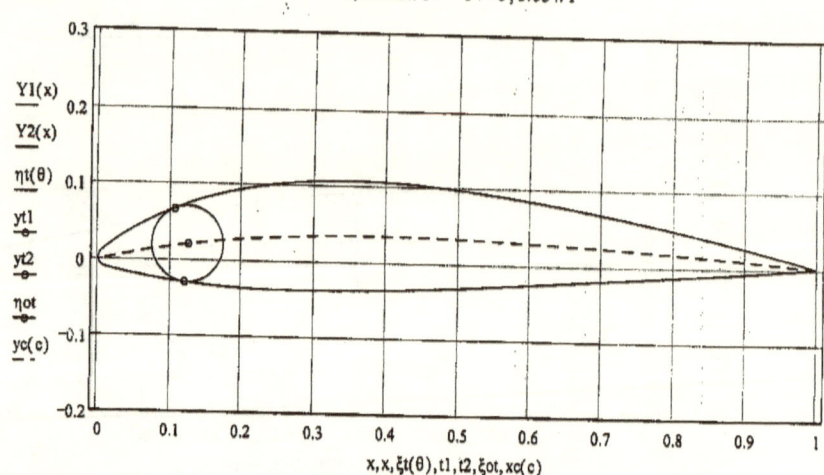

Coordinates of Points

	Airfoil	$x := 0, 0.05 .. 1$	Camber line	
x	Yupper(x)	Ylower(x)	xc(c)	yc(c)
0	0	0	0.01	0
0.05	0.0397	-0.0193	0.0662	0.0111
0.1	0.0639	-0.0273	0.1182	0.0191
0.15	0.0811	-0.0328	0.1662	0.0247
0.2	0.093	-0.0364	0.2124	0.0286
0.25	0.1007	-0.0384	0.258	0.0313
0.3	0.1049	-0.039	0.3038	0.033
0.35	0.1061	-0.0385	0.35	0.0338
0.4	0.105	-0.0371	0.3969	0.034
0.45	0.1019	-0.0351	0.4446	0.0335
0.5	0.0972	-0.0325	0.493	0.0324
0.55	0.0912	-0.0297	0.5421	0.0309
0.6	0.0842	-0.0266	0.5917	0.0289
0.65	0.0763	-0.0234	0.6417	0.0265
0.7	0.0676	-0.0202	0.6921	0.0239
0.75	0.0583	-0.0169	0.7428	0.0208
0.8	0.0483	-0.0137	0.7936	0.0175
0.85	0.0377	-0.0104	0.8447	0.0138
0.9	0.0262	-0.0071	0.8961	0.0097
0.95	0.0137	-0.0037	0.9478	0.0051
1	0	0	1	0

Airfoil # 10

Parameters: r = 0.015　　Rt = 0.05　　ξot = 0.15　　ηot = 0.04　　xM = 0.35　　xm = 0.3
x := 0, 0.002 .. 1　　c := 0, 0.05 .. 1

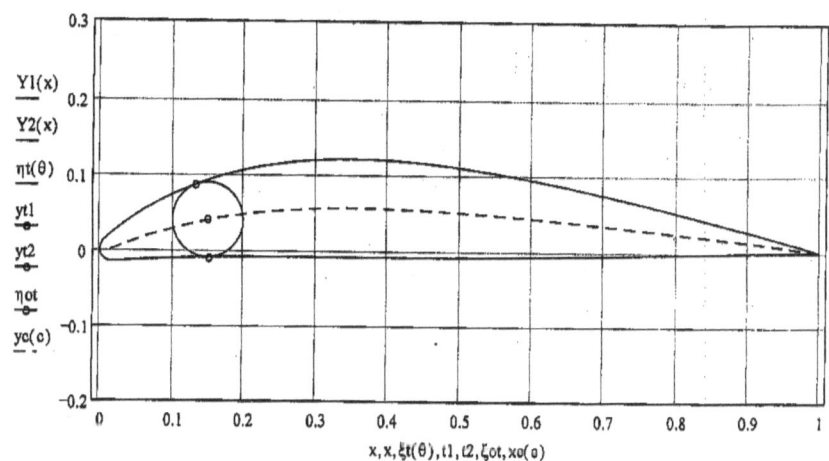

Y1(x), Y2(x), ηt(θ), yt1, yt2, ηot, yc(c)

x, x, ξt(θ), t1, t2, ζot, xo(o)

Coordinates of Points

	Airfoil	x := 0, 0.05 .. 1	Camber line	
x	Yupper(x)	Ylower(x)	xc(c)	yc(c)
0	0	0	0.015	0
0.05	0.0464	-0.0136	0.0672	0.0193
0.1	0.0735	-0.0114	0.1184	0.0333
0.15	0.0929	-0.01	0.1662	0.0429
0.2	0.1064	-0.0092	0.2125	0.0493
0.25	0.1151	-0.0089	0.2582	0.0534
0.3	0.1199	-0.0088	0.3039	0.0556
0.35	0.1213	-0.0088	0.35	0.0562
0.4	0.12	-0.0089	0.3967	0.0556
0.45	0.1163	-0.0089	0.4441	0.0539
0.5	0.1107	-0.0086	0.4923	0.0513
0.55	0.1035	-0.0082	0.5412	0.0479
0.6	0.0949	-0.0076	0.5907	0.044
0.65	0.0852	-0.0068	0.6408	0.0396
0.7	0.0747	-0.0057	0.6913	0.0349
0.75	0.0635	-0.0046	0.7423	0.0298
0.8	0.0518	-0.0033	0.7935	0.0245
0.85	0.0396	-0.0021	0.8449	0.019
0.9	0.0269	-0.001	0.8964	0.0131
0.95	0.0137	$-2.8388 \cdot 10^{-4}$	0.9481	0.0068
1	0	0	1	0

Airfoil # 11

Parameters: r = 0.015   Rt = 0.05   ξot = 0.15   ηot = 0.03   xM = 0.35   xm = 0.3
x := 0, 0.002 .. 1   c := 0, 0.05 .. 1

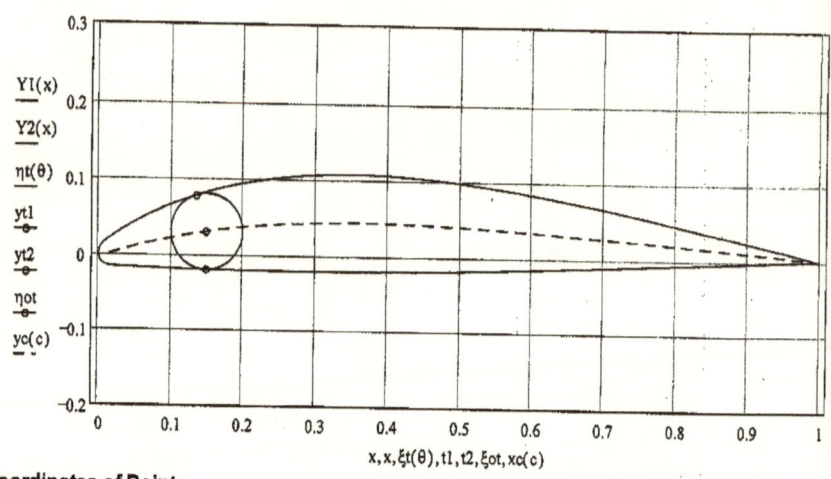

$\dfrac{Y1(x)}{\bullet}$, $\dfrac{Y2(x)}{\bullet}$, $\eta t(\theta)$, $\dfrac{yt1}{\bullet}$, $\dfrac{yt2}{\bullet}$, $\dfrac{\eta ot}{\bullet}$, $\dfrac{yc(c)}{\bullet}$

x, x, ξt(θ), t1, t2, ξot, xc(c)

Coordinates of Points

	Airfoil	x := 0, 0.05 .. 1	Camber line	
x	Yupper(x)	Ylower(x)	xc(c)	yc(c)
0	0	0	0.015	0
0.05	0.0415	-0.0173	0.0652	0.0138
0.1	0.0651	-0.0188	0.1163	0.0245
0.15	0.0822	-0.02	0.1645	0.032
0.2	0.0943	-0.0209	0.2112	0.0372
0.25	0.1021	-0.0214	0.2573	0.0405
0.3	0.1064	-0.0216	0.3035	0.0424
0.35	0.1077	-0.0214	0.35	0.0431
0.4	0.1065	-0.0209	0.3971	0.0428
0.45	0.1032	-0.02	0.4448	0.0416
0.5	0.0981	-0.0189	0.4931	0.0397
0.55	0.0916	-0.0174	0.5422	0.0372
0.6	0.0838	-0.0158	0.5918	0.0342
0.65	0.0751	-0.0139	0.6419	0.0308
0.7	0.0657	-0.0118	0.6925	0.0271
0.75	0.0556	-0.0097	0.7433	0.0232
0.8	0.0452	-0.0075	0.7944	0.019
0.85	0.0343	-0.0054	0.8457	0.0146
0.9	0.0232	-0.0034	0.897	0.01
0.95	0.0118	-0.0015	0.9485	0.0052
1	0	0	1	0

Mathematical Design Of Wing Sections

Airfoil # 12

Parameters: r = 0.015   Rt = 0.05   ξot = 0.15   ηot = 0.02   xM = 0.35   xm = 0.3

x := 0, 0.002 .. 1   c := 0, 0.05 .. 1

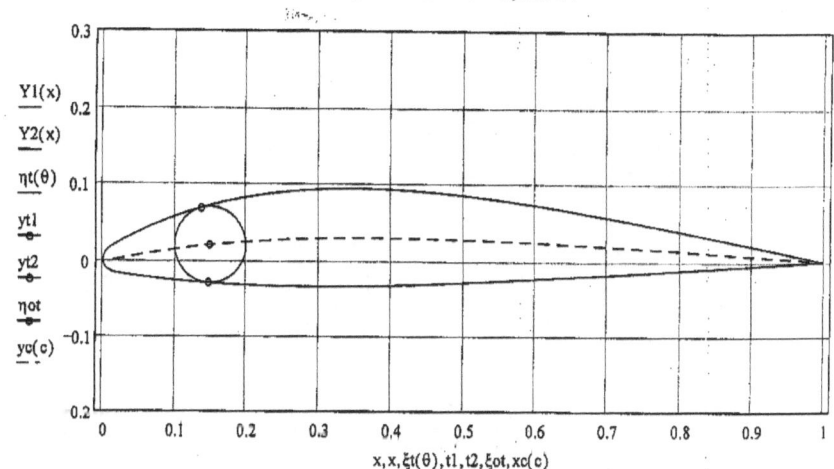

Coordinates of Points

	Airfoil	x := 0, 0.05 .. 1	Camber line	
x	Yupper(x)	Ylower(x)	xc(c)	yc(c)
0	0	0	0.015	0
0.05	0.0371	-0.0211	0.063	0.0088
0.1	0.057	-0.0263	0.114	0.016
0.15	0.0716	-0.0301	0.1625	0.0212
0.2	0.082	-0.0326	0.2096	0.0249
0.25	0.0887	-0.034	0.2563	0.0275
0.3	0.0925	-0.0344	0.303	0.0291
0.35	0.0936	-0.034	0.35	0.0298
0.4	0.0926	-0.0329	0.3975	0.0298
0.45	0.0897	-0.0313	0.4455	0.0292
0.5	0.0853	-0.0293	0.4942	0.0281
0.55	0.0796	-0.0268	0.5434	0.0265
0.6	0.0729	-0.0242	0.5931	0.0245
0.65	0.0653	-0.0213	0.6432	0.0221
0.7	0.0571	-0.0183	0.6936	0.0195
0.75	0.0484	-0.0152	0.7443	0.0167
0.8	0.0393	-0.0121	0.7952	0.0137
0.85	0.0299	-0.009	0.8463	0.0105
0.9	0.0202	-0.006	0.8974	0.0072
0.95	0.0103	-0.003	0.9487	0.0037
1	0	0	1	0

Airfoil # 13

Parameters: r = 0.015   Rt = 0.05   ξot = 0.15   ηot = 0.01   xM = 0.35   xm = 0.3

x := 0, 0.002 .. 1   c := 0, 0.05 .. 1

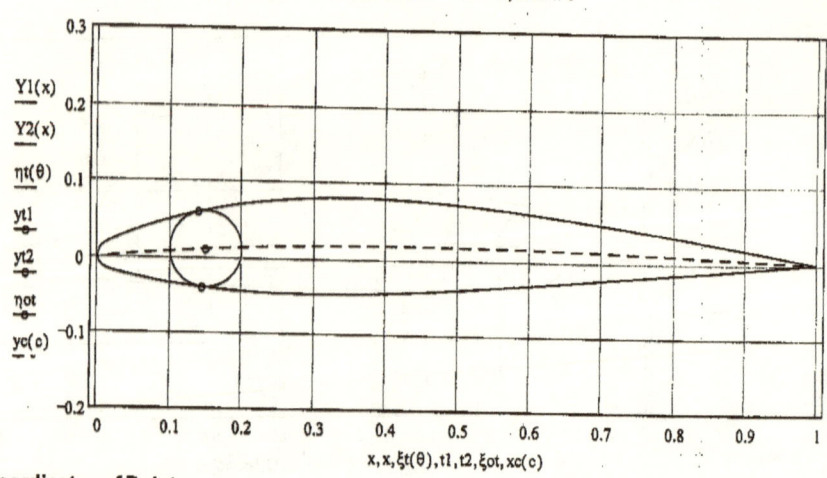

x, x, ξt(θ), t1, t2, ξot, xc(c)

Coordinates of Points

	Airfoil	x := 0, 0.05 .. 1	Camber line	
x	Yupper(x)	Ylower(x)	xc(c)	yc(c)
0	0	0	0.015	0
0.05	0.033	-0.0253	0.0607	0.004
0.1	0.0491	-0.034	0.1115	0.0077
0.15	0.0611	-0.0403	0.1603	0.0106
0.2	0.0697	-0.0443	0.208	0.0128
0.25	0.0753	-0.0465	0.2553	0.0145
0.3	0.0785	-0.0472	0.3025	0.0156
0.35	0.0794	-0.0466	0.35	0.0164
0.4	0.0786	-0.045	0.3979	0.0168
0.45	0.0761	-0.0426	0.4463	0.0168
0.5	0.0724	-0.0395	0.4952	0.0164
0.55	0.0675	-0.036	0.5445	0.0158
0.6	0.0618	-0.0321	0.5943	0.0149
0.65	0.0554	-0.0281	0.6444	0.0137
0.7	0.0484	-0.024	0.6948	0.0122
0.75	0.041	-0.0199	0.7454	0.0106
0.8	0.0333	-0.0158	0.7961	0.0087
0.85	0.0252	-0.0118	0.847	0.0068
0.9	0.017	-0.0078	0.8979	0.0046
0.95	0.0086	-0.0039	0.9489	0.0024
1	0	0	1	0

MATHEMATICAL DESIGN OF WING SECTIONS

Airfoil # 14

Parameters: $r = 0.015$ $Rt = 0.05$ $\xi ot = 0.15$ $\eta ot = 0.005$ $xM = 0.35$ $xm = 0.3$
$x := 0, 0.002 .. 1$ $c := 0, 0.05 .. 1$

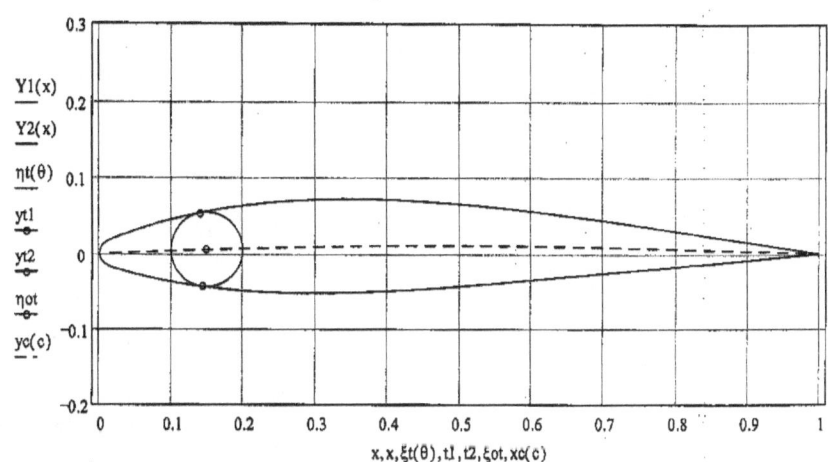

Coordinates of Points

Airfoil $x := 0, 0.05 .. 1$ Camber line

x	Yupper(x)	Ylower(x)	xc(c)	yc(c)
0	0	0	0.015	0
0.05	0.031	-0.0275	0.0594	0.0018
0.1	0.0452	-0.038	0.1102	0.0037
0.15	0.0559	-0.0454	0.1592	0.0053
0.2	0.0635	-0.0502	0.2072	0.0068
0.25	0.0686	-0.0528	0.2547	0.0079
0.3	0.0714	-0.0536	0.3022	0.0089
0.35	0.0723	-0.0529	0.35	0.0097
0.4	0.0715	-0.051	0.3981	0.0103
0.45	0.0693	-0.0482	0.4467	0.0106
0.5	0.0659	-0.0446	0.4956	0.0106
0.55	0.0615	-0.0406	0.5451	0.0104
0.6	0.0562	-0.0362	0.5948	0.01
0.65	0.0503	-0.0317	0.6449	0.0093
0.7	0.0439	-0.027	0.6953	0.0085
0.75	0.0371	-0.0224	0.7459	0.0074
0.8	0.03	-0.0178	0.7966	0.0061
0.85	0.0227	-0.0133	0.8473	0.0047
0.9	0.0153	-0.0089	0.8982	0.0032
0.95	0.0077	-0.0045	0.9491	0.0016
1	0	0	1	0

Airfoil # 15

Parameters: $r = 0.015$ $Rt = 0.05$ $\xi_{ot} = 0.15$ $\eta_{ot} = 0.03$ $xM = 0.35$ $xm = 0.3$

$x := 0, 0.002 .. 1$ $c := 0, 0.05 .. 1$

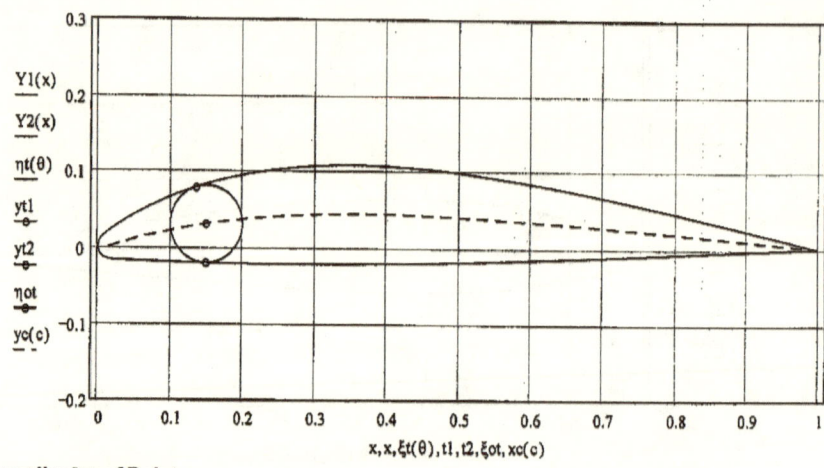

$x, x, \xi t(\theta), t1, t2, \xi_{ot}, xc(c)$

Coordinates of Points

Airfoil $\quad x := 0, 0.05 .. 1 \quad$ Camber line

x	Yupper(x)	Ylower(x)	xc(c)	yc(c)
0	0	0	0.015	0
0.05	0.0415	-0.0173	0.0652	0.0138
0.1	0.0651	-0.0188	0.1163	0.0245
0.15	0.0822	-0.02	0.1645	0.032
0.2	0.0943	-0.0209	0.2112	0.0372
0.25	0.1021	-0.0214	0.2573	0.0405
0.3	0.1064	-0.0216	0.3035	0.0424
0.35	0.1077	-0.0214	0.35	0.0431
0.4	0.1065	-0.0209	0.3971	0.0428
0.45	0.1032	-0.02	0.4448	0.0416
0.5	0.0981	-0.0189	0.4931	0.0397
0.55	0.0916	-0.0174	0.5422	0.0372
0.6	0.0838	-0.0158	0.5918	0.0342
0.65	0.0751	-0.0139	0.6419	0.0308
0.7	0.0657	-0.0118	0.6925	0.0271
0.75	0.0556	-0.0097	0.7433	0.0232
0.8	0.0452	-0.0075	0.7944	0.019
0.85	0.0343	-0.0054	0.8457	0.0146
0.9	0.0232	-0.0034	0.897	0.01
0.95	0.0118	-0.0015	0.9485	0.0052
1	0	0	1	0

Airfoil # 16

Parameters: $r = 0.015$ $Rt = 0.05$ $\xi_{ot} = 0.15$ $\eta_{ot} = 0.03$ $x_M = 0.325$ $x_m = 0.3$
$x := 0, 0.002 .. 1$ $c := 0, 0.05 .. 1$

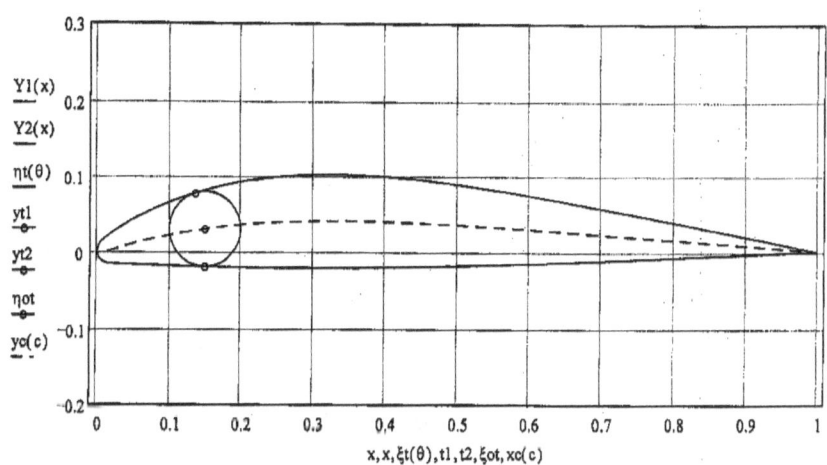

$x, x, \xi t(\theta), t1, t2, \xi ot, xc(c)$

Coordinates of Points

	Airfoil $x := 0, 0.05 .. 1$		Camber line	
x	Yupper(x)	Ylower(x)	xc(c)	yc(c)
0	0	0	0.015	0
0.05	0.0422	-0.0172	0.0655	0.0142
0.1	0.0656	-0.0188	0.116	0.0247
0.15	0.082	-0.02	0.1635	0.0317
0.2	0.0929	-0.0209	0.2097	0.0364
0.25	0.0995	-0.0214	0.2556	0.0391
0.3	0.1025	-0.0216	0.3017	0.0404
0.35	0.1025	-0.0214	0.3484	0.0405
0.4	0.1001	-0.0209	0.3958	0.0396
0.45	0.0957	-0.0201	0.444	0.0379
0.5	0.0898	-0.0189	0.4929	0.0356
0.55	0.0827	-0.0175	0.5424	0.0328
0.6	0.0748	-0.0158	0.5925	0.0297
0.65	0.0662	-0.0139	0.643	0.0263
0.7	0.0572	-0.0118	0.6937	0.0229
0.75	0.048	-0.0097	0.7447	0.0193
0.8	0.0387	-0.0075	0.7957	0.0157
0.85	0.0292	-0.0054	0.8467	0.012
0.9	0.0197	-0.0034	0.8978	0.0082
0.95	0.01	-0.0015	0.9489	0.0043
1	0	0	1	0

Airfoil # 17

Parameters: $r = 0.015$ $Rt = 0.05$ $\xi ot = 0.15$ $\eta ot = 0.03$ $xM = 0.3$ $xm = 0.3$
$x := 0, 0.002 .. 1$ $c := 0, 0.05 .. 1$

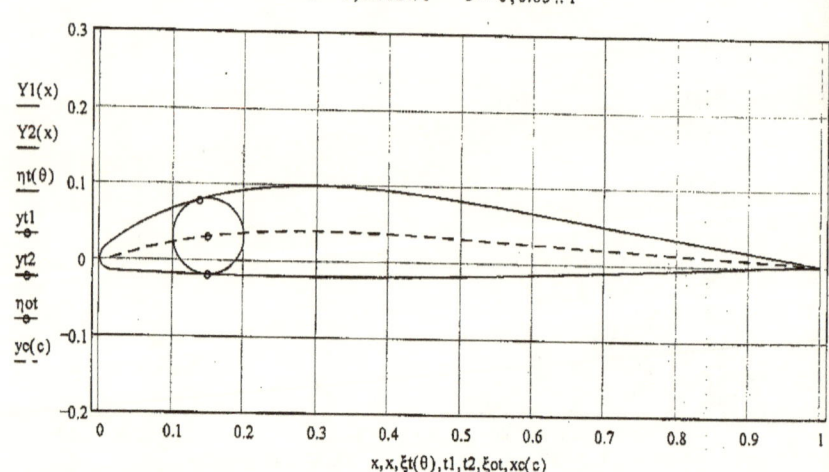

Coordinates of Points

x	Yupper(x)	Ylower(x)	xc(c)	yc(c)
0	0	0	0.015	0
0.05	0.043	-0.0172	0.0658	0.0147
0.1	0.0662	-0.0188	0.1156	0.0249
0.15	0.0817	-0.02	0.1625	0.0315
0.2	0.0915	-0.0209	0.2082	0.0355
0.25	0.0967	-0.0215	0.2538	0.0377
0.3	0.0982	-0.0216	0.3	0.0383
0.35	0.0969	-0.0215	0.3469	0.0377
0.4	0.0933	-0.0209	0.3948	0.0362
0.45	0.0879	-0.0201	0.4435	0.0341
0.5	0.0813	-0.0189	0.4929	0.0313
0.55	0.0738	-0.0175	0.5429	0.0283
0.6	0.0658	-0.0158	0.5934	0.0252
0.65	0.0576	-0.0139	0.6441	0.022
0.7	0.0493	-0.0119	0.695	0.0188
0.75	0.0411	-0.0097	0.7459	0.0158
0.8	0.033	-0.0075	0.7968	0.0128
0.85	0.025	-0.0054	0.8476	0.0098
0.9	0.017	-0.0034	0.8984	0.0068
0.95	0.0087	-0.0016	0.9491	0.0036
1	0	0	1	0

Airfoil # 18

Parameters: r = 0.015   Rt = 0.05   ξot = 0.15   ηot = 0.03   xM = 0.3   xm = 0.375

x := 0, 0.002 .. 1   c := 0, 0.05 .. 1

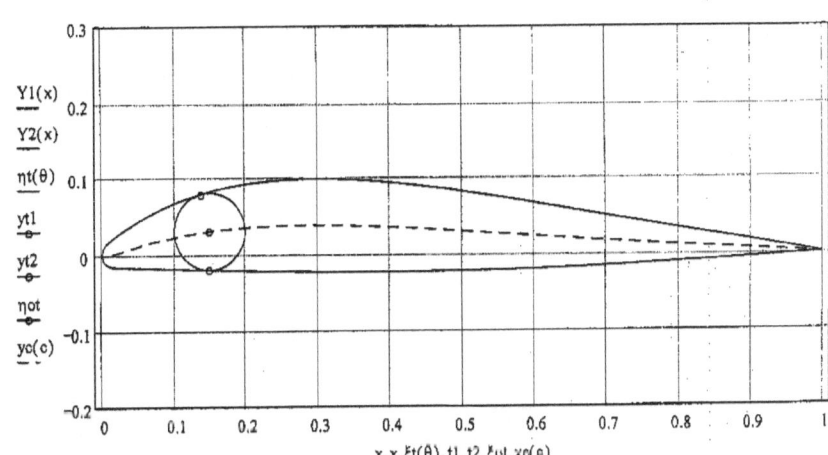

$\frac{Y1(x)}{}$, $\frac{Y2(x)}{}$, $\eta t(\theta)$, $\frac{yt1}{}$, $\frac{yt2}{}$, $\frac{\eta ot}{}$, $\frac{yc(c)}{}$

x, x, ξt(θ), t1, t2, ξot, xc(c)

Coordinates of Points

Airfoil   x := 0, 0.05 .. 1   **Camber line**

x	Yupper(x)	Ylower(x)	xc(c)	yc(c)
0	0	0	0.015	0
0.05	0.043	-0.017	0.0658	0.0148
0.1	0.0662	-0.0186	0.1156	0.025
0.15	0.0817	-0.02	0.1625	0.0315
0.2	0.0915	-0.0212	0.2082	0.0353
0.25	0.0967	-0.0222	0.2539	0.0373
0.3	0.0982	-0.0229	0.3	0.0377
0.35	0.0969	-0.0232	0.3469	0.0369
0.4	0.0933	-0.0232	0.3947	0.0351
0.45	0.0879	-0.0229	0.4433	0.0327
0.5	0.0813	-0.0221	0.4927	0.0298
0.55	0.0738	-0.021	0.5426	0.0266
0.6	0.0658	-0.0196	0.5931	0.0233
0.65	0.0576	-0.0178	0.6438	0.02
0.7	0.0493	-0.0158	0.6947	0.0169
0.75	0.0411	-0.0134	0.7456	0.0139
0.8	0.033	-0.0109	0.7965	0.0111
0.85	0.025	-0.0082	0.8474	0.0084
0.9	0.017	-0.0055	0.8982	0.0058
0.95	0.0087	-0.0027	0.949	0.003
1	0	0	1	0

Airfoil # 19

Parameters: $r = 0.015$ $Rt = 0.05$ $\xi ot = 0.15$ $\eta ot = 0.03$ $xM = 0.3$ $xm = 0.35$
$x := 0, 0.002 .. 1$ $c := 0, 0.05 .. 1$

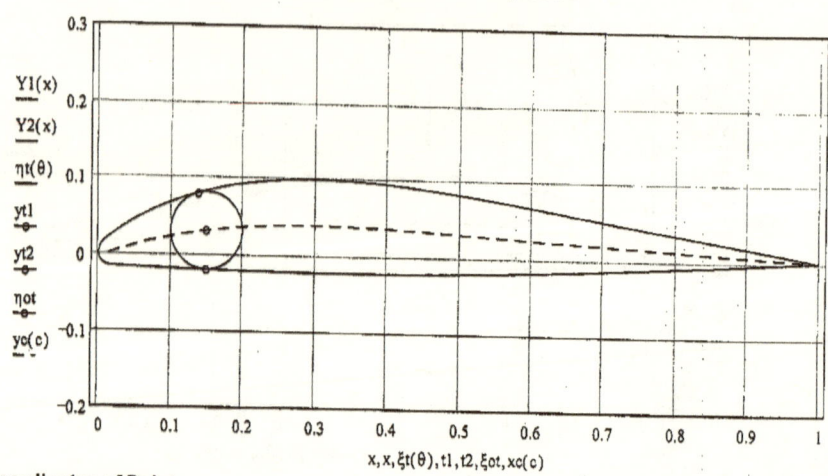

Coordinates of Points

	Airfoil	$x := 0, 0.05 .. 1$	Camber line	
x	Yupper(x)	Ylower(x)	xc(c)	yc(c)
0	0	0	0.015	0
0.05	0.043	-0.0171	0.0658	0.0148
0.1	0.0662	-0.0186	0.1156	0.025
0.15	0.0817	-0.02	0.1625	0.0315
0.2	0.0915	-0.0211	0.2082	0.0354
0.25	0.0967	-0.022	0.2539	0.0374
0.3	0.0982	-0.0225	0.3	0.0379
0.35	0.0969	-0.0227	0.3469	0.0371
0.4	0.0933	-0.0225	0.3947	0.0355
0.45	0.0879	-0.022	0.4433	0.0331
0.5	0.0813	-0.0211	0.4927	0.0303
0.55	0.0738	-0.0198	0.5427	0.0272
0.6	0.0658	-0.0182	0.5932	0.0239
0.65	0.0576	-0.0164	0.6439	0.0207
0.7	0.0493	-0.0143	0.6948	0.0176
0.75	0.0411	-0.012	0.7457	0.0146
0.8	0.033	-0.0095	0.7966	0.0118
0.85	0.025	-0.007	0.8474	0.009
0.9	0.017	-0.0045	0.8983	0.0062
0.95	0.0087	-0.0022	0.9491	0.0033
1	0	0	1	0

Airfoil # 20

Parameters: r = 0.015 Rt = 0.05 ξot = 0.15 ηot = 0.03 xM = 0.3 xm = 0.325

x := 0, 0.002 .. 1   c := 0, 0.05 .. 1

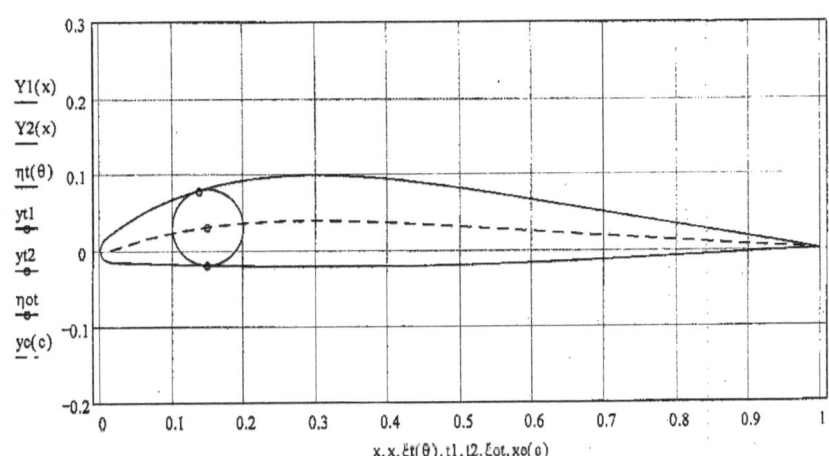

$\dfrac{Y1(x)}{}$, $\dfrac{Y2(x)}{}$, $\dfrac{\eta t(\theta)}{}$, yt1, yt2, ηot, yc(c)

x, x, ξt(θ), t1, t2, ξot, xo(o)

Coordinates of Points

	Airfoil		x := 0, 0.05 .. 1	Camber line	
x	Yupper(x)	Ylower(x)		xc(c)	yc(c)
0	0	0		0.015	0
0.05	0.043	-0.0171		0.0658	0.0147
0.1	0.0662	-0.0187		0.1156	0.025
0.15	0.0817	-0.02		0.1625	0.0315
0.2	0.0915	-0.021		0.2082	0.0354
0.25	0.0967	-0.0217		0.2539	0.0375
0.3	0.0982	-0.0221		0.3	0.0381
0.35	0.0969	-0.0221		0.3469	0.0374
0.4	0.0933	-0.0217		0.3947	0.0359
0.45	0.0879	-0.021		0.4434	0.0336
0.5	0.0813	-0.02		0.4928	0.0308
0.55	0.0738	-0.0186		0.5428	0.0278
0.6	0.0658	-0.017		0.5933	0.0246
0.65	0.0576	-0.0151		0.644	0.0214
0.7	0.0493	-0.013		0.6949	0.0183
0.75	0.0411	-0.0107		0.7458	0.0153
0.8	0.033	-0.0084		0.7967	0.0123
0.85	0.025	-0.0061		0.8475	0.0095
0.9	0.017	-0.0039		0.8983	0.0066
0.95	0.0087	-0.0018		0.9491	0.0035
1	0	0		1	0

www.ingramcontent.com/pod-product-compliance
Lightning Source LLC
Chambersburg PA
CBHW020734180526
45163CB00001B/228